旱作农田水土环境调控理论与实践

王仰仁　刘宏武　战国隆　等　著

科学出版社

北京

内 容 简 介

本书系统介绍了农田土壤水、肥（氮素）、热、盐动态变化的动力学模型和作物水肥模型及其应用成果。重点介绍了研究过程中的创新性成果，包括适用于大田小麦和玉米的改进型作物水肥模型、温室蔬菜膜下滴灌作物水模型、大田玉米膜下滴灌作物水模型、光合产物分配系数模型，以及由此分析提出的适用于限量供水灌溉预报的方法及其参数确定方法和增产增收效果评价方法、温室蔬菜膜下滴灌经济灌水下限及其确定方法、基于畦田灌水技术参数优化提出的合理畦长与设计灌水定额的关系。本书在一定程度上丰富和创新了非充分灌溉理论，为限量供水灌溉和适水农业发展提供了可靠的理论依据和技术支撑。

本书可作为农业水利工程、水文与水资源、土壤物理、土地整理与修复、农业生态等环境领域的科研、教学和管理人员的参考书，也可作为相关专业研究生和高年级本科生的学习参考书。

图书在版编目（CIP）数据

旱作农田水土环境调控理论与实践 /王仰仁等著. -- 北京 :科学出版社，2025.5. -- ISBN 978-7-03-079703-2

Ⅰ. S155.4

中国国家版本馆 CIP 数据核字第 202482U95T 号

责任编辑：孟美岑　徐诗颖 / 责任校对：何艳萍
责任印制：肖　兴 / 封面设计：无极书装

科学出版社 出版
北京东黄城根北街 16 号
邮政编码：100717
http://www.sciencep.com

天津市新科印刷有限公司印刷
科学出版社发行　各地新华书店经销
*
2025 年 5 月第 一 版　开本：787×1092　1/16
2025 年 5 月第一次印刷　印张：16
字数：360 000
定价：178.00 元
（如有印装质量问题，我社负责调换）

作者名单

王仰仁　刘宏武　战国隆　张志强　周青云

王　冲　杨丽霞　王　媛　李金玉　武朝宝

韩振宙　柴俊芳　弓丽丽　武金权

序

我国以占全球 6%的淡水资源、9%的耕地养活了全球 21%的人口，农业灌溉功不可没。但一方面我国水资源紧缺，年人均水资源量为 2100m³，仅占世界平均水平的 28%；每公顷耕地水资源占有量为 21000m³，仅占世界平均水平的 50%。另一方面，2017 年我国农业用水占总用水量的 62.3%，而世界发达国家农业用水比例多在 50%以下；我国灌溉水有效利用系数仅为 0.576，低于节水先进国家 0.7～0.8 的水平。缓解水资源短缺和区域灌溉用水增加导致的生态环境问题，迫切需要降低农业灌溉用水量。然而盲目减少灌溉用水量将导致农业生产能力下降，威胁国家食物安全和农产品有效供给。如何根据水资源承载力发展适水农业，大力提高农业用水效率，成为破解农业用水短缺与食物持续稳产高产矛盾的关键。

适水农业就是以水定农业规模、以水定种植结构、以水定作物产量，控制水资源开发利用的不利环境影响，保障水资源可持续利用和农业可持续发展。发展适水农业是更高层面的农业高效节水战略。华北平原农业节水技术已研究推广 30 多年，并没有改变地下水资源继续恶化的现状，主要原因是种植制度一直向高耗水结构发展；西北内陆干旱区流域由于上中游灌溉面积盲目扩大，引发了下游严峻的生态环境问题，近些年虽然流域重点治理取得一些成效，但灌区改造和节水措施实施后灌溉面积反而增加，区域总耗水不减反增；东北三江平原大规模打井发展水稻灌溉，也导致了一些区域的地下水水位下降。产生上述问题的根本原因是农业没有适水发展、种植结构不合理。

限量供水灌溉是适水农业的一项重要技术，该书围绕限量供水灌溉开展研究，首先是系统介绍了土壤水肥热盐迁移转化动态模拟理论，在传统的产量与阶段耗水量关系研究基础上，本书以日为时段用土壤水动力学模型代替作物生长模型中普遍采用的土壤水分动态模拟概念性模型，与作物生长模型耦合提出了一个改进型作物水肥模型，引入作物生长相关性和植物生长平衡概念，经过严格推导，提出了光合产物分配系数模型；考虑温室蔬菜作物根系较浅，灌水相对频繁，以根区土壤储水量为因变量构建了温室蔬菜膜下滴灌土壤水分动态变化概念性模型，与作物生长模型耦合提出了温室蔬菜膜下滴灌作物水模型；为了避免玉米膜下滴灌根系分布复杂性及其简化对土壤水分动态模拟的影响，将农田土壤剖面分为根区、储水区和稳定区，建立了农田土壤水分二区模型，与作物生长模型耦合提出了玉米膜下滴灌作物水模型。

其次是技术研发，以效益最大化为目标，构建了温室蔬菜膜下滴灌经济灌溉制度优化模型，在经济灌溉制度优化基础上，提出了经济灌水下限及其理论化确定方法，为温室大棚作物精准化高效灌溉提供了技术支撑。鉴于玉米膜下滴灌用水量小，增产效益大，仍以经济效益最大化为目标，构建玉米膜下滴灌灌溉制度优化模型，以典型年的形式，分析提出了山西省分区玉米膜下滴灌灌溉制度，为山西省和类似半干旱地区玉米膜下滴灌发展规划提供了科学依据。

　　该书研究结果丰富了非充分灌溉理论，具有重要的学术意义和生产价值。该书对农田水土环境调控具有重要的参考价值，有助于促进农业高效灌水技术的稳步快速发展。

中国工程院院士

中国农业大学教授

2024 年 11 月 6 日

前　言

本书系统介绍了农田土壤水、肥（氮素）、热、盐动态变化的动力学模型，适应易于获取的日气象资料情况，将日划分为更短的时段以满足动力学模型计算的收敛性与稳定性，然后将各时段的蒸散量、根系吸氮量等数据累加，获得日蒸散量、日吸氮量等，由此计算日水分胁迫系数和日养分胁迫系数，实现与作物生长模型的耦合，在此基础上提出了一个改进型的作物水肥模型。该模型避免了现状作物生长模型中普遍采用土壤水分动态模拟计算的概念性模型的经验性，增强了作物水肥模型的机理性；针对现状光合产物分配模拟的经验性（固定的系数或者是经验公式），引入作物生长相关性和植物生长平衡理论，创新性地提出了光合产物分配系数计算模型，强化了作物水肥模型的机理性。

针对限量供水灌溉中应用土壤含水率作为灌水下限指标确定灌水时间理论的缺陷，令作物根区水量平衡方程中的时段初土壤储水量等于时段末土壤储水量，引入可供灌溉水次数的幂函数修正累计蒸散量，将幂函数的系数和指数作为待定参数，以此保持水量平衡方程恒等，据此获得了相邻两次灌水期间（对于第一次灌水可从播种日算起）累计蒸散量与累计补给水量（等于累计降水量与累计根区下界面水分通量之和）的关系，以该关系式确定限量供水灌溉灌水时间（称为模型决策法）；以本书提出的改进型作物水肥模型为依据，基于限量供水灌溉制度优化提出了确定模型决策法参数的理论化方法，考虑天气因素变化的不确定性，提出了模型决策法增产增收效果分析的理论化方法，分析区域干旱程度对模型决策法参数的影响，表明模型决策法对不同干旱程度区域有非常强的适应性，模型决策法参数随区域干旱程度有明显的变化趋势。

基于蔬菜根区土壤储水量动态模型，以日为时段与作物生长模型耦合建立了膜下滴灌蔬菜（番茄、黄瓜、茄子）作物水模型，以单位面积灌溉效益最大为目标求得优化灌溉制度，以优化灌溉制度中每次灌水前的土壤含水率为纵坐标，相应的灌水时间为横坐标，绘制曲线图，发现该曲线为一随时间变化的水平直线，将该直线对应的土壤含水率值称为经济灌水下限。与现状的经验方法确定灌水时间对比，经济灌水下限法具有明显的增产增收效果。为了避免大田作物膜下滴灌根系分布复杂性及其简化对土壤水分动态模拟计算的影响，以日为时段提出了农田土壤水分二区模型的闭合算法，与作物生长模型耦合，建立了玉米膜下滴灌作物水模型，据此以效益最大化为目标分析提出了山西省分区典型年玉米膜下滴灌灌溉制度。

大田作物限水灌溉（灌水次数较少）的灌水定额一般大于充分供水灌溉的灌水定额。本书基于山西省六个重点灌区灌溉试验站土壤入渗试验和畦田水流推进试验测试数据，研究确定了典型灌区土壤入渗特性参数和水流糙率。以田间灌水均匀度和畦田灌水效率之和最大为目标函数，优化确定了几种典型地面坡度、典型畦田特性（土壤入渗参数和糙率）条件下畦块长度与设计灌水定额和闭口成数的关系，为现状高标准农田规划建设和高效用水管理提供了科学依据与技术支撑。

本书提出的改进型作物水肥模型、光合产物分配系数计算模型、模型决策法及其参数确定和增产增收效果的理论分析方法、经济灌水下限确定方法，以及针对限量供水灌溉提出的合理畦长与设计灌水定额和闭口成数的关系，具有基于广泛的试验资料，以及具有土壤水动力学、作物生长模型和最优化技术等理论基础，并经过了试验站小范围应用示范与测试检验。分析依据充分、结果可靠，一定程度上丰富和发展了非充分灌溉理论。上述研究成果有待结合灌溉用水精准化、信息化、自动化等灌区现代化建设需求，研发和配套信息采集装备和实时决策管理平台建设，进行大面积的示范应用，在应用过程中进一步改进和发展。

参与撰写本书的人员有王仰仁（天津农学院，第 1 章、5.1 节、5.4 节、7.1 节和 9.3 节）、刘宏武（山西省汾河水利管理有限公司，第 2 章、第 10 章、5.2 节和 8.2 节）、战国隆［大禹节水（天津）有限公司，第 9 章、5.3 节和 5.4 节］、张志强（山西省汾河水利管理有限公司，第 6 章和 8.3 节）、周青云（天津农学院，4.1～4.5 节）、王媛（上海勘测设计研究院有限公司，4.6 节和 7.2～7.4 节）、杨丽霞（太原理工大学，第 3 章和 5.1 节）、王冲（大禹节水集团股份有限公司，8.1 节）等。

本书是研究团队多年来研究成果的总结，先后有研究生车政、沈洪政、范欣瑞、李泳霖、王浩、姚丽、王铁英、张宝珠、高国祥、时晴晴、张梦佳等以不同方式参与了部分研究工作，作为项目参与人员，郑志伟、李炎、金建华、韩娜娜等老师（天津农学院）参与了部分研究工作，参与本书有关研究的人员还有武朝宝、李金玉、韩振宙、武金权（山西省汾河水利管理有限公司）、柴俊芳（洪洞县霍泉和南垣水利事务中心灌溉试验站）、弓丽丽（文峪河水利发展有限公司灌溉试验站）、张海泉（临县水利事业发展中心灌溉试验站）、臧海霞（大同市水利灌溉服务中心试验站）、张军斐（黎城县水利发展中心灌溉试验站）、赵耀辉（夹马口引黄服务中心有限公司灌溉试验站）、亢林建（临汾市引沁入汾汾西灌区水利服务中心灌溉试验站）等，在此对他们表示衷心的感谢。

本书相关研究和出版得到了国家重点研发计划项目（华北地下水超采区节水压采产能提升新技术与新装备，2023YFD1900800）、国家"十二五"科技支撑计划课题（灌区实时灌溉预报与输配水标准化技术与设备，2012BAD08B01）、国家自然科学基金面上项目（基于不确定性的限量供水灌溉预报节水增产机制，51779174；水分养分胁迫对冬小麦光合产物分配影响的模拟研究，50679055）、天津市应用基础及前沿技术研究计划项目（灌溉施肥动态决策及其实施模式的研究，10JCYBJC09400）、天津市科技计划项目（作物灌溉需求诊断与决策，20YDTPJC01450；温室滴灌经济灌水技术研究，17YFZCSF00930）、天津市农业科技成果转化与推广项目（限量供水条件下精准灌溉施肥技术集成与示范，201701150）、山西省科技攻关项目（非充分供水条件下灌溉预报研究，20090311074）、山西省水利科学技术与推广项目（基于 GIS 的山西省农业灌溉信息管理平台建立与应用，201618；作物灌溉预报试验研究及应用，201615；山西省玉米膜下滴管大田试验研究与示范，2015JS2）以及山西省灌溉试验项目（灌区主要种植作物节水高效灌溉制度试验研究、玉米作物灌溉预报试验研究及应用、灌区典型作物需水特性与灌溉预报研究及应用等）的资助，在此表示感谢。

　　中国工程院院士中国农业大学康绍忠教授提出了宝贵的修改意见，并为本书作序，在此表示衷心的感谢。本书编写过程中得到了中国水利水电科学研究院水利研究所原总工程师龚时宏教授级高级工程师的热情指导，在此表示衷心感谢。

　　农田水土环境及其调控所包括的内容多、涉及学科范围广。涉及的学科包括植物生理、作物栽培、土壤学、环境工程、物理化学、材料工程、水力学、流体力学、电子工程等，研究进展包括土壤水分、养分、盐分等空间变异性、水肥耦合、作物生命需水理论、作物需水量尺度分析、再生水灌溉导致的环境风险，以及有关农田水土环境调控的信息化、精准化、自动化灌溉装备及传感器研发等。本书仅对土壤水分、土壤养分（氮素）、土壤盐分动态模拟理论，以及作物需水量和作物生长动态、田间灌水技术等进行了研究。限于作者的水平，书中难免出现疏漏错误，敬请读者批评指正。

作　者

2024 年 3 月 8 日

目　　录

第1章 绪 论

1.1 研究背景

农田水土环境是指土壤水分状况、土壤养分、通气状况、土壤盐分状况等。由于田间灌水技术和作物栽培技术的改进，农田水土环境还可以扩展到近地表即植物冠层内的空气温度、湿度状况以及病虫害状况调控等。采用再生水灌溉时还应该包括可能出现的有毒有害物质对土壤及作物产品的污染风险等。

土壤水分状况主要有干旱、涝渍，其中干旱是指土壤中缺乏植物可吸收利用的水分，根系吸水不能满足植物正常蒸腾和生长发育的需要而产生的干旱，称为土壤干旱。由于土壤通过影响水循环过程改变环境要素，将水循环要素与土壤储水联系起来，因此进行土壤干旱研究对于植被和作物的正常生长有重要的指示作用。土壤干旱程度可以用诸如土壤水分亏缺指数（soil moisture deficit index，SMDI）、标准化土壤水分指数（standardized soil moisture index，SSMI）、作物水分指数（crop moisture index，CMI）、归一化土壤水分指数（normalized soil moisture index，NSMI）、土壤湿度指数（soil moisture index，SMI）、土壤湿度亏缺指数（soil wetness deficit index，SWDI）等表示（李毅等，2021）。土壤干旱程度随灌溉、排水、降水和作物耗水变化极大。掌握土壤干旱的严重程度，对于粮食安全、农业生产具有重要的指导意义，灌溉是解决土壤干旱的基本措施。

涝胁迫会造成植物生物多样性的下降以及作物的产量损失等。植物生长环境中过多的水取代了植物根系和地上环境中的气体空间，这种状态称之为涝渍。土壤中水分取代气体空间而限制植物气体交换的状态称之为渍，而植株的部分或者全部地上组织被水淹没的状态称之为涝。渍水时，植物根系的生长和功能受到直接影响；而淹水时，植株地上部分的光合和呼吸等功能也受到抑制。造成涝胁迫的原因主要包括短时间内的极端降水、排水不畅以及土壤结构黏重等因素。涝胁迫影响到全球大约10%耕地的作物生产，对种子产量能造成15%～80%的损失（李继军等，2023），消除涝渍的主要措施是农田排水。

频发的早春霜冻害，不仅影响许多经济作物的花、芽正常生长，对花、芽产生冻伤进而导致品质降低和经济损失（朱永宁等，2020；邱美娟等，2020）。为防止或减轻茶树霜冻害，常采用喷灌措施，其工作原理是利用液态水结冰时释放出潜热，使植株的叶和芽温保持在临界温度-6～-4℃（暴露30min出现受损或死亡的温度）以上（Lu et al.，2018）。与其他防霜方法相比，喷灌防霜具有受天气条件限制小、劳动强度低的特点，该系统还可同时用于灌溉、施肥和缓解干热风危害等，并且广泛地关注于自动化喷灌的应用（潘庆民等，2024）。如Heisey等（1994）设计的自动喷灌系统在霜夜能够保持苹果芽的温度在临界温度之上，Stombaugh等（1992）发现使用微喷头灌溉可以提高草莓的防霜效果，连续喷灌下花的冻死率从52%降低为3%。Olszewski等（2017）试验表明循环喷灌防霜能提高蔓越莓产量并节约喷灌用水量。Koc 等（2000）根据环境参数及芽温而设计的自动喷灌系统在 3 次霜冻事件中平均节水 72%。此外还有干热风的调节。

与喷灌提高植物冠层温度类似，膜下滴灌可以有效降低温室空气湿度，改善作物生长条件，提高作物产量。张亚莉等（2011）研究结果表明，膜下沟灌和膜下滴灌方式分别比普通沟灌的室内湿度低 3.8%～4.9%和 3.3%～6.1%，昼夜温差分别达 1.5～2.3℃和 1.6～2.6℃，土壤温度相对较高。在膜下沟灌和膜下滴灌方式条件下黄瓜霜霉病和白粉病的发生率和病情指数比普通沟灌低，差异达显著或极显著水平。

土壤适宜的水气比例有利于提高作物产量和水肥利用效率。膜下滴灌极易造成土壤根际缺氧问题，这是由于覆膜阻隔了土壤与环境之间的气体交换（Shahzad et al.，2019），阻碍了大气氧气向土壤的扩散以及土壤二氧化碳的排出（Nan et al.，2016），降低土壤根际氧浓度；同时，滴灌灌水时及灌水后滴头附近形成持续饱和的湿润区，极大地降低了根际土壤氧气含量，引发根际缺氧（Ben-Noah and Friedman，2016；Kläring et al.，2009）。加气灌溉可有效增加灌溉水中溶解氧的含量，改善根际土壤通气性，缓解低氧胁迫（朱艳等，2016），目前较为常见的加气灌溉方式有独立式加气灌溉、物理曝气式加气灌溉、化学加气灌溉法和文丘里式加气灌溉 4 种。Bhattarai 等（2006）通过文丘里装置对番茄进行加气灌溉，结果表明当加气量达到 12%时，番茄种植最终可增产 21%，尤其是当作物受到盐分胁迫时，文丘里加气灌溉还能起到缓解盐分胁迫的效果。

利用再生水灌溉是解决当前我国农业用水量短缺问题的重要手段之一。再生水灌溉给土壤和作物带来丰富的营养元素，如氮、磷和大量有机质（Rattan et al.，2005），从而改善土壤理化性能，增强土壤肥力。但也有研究认为再生水中有机物含量过高会造成土壤孔隙度降低，进而使土壤持水性能和水力传导度下降，导致土壤生产力下降（杨林林等，2006）。并且，虽然再生水是污水经过加工处理后得到的水，但仍含有一定量的病原菌、重金属等污染物，如果使用再生水灌溉的方式不当会对生态环境、人体健康造成危害（吴文勇等，2008）。因此，有必要对再生水灌溉开展更多地研究，提高再生水灌溉的高效性和安全性（韩洋等，2018）。

不断增加的粮食需求、区域灌溉面积增加和灌溉用水量增加导致了生态环境问题，迫切需要限制或降低农业灌溉用水量。然而，盲目减少灌溉用水量将使农业生产能力下降，威胁国家粮食安全和农产品有效供给。如何根据水资源承载力发展适水农业，大力提高农业用水效率，成为破解农业用水短缺与食物持续稳产高产矛盾的关键（康绍忠，2019）。对此国家重点研发计划开展了高效用水技术和灌溉规模阈值研究，目标是为我国适水农业发展提供可靠依据和可行的高效节水灌溉技术及其区域发展模式。

我国多年平均水资源总量为 2.8 万亿 m³，居世界第 6 位，人均水资源量仅为 1983m³，不足世界人均水平的 1/3；单位耕地面积的水资源量仅为世界平均水平的 1/2。特别是我国水资源与其他社会资源的空间分布不匹配，国土、耕地面积、人口、GDP 分别占全国的 64%、46%、60%、44%的北方地区，水资源量仅占全国的 18.6%。我国北方的海河、黄河、西北内陆诸河、西辽河等流域的缺水状况更为严峻。

农田水土环境调控直接影响作物产量，针对我国干旱半干旱地区开展限水灌溉，提高有限水资源及土地资源的利用效率。包括开展高效节水灌溉技术与农艺技术的配套集成研究，大力推广作物水肥药一体化技术；开展特色经济作物节水调质优产高效灌溉技术研究，采用非充分灌溉技术，对作物某些阶段实施亏缺灌溉，改善果实品质，大幅度提高产品价格，在减少灌溉供水量的同时，增加灌溉效益；开展作物生命健康需水过程，明确不同水土资源条件下满足区域生态需求和粮食安全需求的作物最低限度灌溉需水量；开展农业用水的精量化、自动化、信息化、智能化技术与产品，研发区域主导种植业（粮食作物、蔬菜、果树及特色经济作物）节水增效综合技术（康绍忠，2019）等。为国家适水农业的发展，保障水资源可持续利用和农业可持续发展提供理论依据与技术支撑。

1.2 研究内容与方法

本书分析总结凝练了近十多年来研究团队主持和合作完成的国家自然科学基金面上项目（基于不确定性的限量供水灌溉预报节水增产机制，51779174；水分养分胁迫对冬小麦光合产物分配影响的模拟研究，50679055）、天津市科技计划项目（温室滴灌经济灌水技术研究，17YFZCSF00930）、山西省水利科技研究与推广项目（作物灌溉预报试验研究及应用，201615；半干旱区灌溉需水量精准调控技术研究，201810；温室滴灌经济灌水技术应用示范，201813；山西省玉米膜下滴灌大田试验研究与示范，2015JS2）、山西省灌溉试验项目（灌区主要种植作物节水高效灌溉制度试验研究、灌区典型作物需水特性与灌溉预报研究及应用）等多个科研项目的研究成果。

1.2.1 研究方法

本书采用试验与理论分析相结合的方法开展研究。其中试验包括作物需水量与灌溉制度试验、玉米膜下滴灌需水量与灌溉制度试验、温室膜下滴灌需水量与经济灌溉制度试验、合理确定灌水时间及其影响因素（施肥和灌水定额）试验、农田土壤入渗及畦田水流推进试验。其中作物需水量与灌溉制度试验目的是为确定作物系数提供依据，玉米膜下滴灌需水量与灌溉制度试验以及温室膜下滴灌需水量与经济灌溉制度试验的目的是为玉米膜下滴灌和温室膜下滴灌作物需水量计算、灌溉制度优化和作物水模型的构建提供依据，合理确定灌水时间及其影响因素（施肥和灌水定额）试验目的是为分析大田作物（玉米、冬小麦）构建作物水模型提供试验数据，农田土壤入渗及畦田水流推进试验目的是为确定土壤入渗模型参数和畦田水流糙率提供试验数据。

理论分析包括利用田间试验分析确定作物系数、确定作物潜在蒸散量、确定作物灌溉需水量、分析确定典型年、构建作物水肥模型、确定典型年优化灌溉制度并据此确定限量供水灌溉预报模型及其参数；以单位面积效益最大化为目标，进行不同可供水量灌溉制度优化，确定温室膜下滴灌蔬菜的经济灌水下限值、分析给出山西省不同区域玉米膜下滴灌灌溉制度；基于设计灌水定额优化确定适宜畦长和闭口成数，考虑天气因素变化的不确定性分析给出限量供水灌溉预报增产增收效益。

1.2.2 研究试验点及其基本情况

本书研究资料主要来源于山西省中心灌溉试验站、天津农学院农田水循环试验基地（简称试验基地），试验站和农田水循环试验基地基本情况见表 1.1，天津市武清区高村镇"北国之春农业示范园"（简称示范园）。表中灌水技术试验包括大同御河灌区、临县湫水河灌区、山西省汾河灌区、文水文峪河灌区、漳北渠灌区、洪洞霍泉灌区、临猗夹马口灌区 7个灌溉试验站于 2020 年和 2021 年承担进行的畦田入渗试验和畦田水流推进试验；灌溉预报试验是指上述 7 个灌溉试验站于 2016～2020 年进行的灌区典型作物需水特性与灌溉预报研究及应用项目、由山西省汾河灌区灌溉试验站单独进行的玉米作物动态灌水下限研究及应用项目，该试验主要为作物水模型的构建提供依据，包括在天津农学院农田水循环试验基地进行的国家自然科学基金面上项目（水分养分胁迫对冬小麦光合产物分配影响的模拟研究，50679055）、在天津农学院农田水循环试验基地和山西省汾河灌区灌溉试验站进行的基于不确定性的限量供水灌溉预报节水增产机制（国家自然科学基金面上项目，51779174）；需水量试验是指 2004～2015 年期间全省 16 个灌溉试验站进行的灌区主要种植作物节水高效灌溉制度试验研究，该试验中包括了充分供水灌溉处理；墒情监测是指灌溉试验站每年针对所在灌区主要作物在上、中、下游各选择一个点，定期（每个月的 1 日、11 日和 21日）分层（0～10cm、10～20cm、20～40cm、40～60cm、60～80cm）测试土壤含水率，目的是为灌区确定灌水时间提供依据，为全省农业干旱评价提供依据。

表 1.1　试验站和农田水循环试验基地基本情况

所在县/区	站名	试验站位置			土壤质地	田间持水量/%	容重/(g/cm³)	地下水位/m
		经度(E)	纬度(N)	海拔/m				
临猗	夹马口	110°43′	35°09′	406	壤土	21.9	1.34	33
平陆	红旗	111°12′	34°51′	360	壤土	22.0	1.41	100
新绛	鼓水	111°13′	35°37′	447	壤土	23.5	1.35	17
临汾	汾西	111°43′	35°42′	449	中壤	26.5	1.42	2
翼城	利民	111°30′	36°04′	576	中壤	23.3	1.41	7
洪洞	霍泉	111°40′	36°10′	462	轻壤	24.6	1.46	4
榆次	潇河	112°36′	37°22′	787	中壤	27.1	1.40	8
文水	汾河	112°02′	37°04′	749	中壤	27.7	1.40	1～2
文水	文峪河	112°03′	37°27′	760	中壤	23.4	1.47	33
临县	湫水河	111°08′	38°07′	1063	壤土	22.8	1.44	3.6
黎城	漳北渠	113°23′	36°31′	753	中壤	23.5	1.38	30
原平	阳武河	112°42′	38°50′	836	壤土	21.3	1.48	4
忻州	滹沱河	112°43′	38°25′	791	壤土	24.0	1.42	1～2
五台	小银河	113°22′	38°50′	1096	壤土	24.3	1.33	3
浑源	神溪	113°41′	39°43′	1075	砂壤	17.2	1.42	7
应县	浑河	113°11′	39°33′	1005	壤土	24.3	1.46	1～2
大同	御河	113°20′	40°06′	1066	砂壤	22.5	1.50	6
天镇	北徐屯	113°45′	40°22′	1010	砂壤	22.5	1.41	6
西青	试验基地	116°57′	39°09′	5	壤土	21.3	1.40	4
武清	示范园	116°54′	39°36′	8	壤土	24.0	1.42	4

注：除北徐屯、试验基地和示范园 3 个站外，均进行墒情监测试验。

1.2.3　主要研究成果及创新性

本书主要研究成果及创新性如下。

1）分析确定了 22 种作物的作物系数，分地市以代表县（市）典型年的方法确定了 22 种作物 3 种典型年（50%、75% 和 95%）的灌溉需水量，基于实际灌溉供水量（2018～2020 年 3 年的平均值）提出了分地市灌溉供需比（实际灌溉供水量与灌溉需水量之比）。

2）引入作物生长相关性和作物植株体生长平衡的概念，创新性地提出了光合产物分配系数模型；采用土壤水分溶质动力学模拟方法代替作物生长模型中基于水量平衡原理的概念模型，并与作物生长过程精准耦合。由此提出了改进型的作物水肥模型。

3）针对限量供水特点创新性地提出了基于相邻两次灌水期间（对于第 1 次灌水，是指播种日到第 1 次灌水期间）的蒸散量、降水量和根区下界面水分通量确定灌水时间的蒸散量法及其模型参数确定方法。该方法避免了限量供水条件下采用传统土壤水分下限法导致干旱年份灌水过度集中于作物生长前期，造成后期严重干旱减产的问题。

4）通过畦田灌水技术优化得出了与地块坡度和单宽流量相适应的畦长及其相应的闭口成数与设计灌水定额的关系，该关系为合理规划农田畦幅规格、实施精准地面畦灌提供了理论依据与参数。

5）在精准耦合土壤水分和作物生长动态模拟基础上构建了温室膜下滴灌蔬菜作物水模型。以单位面积效益最大化为目标得到光照、温度、施肥等正常环境条件下作物经济灌溉制度、经济灌水下限及其确定方法，给出了温室膜下滴灌经济灌水实施方法。

6）基于微小单元土体含水量的水势，推导得到了较现有的平均吸力法更为严格的，计算离心机法测定土壤水分特征曲线过程中吸力的公式。

7）基于农田二区土壤水分动态模拟模型与作物生长模型耦合建立了玉米膜下滴灌水模型，以合理种植施肥模式（种植密度为 5500 株/亩[①]、施肥 450kg/hm^2）为基础，以效益最大化为目标分析给出了山西省分区玉米膜下滴灌灌溉制度。

---

① 1 亩≈666.7m^2。

第2章 土壤水分运动

土壤水分通常是指吸附于土壤颗粒上和存在于土壤孔隙中的水，主要来源于大气降水（雨、雪等）和农田灌溉。土壤水分运动是陆地水循环的重要过程，是大气水、植物水、地表水与地下水相互作用的纽带。

2.1 农田土壤水分数量

2.1.1 土壤含水率及其测定

1. 土壤含水率的表示

土壤含水率是表征农田土壤水分数量的一个指标，又称为土壤水分含量、含水量、土壤湿度等。土壤含水率有多种表示方式，常用的有以下几种。

（1）质量含水率

质量含水率是指土壤中水分的质量与干土质量的比值。因为在同一地区重力加速度相同，所以又称为重量含水率，无量纲，常用 θ_m 表示。质量含水率可用小数形式表示，也可用百分数表示。以百分数形式表示如下：

$$\theta_m = \frac{W_1 - W_2}{W_2} \times 100\% \tag{2.1}$$

式中，θ_m 为土壤质量含水率，%；W_1 为湿土质量；W_2 为干土质量。

这里干土一般是指在 105℃条件下烘干的土壤。不同于通常人们口语中所说的干土，人们口语中所说的干土是含有吸湿水的土，严格意义上叫"风干土"，即在当地大气中自然干燥的土壤，其质量含水率比 105℃烘干的土壤高。

（2）容积含水率

容积含水率是指单位土壤总容积中水所占容积的百分数，又称容积湿度或土壤水分的容积百分数，常用符号 θ_V 表示。θ_V 用小数形式表达时，其量纲常用 cm^3/cm^3 表示，通常也用%表示。容积含水率难以测定，是用质量含水率和土壤容重（γ_c）计算求得，即

$$\theta_V = \gamma_c \theta_m \tag{2.2}$$

容积含水率被广泛使用，这是因为容积含水率可以直接用于计算土壤水储量和由灌溉或降水渗入土壤的水量，以及由蒸散或排水从土壤中损失的水量。而且，θ_V 也表示土壤层厚度和水的深度比，即单位土壤深度内水的深度。

（3）相对含水率

在土壤或农田水量计算中也常将土壤含水率换算为占田间持水率或饱和含水率的百分

数，以表示土壤水的相对含率。此外，土壤含水率还可用土壤水分体积占土壤孔隙体积的百分数表示，一般称为土壤水分的饱和度。其中尤以占田间持水率的百分数更为常见。

2. 土壤含水率的测定

测定土壤含水率可掌握作物对水的需求情况，对农业生产有很重要的指导意义。因此，土壤水分测定成为农业研究的重要内容，对水分测定方法的探讨也多种多样，目前常用的方法有烘干法、中子仪法、时域反射仪（time domain reflectometry，TDR）法、电容法、遥感（remote sensing，RS）法等。目前各种方法都有不同程度的应用，把上述方法归并起来可分为动点检测的重量法和定点检测的中子仪法、电磁波法、传感器法。土壤水分传感器法（如可同时测定土壤水分、土壤温度和电导率的 3 参数地理传感器），既能充分反映出田间土壤水分的动态变化和空间立体分布，又无放射性的危害，且能采用数字形式直接显示土壤含水率，若能与计算机相连接，通过接口电路，可实现自动监测、自动控制、自动灌溉等智能化操作。因此，智能化土壤含水率测定仪的研制已成为土壤含水率测定的发展趋势。随着电容法等传感器法的广泛使用，中子仪法已经很少使用了。

（1）烘干法

烘干法是目前国际上仍在沿用的标准方法。其测定的简要过程是先在田间地块中选择具有代表性的取样点，按所需深度用土钻分层采集土样，放入铝盒并立即盖好盖（以防水分蒸发），尽快称重（即湿土加空铝盒重，记为 W_1），打开盖，置于烘箱中，在 105～110℃条件下，烘至恒重，再称重（即干土加盒重，记为 W_2）。设空铝盒重为 W_3，该土壤的质量含水率为

$$\theta_m = \frac{W_1 - W_3}{W_2 - W_3} \times 100\% \tag{2.3}$$

一般应采 3 个以上平行土样，求取平均值。烘干法是经典方法，较简便、准确、可靠，但也有不足之处，如，测试需取出土壤，特别是取出深层土壤时比较费力，且无法实现定点连续测定。但是，该方法测定数据准确、可靠，是评价其他方法测定土壤含水率准确程度的依据。

（2）时域反射仪法

TDR 是一种远程遥感测定技术，早期主要应用于通信方面的线路检测。20 世纪 70 年代末期，科学家才开始把它应用于土壤电特性的测定，并由测定的土壤介电常数来推算土壤含水率。由于 TDR 能精确、快速和连续地测定土壤水分，因此，它已经成为测定土壤水分的一种新仪器。

TDR 法可以直接、快速、方便、可靠地监测土壤水分状况，与其他测定方法相比，TDR 具有较强的独立性，测定结果几乎与土壤类型、密度、温度等因素无关。将 TDR 技术应用于结冰条件下土壤水分状况的测定，可得到满意的结果，而其他测定方法则是比较困难的。TDR 另一个特点是可同时监测土壤水盐含量，在同一地点同时测定土壤水分和盐分，测定结果具有一致性，且土壤水分和土壤盐分二者的测定是完全独立的，互不影响。

（3）遥感法

遥感作为一项宏观的对地观测技术，具有实时、动态、信息量大等优点，已广泛运用

于地球资源调查及全球变化监测中。随着遥感科学的发展和遥感应用的深化，人们开始从遥感影像中进行更深层次信息的挖掘，如地表温度、植被蒸散、土壤水分等。20 世纪 60 年代末期，国外开始将遥感技术用于土壤水分估测的研究，并取得了很大的进展，利用可见光、近红外、热红外、微波等波段，建立一系列的土壤水分遥感指标模型。

遥感法是一种非接触式、大面积、多时相的土壤水分监测方法。土壤水分遥感是对土壤表面反射的电磁波能量的测定，而土壤水分的电磁辐射强度的变化则取决于其介电特性、温度或者两者的组合。由于影响土壤水分变化的因素较多，如土壤质地、容重、表面粗糙度、地表坡度和植被覆盖都会对遥感监测的土壤水分造成影响，目前只适合区域尺度土壤表层水分状况的动态调查，而不适合于田间尺度深层土壤水分的监测。

影响土壤水分的因素有很多，如降水、温度、地形、作物类型及布局等。使用遥感技术对土壤含水率的研究还存在诸多问题，①距平植被指数、条件植被指数等都是利用植被长势与土壤水分的密切相关性计算所得。但是植被长势不仅与土壤水分相关，还和植被覆盖变化、地形地貌、气候以及土壤肥力、种植条件等相关；同时植被指数的变化往往在干旱发生后才发生，因此利用植被指数指标进行干旱监测具有一定的滞后性；②地表温度与土壤水分的相关性大于植被指数与土壤水分的相关性。但是，地表温度的反演也是当下遥感定量反演的难点，受各种因素的影响，反演温度是地表成分综合温度，会对墒情监测造成一定影响。③遥感模型最后都要和实测数据进行拟合或验证，但是实测数据较难获取，与影像时相对应的实测数据的获取更是难上加难。同时，实测数据是点上数据，而获得的遥感指数都是分辨率为上千米的下垫面平均值的体现，拟合过程中存在尺度上的问题，影响遥感拟合的精度。④利用微波遥感进行干旱监测具有更好的物理意义，尤其是主动微波领域的合成孔径雷达（SAR），欧美国家利用其进行土壤水分的监测已经取得了很多的成果，并不断提高监测土壤水分的精度。

2.1.2 土壤水势

1. 土壤水势的定义

土壤水势是土壤含水率基于能态的一种表示方法。土壤水具有能量，包括动能和势能，由于土壤水运动速度非常小，相对而言可以忽略不计，所以谈及土壤水能量的时候仅指土壤水的势能，因此，叫作土壤水势，简称为土水势。土壤水分子受到多种力的作用，包括重力、通过液体均匀传递的压力、土壤颗粒的吸持力、土壤中溶质的吸力，此外，温度变化也会引起土壤水势的变化，主要是通过改变土壤理化性质（如黏性、表面张力和渗透压）来实现的。

土壤水的势能没有绝对量，只具有相对大小，需要选择一个标准参考状态。标准状态通常定义为纯的（没有溶质）自由（除了重力外没有其他外力）水在参考压力 p_0、参考温度 T_0 和参考高度（并将这一高度规定为零）下的状态。土壤水势定义为单位数量的水所具有的能量与其在参考状态下所具有的能量的差。土壤水势有 3 种不同的表达形式：①单位质量土壤的土水势，单位为 J/g；②单位容积土壤的土水势，单位为 Pa、atm①（大气压）、

---

① 1atm=1.01325×10⁵Pa。

bar[①]或 mbar；③单位重量土壤的土水势，以水柱高度表示，单位为 cm 或 m。其中，1bar=10³mbar=0.987atm。这里 3 种表示方法以②和③比较常用，尤其以③的应用最为广泛。

2. 土壤水势的组成

土壤水势主要由重力势、基质势、压力势、溶质势和温度势组成。

（1）重力势

土壤水的重力势由重力场的存在而引起，是将单位重量的水从某一高度 z 移动到参考状态平面的过程中，土壤水所做的功。对于田间土壤水分问题，常将参考状态平面选在地表处，垂直坐标轴 Z 的原点设在参考状态平面上。若土壤水的质量为 m，则土壤水所具有的重力势 $E_g=\pm m \cdot g \cdot z$，其中，$g$ 为重力加速度，$g=9.8\text{m/s}^2$。当坐标轴 Z 向上为正时，z 取 "+"号，当轴坐标轴 Z 向下为正时，z 取 "−"号。由此可知，单位质量土壤水分的重力势 $\psi_g=\pm g \cdot z$，单位容积土壤水分的重力势 $\psi_g=\pm \rho_w \cdot g \cdot z$，单位重量土壤水分的重力势 $\psi_g=\pm z$。

（2）基质势

基质势是由土壤基质对水的吸持作用和毛细管作用引起，是将单位重量的水从非饱和土壤中一点移动到标准参考状态的过程中，土壤水所做的功。由于参考状态是自由水，在此过程中土壤水要克服土壤基质的吸持作用，所以土壤水所做的功为负值。对于饱和土壤，土壤水的基质势与自由水相当，基质势为 0（$\psi_0=0$）；而对于非饱和土壤，基质势小于 0（$\psi_0<0$）。土壤基质吸持作用的大小随土壤基质吸水量的增加而减少，这一特性与土壤质地和结构密切相关，所以土壤基质吸力与土壤含水率的关系是土壤最为重要的水力特性之一。对于土壤基质吸持水分的机理目前尚不清楚，不能给出基质势与土壤吸持水量之间的理论关系，只能通过实验测定。

（3）压力势

土壤水的压力势（ψ）由其上层土壤水的重力作用而引起。压力势是指上层的饱和水对研究点单位重量土壤水所施加的压力。土壤水的压力势只出现在土壤水饱和区，其值为正，在非饱和条件下，由于土壤孔隙的连通性，各点土壤水承受的压力均为大气压，所以非饱和土壤水的压力势为零。

（4）溶质势

土壤水的溶质势（也称为渗透势）是土壤水溶液中所有溶质对土壤水分综合作用的结果。溶质势是指溶质溶解在单位重量纯自由水中时引起的能量变化。由于溶质对土壤水分的吸附作用，使水的活性下降，所以与纯自由水相比，含有溶质的水的做功能力下降，故溶质势恒为负值。

含有一定溶质的单位重量土壤水的溶质势 P_s 可用式（2.4）表示：

$$P_s = \frac{c}{\mu}RT \tag{2.4}$$

式中，c 为单位体积溶液中含有的溶质质量，g/cm^3，通常称为溶液的浓度。若体积为 V（cm^3）的溶液中，溶质的质量为 $M_s(\text{g})$，则 $c = M_s / V$；μ 为溶质的摩尔质量，g/mol，数值上等于溶

---

① 1bar=10⁵Pa。

质的分子量。因此，c/μ 为以物质的量表示的溶液浓度，$\mathrm{mol/cm^3}$；T 为热力学温度，K；R 为摩尔气体常数，或称为通用气体常数，当渗透压 P_s 以 Pa 为单位时，$R=8.31\times10^6\mathrm{Pa\cdot cm^3/(mol\cdot K)}$。

因而，含有一定溶质的单位体积土壤水的溶质势 ψ_s 为

$$\psi_s = -\frac{c}{\mu}RT \tag{2.5}$$

式（2.5）是针对单一溶质的溶质势计算，而土壤溶液中的溶质往往是极其复杂的，对于多组分溶液，总的溶质势是各个组分产生的溶质势的叠加。

溶质势只有在半透膜存在的情况下才起作用。土壤中一般不存在半透膜，所以对于大部分土壤水分运动问题，可以不考虑溶质的存在对土壤水分运动的影响。植物根系存在不完全半透膜，所以考虑植物根系吸水问题时，溶质势的作用不可忽略。此外，在蒸发或土壤比较干燥情况下，水汽扩散对土壤水分运动有重要影响，需要考虑溶质势的作用。

（5）温度势

温度势（ψ_T）是温度场的温差所引起的。土壤中任意一点土壤水分的温度势由该点的温度与标准参考状态下的温度之差（ΔT）决定。温度势可表示为

$$\psi_T = S_a\Delta T \tag{2.6}$$

式中，S_a 为单位数量土壤水分的熵值。式（2.6）给出了温度势的表达式，但一方面熵值在定量描述时较为复杂，没有明确的量度标准，所以温度势目前还是一个难以确定的量。另一方面，由温差造成的土壤水分运动通量相对而言较小，可不予考虑。

但是，温度的变化会改变土壤水分的理化性质（如黏性、表面张力及渗透压等），从而影响到基质势、溶质势的大小和土壤水分运动参数，土壤温度变化还会导致土壤水的相变，土壤水分的大小又影响土壤热流运动参数。因此，当研究时期内土壤温度变化较大时，应该考虑土壤温度变化对土壤水分状况的影响，研究结果表明，考虑土壤温度变化可以显著提高土壤水分动态变化的模拟精度（王仰仁等，2013）。

2.1.3　土壤水分特征曲线及其测定、分析与模拟

1. 土壤水分特征曲线测定方法

土壤水分大小有土壤含水率和土水势两种表示方法，两者之间有较为密切的关系，该关系称为土壤水分特征曲线，是研究土壤水分运动的重要参数。土壤水分特征曲线的测定方法主要有张力计法、压力仪法和离心机法。

（1）张力计法

张力计下端为一多孔陶土头（孔径为 1.0～1.5μm），陶土头有非常小的孔隙，即使与较低水势的土壤接触时也能保持土壤水饱和状态，见图 2.1。陶土头的孔隙非常小，因此溶质和水能自由通过，土粒和空气不能通过。陶土头上面连接管子，上端接水银压力计或真空压力表。使用时把陶土头和管内都装满水，并使整个仪器封闭，然后将陶土头插入非饱和土壤中，使陶土头与土壤紧密接触，陶土头内的水通过细孔与土壤水相连。在基质势作用下，土壤通过陶土头从张力计中吸收水分，因而在张力计的管内形成一定的真空度或吸力，当管内水势与土壤水势达到平衡时，管内的水承受与土壤水相同的吸力，其数值可由真空

压力表或水银压力计显示出来，这样就可得到土壤的基质势。

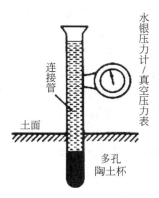

图 2.1　张力计示意图

　　在室内可以利用连续称重法得到与基质势对应的土壤含水率，由此获得土壤水分特征曲线。也可在田间测定原状土壤的土壤水分特征曲线。通常张力计能测定的土壤水吸力范围为 0～0.08MPa，超过这个范围就有空气进入陶土头而失效。因此，张力计法只适于测定低吸力范围的水势。在田间，这个范围包括了土壤有效水的 50%～70%，因此在实际中得到较广泛应用。

　　但是，张力计内的水柱不能有气泡，整个仪器必须密封，保持真空，不能与大气相通，因此，张力计在安装前必须进行校正。

　　（2）压力仪法

　　压力仪法是通过改变压力势来测定土壤基质势。压力仪是由密闭在不透气装置中的多孔陶土板或模及连接在下面的出水管所构成，出水管与外面的大气连通（图 2.2）。使用时，将饱和的土样装在腔室内陶土板的顶部，并与陶土板紧密接触。然后给密闭气室加压，随着压力上升，土壤水势相应增加，当土壤水势大于陶土板的渗透势时，水分就从土样中流出。随着水分的流出，土壤含水率减小，基质势降低，当土壤基质势降低到刚刚能抵消由所加压力所引起的压力势时，出流停止。此时，土壤基质势就等于所加的气压的负值。在已知土壤初始含水量情况下，测得出流水量就可得到相应的土壤含水率。逐步增加压力，重复上述过程，就可得到土壤基质势与土壤含水率的一组数据，从而得到土壤的脱水曲线。通常是通过测定每一压力下的土壤含水率来获得土壤水分特征曲线。如果初始土壤干燥，

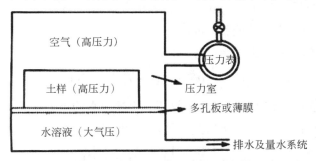

图 2.2　压力仪法测定土壤水分特征曲线装置示意图

逐渐减压，把排水改为吸水，就可得到吸水曲线。

仪器所用多孔陶土板（膜）为素烧陶土板或玻璃纸，两者均系多孔材料，当其被水浸润后，空隙中便形成水膜。水膜具有张力，其大小与孔隙大小成反比，水膜的作用是阻止空气及土壤（基质）通过，而让水及溶质通过。当所加的压力超过水膜的张力时，水膜破裂，腔室漏气，仪器便不能进行测定。此时的压力大小称为漏气值，它是鉴定膜是否适用的一个临界指标，在测定 0.1MPa 以内的低吸气时，用陶土板作膜，其漏气值要求在 0.1MPa 以上，当测定 1.5MPa 以内的高吸力时，则用孔隙极细小的玻璃纸作膜，其漏气值要求在 1.5MPa 以上。

在测定过程中，温度变化要维持在 ±1℃ 以内。土样可以是扰动土，也可以是原状土。通常压力膜法的测定范围为 -15000cm ＜ ψ_m ＜ -100cm（水柱高度）。

（3）离心机法

1）离心机法测试原理与计算公式

离心机法的实质是把重力场装置转移至离心力场，在重力场中，H 高度的水体是受重力加速度 g 的作用；在离心力场中，重力加速度的作用由离心加速度代替（李玉山，1981），如图 2.3（a）所示。在测试中，以 r_0 表示待测试土壤样品（简称土样）底部（带滤纸）到转子中心的距离，cm；$2h$ 表示土样初始高度，cm；则 $r_0 - 2h$ 表示土样顶部到转子中心的距离，见图 2.3（b）。测试过程中，土样做匀速圆周运动，其转速为 n，单位为 r/min；角速度为 ω，$\omega = 2\pi n$。土壤水分受到离心力的作用，会有部分土壤水向土样底部运移，并穿过土样底部的滤纸和盒盖孔脱离土壤，当旋转到足够时间时（通常为 1～1.5h），土壤水分受到的离心力等于土壤颗粒对土壤水的吸持力，将不再有水分流出土样，土壤水分运动达到稳定平衡状态。但是，土样中水分沿圆周运动的半径方向距离转子中心的距离不相等，不同点的吸力是不相同的，土壤水所具有的引力势也是不相同的；明显地，沿土样高度方向各点的土壤含水率也是不相同的，距离转子中心距离越远，土壤含水率越小。为分析方便，不考虑土壤含水率的这一变化，分析过程中取土样高度各点的土壤含水率均等于土样的平均含水率（θ_v）。这样，以土样底部（滤纸处）为参考点，土壤水的势能为 E_{p0}，该点的势能为零。距离转子中心 r 处的微小单元土体的土壤水 $\Delta V\theta_v$（$\Delta V\theta_v = \theta_v A dr$）所受到的离心力为 $\rho\theta_v A dr\omega^2 r$，土壤水所具有的势能 $E = \rho\theta_v A dr\omega^2 r(r_0 - r)$，可用微积分的方法求得整个土样中水分所具有的势能 E_{pl} [式（2.7）]。

$$E_p = E_{p0} - E_{pl} = \int_l^{r_0} dE = \int_l^{r_0} \rho\theta_v A\omega^2 r(r_0 - r) dr \qquad (2.7)$$

式中，ρ 为土壤水的质量密度，g/cm³；θ_v 为体积含水率，cm³/cm³；l 为土样顶部到转子中心的距离，cm；A 为土样断面面积，cm²。

对式（2.7）求积分并整理，得

$$E_p = \frac{1}{6}\rho\theta_v A\omega^2 (r_0 - l)^2 (r_0 + 2l) \qquad (2.8)$$

以单位重量势能的方式表示土水势，这里，土样中水的重量势能为 $mg = \rho\theta_v A(r_0 - l)g$，考虑转速 n 的单位为 r/min，由此可得到土壤水势的计算公式，

$$s = \frac{1}{6}\left(\frac{2\pi}{60}\right)^2 \frac{1}{g}(r_0 - l)(r_0 + 2l)n^2 \qquad (2.9a)$$

即

$$s = 1.865 \times 10^{-6} \cdot (r_0 - l)(r_0 + 2l) n^2 \tag{2.9b}$$

式中，s 为以水柱高度表示的基质吸力，cm；m 为土样中水的质量，g。

式 [2.9（b）] 是不考虑土样压缩条件下的吸力计算公式。土壤水分特征曲线测试过程中，测试土样均有不同程度的压缩，转速越大土样压缩量越大。为了更准确地计算土壤水势，尚熳廷等（2009）直接基于土壤水势求积分给出了考虑土样压缩对土壤水势影响的计算公式，积分计算中没有考虑土样高度，因而，该公式会带来较大误差。这里以 Δh 表示测试过程中土样的压缩量，将式（2.7）中的 l 调整为 $l + \Delta h$，然后进行积分、整理，可得到考虑土样压缩条件下的吸力计算公式，

$$s' = 1.865 \times 10^{-6} \times (h - \Delta h)(3r_0 - 2h + 2\Delta h) n^2 \tag{2.10}$$

式中，s' 为考虑土样压缩条件下的吸力，也即土壤水基质势，以水柱高度表示，单位为 cm；Δh 为转速为 n 时土样的压缩量，cm；其余符号意义同前。

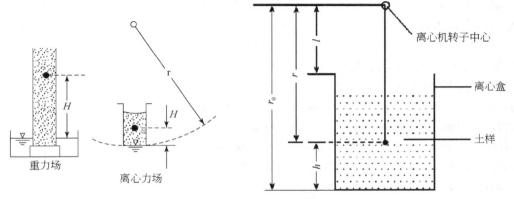

图 2.3　（a）离心机法原理示意图（李玉山，1981）和（b）测试中装有土样的离心盒的示意图（尚熳廷等，2009）

2）离心机法测试过程

这里以天津农学院农田水循环试验基地的土壤水分特征曲线测试为例介绍离心机法的测试过程。本测试采用高速恒温冷冻离心机，该仪器可同时对 4 个土样进行离心，可以使土壤水分特征曲线测定过程中的温度保持恒定，进而排除温度变化对土壤水分特征曲线的影响，离心机的温度值设置范围较宽，可以设置为-20～40℃。除离心机外还需准备滤纸（垫在离心机转筒底部）、天平（称量环刀及土样质量）、刻度尺（测量转盘轴心至转筒上下底面距离）、游标卡尺（测量转筒内土体压缩高度），以及取土时用到的铁锹、取土刀、米尺、锤子和环刀垫等工具。

测试步骤分 6 步进行。

第 1 步，拟定取样计划，称取环刀重量。确定所要取土剖面深度、目标层数以及重复组数。如，本测试，分 4 层取土（取土位置为地表下 20cm、60cm、100cm 和 120cm，以环刀下侧的深度计量），每层取 4 个重复土样，共取 16 个土样。需要注意的是，发现取土剖面有明显的土质分层时，应该根据实际土质分层情况进行取土。取土时可准备一定数量的

备用环刀进行编号以防止出现意外的土质分层数。

确定所要选取的样品数后，对需要用到的环刀依次进行编号、标注，对每个编号的环刀、滤纸（两层）以及环刀+滤纸+上下盖的组合分别进行称重，并记录在土壤水分特征曲线测定数据记录表中。

第 2 步，挖掘剖面取土样。选取测试土样的采集地点，选定和挖掘取样的剖面（挖掘过程中尽量减少对该剖面的扰动），拟定合适的测试坑尺度大小（以方便挖掘为主），挖掘取样测坑。

挖掘达到目标深度时，将目标剖面整理平整，观察剖面基本情况，依照事先拟定计划进行取样，取土样的过程中要注意将环刀垂直打入土层中，取出时，将环刀上下土面用刮土刀刮平，然后覆盖滤纸，盖上环刀盖，装入塑料袋裹紧，带回实验室。

第 3 步，浸泡土样。将带回的土壤样本进行称重，记录数据，得出原状土质量。对准备离心的四个样品进行浸泡，使其达到饱和含水状态，浸泡时间不少于 24h。

第 4 步，离心。称量离心盒保护套重量，以及对应其内径大小的滤纸重量（两张）。土壤样品浸泡完毕后，将含有湿土的环刀（即离心盒）取出，另外在上下面附着滤纸，放入离心盒保护套中，并称量其整体重量作为在转速为 0 时的称重值，此种情况计算的含水率即为饱和含水率。注意离心机保护套编号需要与环刀编号一致，并在记录表中记录。

将准备好的样品放入离心机转盘中，在离心机中进行离心。根据测试安排设置离心机的转速、温度和时间。转速可由低到高设置，每旋转完一个转速后对样品进行称重（带保护套），同时测定样品的压缩高度，记录相应数据，直至完成所有设置的转速（如本测试设置 0r/min、300r/min、410r/min、520r/min…10800r/min 共 11 个转速，见表 2.1～表 2.3）。离心时的温度设置为某一温度后保持不变（本测试中设定温度为 15℃）。离心时间可根据实际旋转需求进行设置（本测试中设定时间为 1.5h）。

表 2.1　重复 1 不同取样点土壤吸力和土壤含水率

转速/rpm	不同深度土壤吸力（水柱高度）/cm				不同深度土壤含水率/(cm³/cm³)			
	1-1	1-2	1-3	1-4	1-1	1-2	1-3	1-4
0	0	0	0	0	0.415	0.410	0.490	0.505
300	16	16	16	16	0.399	0.410	0.486	0.495
410	29	29	29	29	0.393	0.401	0.481	0.493
550	51	51	52	52	0.386	0.394	0.477	0.486
650	72	71	72	72	0.373	0.368	0.471	0.464
820	114	114	114	114	0.347	0.291	0.464	0.437
970	158	159	160	160	0.325	0.220	0.452	0.354
1670	468	468	468	474	0.282	0.117	0.427	0.225
2160	778	784	773	794	0.259	0.087	0.405	0.191
5290	4570	4668	4397	4718	0.211	0.048	0.331	0.157
6820	7540	7596	7061	7811	0.190	0.038	0.297	0.149
8630	12073	12127	11101	12507	0.172	0.031	0.266	0.141
10800	18415	18737	16715	19456	0.155	0.025	0.242	0.134

注：1-1、1-2、1-3、1-4 为剖面取样点（重复 1）的编号，分别表示地表下 20cm、60cm、100cm 和 120cm；1rpm[①]=1r/min。

---

① 1rpm=1r/min。

第 5 步，烘干，测定干土重和干容重。对完成全部设置转速的 4 个环刀称重、标号、放入烘干盒（烘干盒为环刀体积的 3 倍以上）中称取重量，记录相应数据，由此计算的含水率可以作为拟合参数过程中残余含水率的初始值。

称重完成后的土样放入烘箱中，以 105℃恒温烘干至恒重（不少于 8h），记录烘干后最终质量，用以计算干土重和干容重。

第 6 步，实验数据整理。实验数据整理主要是根据测试数据计算土壤吸力和土壤含水率，其中土壤含水率应该根据实测质量含水率乘以容重转换为体积含水率。

采用离心机法测定土壤水分特征曲线时，转速的最大值一般都可以达到 6000r/min 以上，土壤水吸力的计算过程中必须考虑离心过程中土样压缩，否则会造成较大的误差，改进后的式（2.10）能消除离心过程中土样压缩导致密度变化对吸力的影响。

对于本测试，式（2.10）中 $r_0 = 9.8$ cm，$l = 5.2$ cm。由此，可将式（2.10）简化为式（2.11）：

$$s' = 1.865 \times 10^{-6} \times [192.08 - 9.8 \times (5.2 + \Delta h) - (5.2 + \Delta h)^2] n^2 \tag{2.11}$$

按照式（2.11）、测得的 Δh 和设定转速 n，计算得到土壤吸力（表 2.1～表 2.3）。表 2.1～表 2.3 中土壤含水率的计算过程如下，首先根据测试的环刀、上下盖、滤纸、离心机保护套等重量，计算土样的干土质量和土壤质量含水率；然后，根据干土壤质量计算土壤容重，进而计算体积含水率。

表 2.2　重复 2 不同取样点土壤吸力和土壤含水率

转速/rpm	不同深度土壤吸力（水柱高度）/cm				不同深度土壤含水率/(cm³/cm³)			
	2-1	2-2	2-3	2-4	2-1	2-2	2-3	2-4
0	0	0	0	0	0.413	0.472	0.491	0.449
300	16	16	16	16	0.402	0.454	0.485	0.436
410	29	29	29	29	0.377	0.447	0.479	0.431
550	52	51	52	52	0.370	0.443	0.475	0.420
650	73	71	73	73	0.368	0.427	0.473	0.410
820	117	113	117	117	0.359	0.319	0.464	0.362
970	163	158	161	163	0.345	0.246	0.453	0.273
1670	477	465	471	483	0.307	0.156	0.430	0.160
2160	799	778	778	809	0.283	0.118	0.408	0.129
5290	4731	4603	4397	4731	0.228	0.079	0.329	0.093
6820	7852	7651	7186	7863	0.204	0.073	0.297	0.084
8630	12423	12073	11101	12590	0.180	0.066	0.266	0.075
10800	18908	18908	17055	19456	0.162	0.061	0.239	0.070

注：2-1、2-2、2-3、2-4 为剖面取样点（重复 2）的编号，分别表示地表下 20cm、60cm、100cm 和 120cm。

表 2.3　重复 3 不同取样点土壤吸力和土壤含水率

转速/rpm	不同深度土壤吸力（水柱高度）/cm				不同深度土壤含水率/(cm³/cm³)			
	3-1	3-2	3-3	3-4	3-1	3-2	3-3	3-4
0	0	0	0	0	0.419	0.473	0.518	0.444
300	16	16	16	16	0.403	0.459	0.517	0.444

续表

转速 /rpm	不同深度土壤吸力（水柱高度）/cm				不同深度土壤含水率/(cm³/cm³)			
	3-1	3-2	3-3	3-4	3-1	3-2	3-3	3-4
410	29	29	29	29	0.395	0.452	0.511	0.443
550	52	52	52	51	0.381	0.446	0.503	0.439
650	72	72	72	71	0.372	0.440	0.497	0.425
820	114	114	114	114	0.343	0.322	0.490	0.374
970	159	160	160	159	0.327	0.258	0.485	0.285
1670	471	474	471	467	0.287	0.148	0.466	0.171
2160	788	792	788	778	0.263	0.121	0.445	0.133
5290	4570	4731	4397	4603	0.214	0.088	0.367	0.092
6820	7483	7852	7186	7562	0.192	0.080	0.329	0.085
8630	11890	12573	11101	11890	0.173	0.073	0.293	0.077
10800	18325	19692	17055	18474	0.156	0.067	0.265	0.072

注：3-1、3-2、3-3、3-4 为剖面取样点（重复 3）的编号，分别表示地表下 20cm、60cm、100cm 和 120cm。

计算土样质量含水率 θ_m ［式（2.12）］，再通过质量含水率计算土样体积含水率 θ_V ［式（2.14）］：

$$\theta_m = \frac{W_湿 - W_干}{W_干} \tag{2.12}$$

$$\gamma_d = \frac{m_干}{V_干} \tag{2.13}$$

$$\theta_V = \theta_m \times \gamma_d \tag{2.14}$$

式中，θ_m 为土样质量含水率，g/g；$W_湿$ 为各转速条件下的湿土重，g；$W_干$ 为最后干土重，g；γ_d 为干容重，g/cm³；$V_干$ 为土样的原状土体积，cm³；θ_V 为土壤体积含水率，cm³/cm³。

3）不同方法对吸力计算结果的影响

土壤水分特征曲线测试过程中计算吸力的现状方法，主要采用平均吸力，并且直接对单位质量土壤的吸力求积分，获得土壤水势，再转化为以水柱高度表示的单位重量的吸力。然后，在此基础上考虑土样压缩计算土壤水势（李玉山，1981；尚熳廷等，2009）。该方法对单位质量土壤的吸力求积分，含义不明确。鉴于此，本研究对微小土体含水量的引力势做积分，积分上下限分别为土样顶部和底部，由此获得了较为严格的吸力计算公式，式（2.9）为不考虑土样压缩的吸力计算公式，式（2.10）为考虑土样压缩的吸力计算公式。计算结果表明，不考虑离心远程中土样的压缩，计算得到的吸力偏大，如本例中，考虑离心过程中土样的压缩后，在转速为 10800rpm 时，重复 1 的 4 个样本计算得到的吸力分别为18415cm、18737cm、16715cm 和 19465cm，对应的土样压缩量为 6.7mm、5.6mm、12mm 和 3mm；不考虑土样压缩计算得到的吸力为 20213cm，偏大 3.9%~20.9%。考虑土样压缩，依据现状方法计算得到的吸力为 22614cm、23175cm、19859cm 和 24484cm，较之改进后的方法分别偏大 22.8%、23.7%、18.8%和 25.8%；不考虑土样压缩情况下，现状方法计算得到的吸力为 25967cm，偏大 33.5%~55.3%。

2. 土壤水分特征曲线的分析与模拟

利用表 2.1～表 2.3 土壤吸力和土壤含水率可分层给出土壤水分特征曲线，见图 2.4。由图 2.4 可见，同一深度处 3 个重复的土壤水分特征曲线非常接近，即重复性非常好；土壤吸力较小段变化趋势非常明显，吸力较大区段的变化趋势 4 个土层处有明显差异，土层 20cm 和 100cm 处较为接近，没有出现土壤吸力随土壤含水率减小而明显增大的趋势；土层 60cm 和 120cm 处较为接近，呈现出明显的土壤吸力随土壤含水率减小而增大的趋势。由图 2.4 还可见，土壤含水率小于 0.3cm³/cm³ 时，同样的土壤含水率条件下，地表下 20cm 和 100cm 处土壤吸力明显地大于 60cm 和 120cm 处土壤吸力。

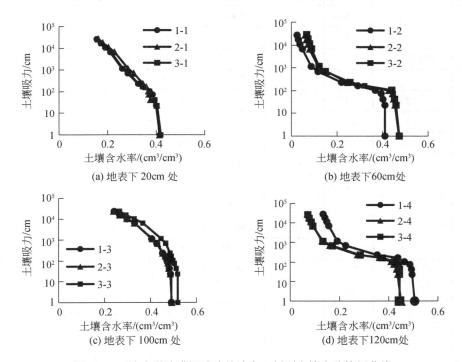

图 2.4　天津农学院灌溉试验基地农田剖面土壤水分特征曲线

利用 van Genuchten 模型［简称 VG 模型，如式（2.15）所示］对表 2.1 中的数据做拟合分析，采用 Excel 表格软件规划求解工具中的演化算法，以土壤含水率模拟值与实测值误差平方和［式（2.16）］最小为目标函数，率定 VG 模型参数，结果见表 2.4，拟合曲线见图 2.5。

$$\theta(H) = \frac{\theta_s - \theta_r}{[1+(\alpha H)^n]^m} \qquad (2.15)$$

式中，θ_s 为土壤饱和含水率，cm³/cm³；θ_r 为土壤残余含水率，cm³/cm³；α、n 为 VG 模型形状参数，其中，$m = 1 - 1/n$，其余符号意义同前。

$$SS = \min \sum_{i=1}^{m} (\theta_i - \theta_i')^2 \tag{2.16}$$

式中，SS 为模拟土壤含水率与实测土壤含水率误差平方和；θ_i 为实测土壤含水率，cm^3/cm^3；θ_i' 为利用式（2.15）模拟计算的土壤含水率，cm^3/cm^3；m 为实测土壤含水率和土壤吸力的组数，i=1，2…m，本书中，m=13。

表 2.4　天津农学院灌溉试验基地剖面土壤水分特征曲线参数

取土位置	重复编号	容重 /(g/cm³)	θ_s /(cm³/cm³)	θ_r /(cm³/cm³)	α	n	SS	R^2
地表下 20cm	1-1	1.49	0.467	0.114	0.0114	1.284	1.29×10^{-3}	0.9959
	2-1	1.62	0.449	0.000	0.0267	1.119	3.54×10^{-3}	0.9915
	3-1	1.50	0.466	0.008	0.0187	1.161	4.32×10^{-4}	0.9966
	平均值	1.54	0.460	0.041	0.0189	1.188	1.75×10^{-3}	0.9947
	离均系数/%	3.41	1.72	120.42	27.44	5.39	67.98	0.21
地表下 60cm	1-2	1.41	0.473	0.039	0.0078	2.108	2.01×10^{-3}	0.9960
	2-2	1.43	0.522	0.079	0.0081	2.167	3.32×10^{-3}	0.9925
	3-2	1.55	0.524	0.008	0.0074	2.348	3.22×10^{-3}	0.9927
	平均值	1.46	0.506	0.042	0.0078	2.208	2.85×10^{-3}	0.9937
	离均系数/%	4.08	4.34	58.48	2.92	4.24	19.54	0.15
地表下 100cm	1-3	1.33	0.547	0.000	0.0021	1.175	1.96×10^{-3}	0.9935
	2-3	1.39	0.535	0.000	0.0019	1.180	7.04×10^{-4}	0.9943
	3-3	1.41	0.563	0.000	0.0012	1.193	1.07×10^{-3}	0.9913
	平均值	1.38	0.549	0.000	0.0018	1.183	1.24×10^{-3}	0.9930
	离均系数/%	2.15	1.76	38.01	21.54	0.58	38.55	0.12
地表下 120cm	1-4	1.50	0.569	0.162	0.0059	2.205	1.94×10^{-3}	0.9971
	2-4	1.49	0.494	0.087	0.0063	2.155	1.58×10^{-3}	0.9959
	3-4	1.49	0.506	0.089	0.0062	2.168	1.82×10^{-3}	0.9952
	平均值	1.49	0.523	0.113	0.0061	2.176	1.78×10^{-3}	0.9961
	离均系数/%	0.23	5.90	29.15	2.65	0.89	7.54	0.07

注：R^2 为模拟土壤含水率与实测土壤含水率的决定系数。

由表 2.4 可以看出，采用 VG 模型拟合土壤水分特征曲线精度高，模拟土壤含水率与实测土壤含水率的决定系数均在 0.99 以上。参数的重复性以土壤容重、饱和含水率（θ_s）和形状系数（n）较好，其离均系数均小于 6.0%；残余含水率 θ_r 的重复性最差，其离均系数变化于 29.2%～120.4%，次之为形状系数 α，其离均系数变化于 2.7%～27.4%。

图 2.5 以重复 1 为例给出了 VG 模型拟合土壤水分特征曲线与测试值对比结果，其余 2 个重复具有类似结果。由图 2.5 可以看出整体模拟值接近于实测值。但是，在土壤含水率较小一侧，地表下 20cm 和 100cm 处土壤含水率模拟值小于实测值，这两点处的土壤水分

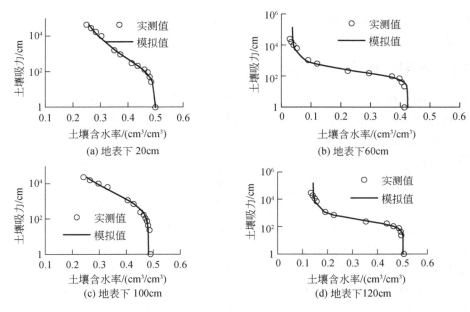

图 2.5 重复 1 土壤水分特征曲线

特征曲线没有出现随土壤含水率的减小土壤吸力快速增大的变化趋势；地表下 60cm 和 120cm 处，含水率较小一侧土壤含水率模拟值则大于实测值，这两点处的土壤水分特征曲线明显地呈现出随土壤含水率的减小土壤吸力快速增大的变化趋势；主要原因是反求的参数 θ_r（残余土壤含水率）过大。如对应地表下 20cm 和 100cm 处土壤吸力为 21304cm 和 18736cm 时，对应的土壤含水率模拟值为 $0.151cm^3/cm^3$ 和 $0.228cm^3/cm^3$，均小于对应的实测值 $0.155cm^3/cm^3$ 和 $0.242cm^3/cm^3$；对应地表下 60cm 和 120cm 处土壤吸力为 21821cm 和 23024cm 时，对应的土壤含水率模拟值为 $0.035cm^3/cm^3$ 和 $0.143cm^3/cm^3$，则大于对应的实测值 $0.025cm^3/cm^3$ 和 $0.134cm^3/cm^3$。主要原因是地表下 20cm 和 100cm 处土壤黏性强，对土壤水的吸持力大。

同时也表明，VG 模型可以较好地模拟土壤含水率较大区段的变化趋势，对于土壤含水率较小一侧的变化趋势描述还有待进一步改进。

2.2 农田土壤水分运动基本方程

土壤水是地表水、地下水、大气水和植物水之间相互转化的纽带，在整个农业种植生态系统中居于十分重要的地位。土壤水分运动与土壤的物理、化学及生物过程密切相关，对土壤水分运动的研究不仅能够揭示水文循环的本质，对提高农作物产量、保护生态环境也具有重要的意义。土壤水分运动有早期的毛管理论以及基于能量观点发展起来的土壤水动力学理论。土壤水分运动毛管理论具有简单易懂，概念清楚的优点，但该理论一般只能解决一维问题，并且主要用于流量和水量的计算，不能分析剖面上各点土壤含水率的变化和水头的差异（张蔚榛，1981）。为此，20 世纪 30 年代以来，建立在土壤水分势能观点基础上的土壤水分运动理论得到了快速发展，成为现代解决复杂土壤水分运动问题的重要方法。

2.2.1 农田土壤水分运动基本方程

对农田剖面土壤微小单元体做水量平衡分析，可求得土壤水分运动连续性方程［式（2.17）］，然后引入非饱和土壤水分运动达西定律［式（2.18a）］，可得到农田土壤水分运动基本方程，即 Richards 方程（雷志栋等，1988）。对于农田土壤水分运动分析，可认为土壤各向同性、固相骨架不变形、土壤水分不可压缩，其三维 Richards 方程可以写为

$$\frac{\partial \theta}{\partial t} = -\left(\frac{\partial q_x}{\partial x} + \frac{\partial q_y}{\partial y} + \frac{\partial q_z}{\partial z} \right) \tag{2.17}$$

$$q = -K(\psi_m)\nabla\psi \quad \text{或} \quad q = -K(\theta)\nabla\psi \tag{2.18a}$$

式中，q_x、q_y、q_z 分别为水分通量 q 在直角坐标系 x、y、z 三个方向的分量；x、y 为水平方向空间坐标；z 为垂直方向空间坐标（向下为正）；ψ 为土壤总水势，通常，农田土壤状态条件下有，$\psi = \psi_m + \psi_g$，其中 ψ_m 为基质势、ψ_g 为重力势；θ 为土壤含水率，cm^3/cm^3；t 为时间，min；$K(\psi_m)$ 和 $K(\theta)$ 分别为土壤水势为 ψ_m 和土壤水分为 θ 时的非饱和土壤导水率，cm/min。

在直角坐标系中，达西定律沿三个方向的表达式为

$$\begin{cases} q_x = -K(\theta)\dfrac{\partial h}{\partial x} \\[2mm] q_y = -K(\theta)\dfrac{\partial h}{\partial y} \\[2mm] q_z = -K(\theta)\left(\dfrac{\partial h}{\partial z} + 1\right) \end{cases} \tag{2.18b}$$

将式 2.18（b）代入式（2.17）得，

$$\frac{\partial \theta}{\partial t} = \frac{\partial}{\partial x}\left[K(h)\frac{\partial h}{\partial x}\right] + \frac{\partial}{\partial y}\left[K(h)\frac{\partial h}{\partial y}\right] + \frac{\partial}{\partial z}\left[K(h)\frac{\partial h}{\partial z}\right] - \frac{\partial K(h)}{\partial z} \tag{2.19}$$

式中，h 为基质势（通常用 h 表示 ψ_m），用水柱高度表示，cm；$K(h)$ 为土壤非饱和导水率，cm/min。

该方程同时包含 θ 和 h 两个未知量，称为混合型 Richards 方程。在求解时需要增加一个附加方程，即反映土壤含水率 θ 和土壤基质势 h 关系的土壤水分特征曲线。目前的研究多采用 VG 模型，如式（2.15），由于滞后现象的存在，土壤水分特征曲线并非一条单值曲线，鉴于土壤水分特征曲线测试方法，脱水曲线更容易测试，实际应用中通常采用脱水曲线。

为便于求解，可以写出仅含有土壤含水率 θ 或土壤基质势 h 的 Richards 方程，分别称为 θ 方程和 h 方程。考虑到 $C(\theta) = \partial\theta / \partial h$，且 $D(\theta) = K(\theta) / C(\theta)$，可将式（2.19）变换，写出 θ 方程：

$$\frac{\partial \theta}{\partial t} = \frac{\partial}{\partial x}\left[D(\theta)\frac{\partial \theta}{\partial x}\right] + \frac{\partial}{\partial y}\left[D(\theta)\frac{\partial \theta}{\partial y}\right] + \frac{\partial}{\partial z}\left[D(\theta)\frac{\partial \theta}{\partial z}\right] - \frac{\partial K(\theta)}{\partial z} \tag{2.20}$$

式中，$D(\theta)$ 为土壤水分扩散率；$C(\theta)$ 为比水容量。

利用土壤水分特征曲线，可以得到：

$$\frac{\partial \theta}{\partial t} = \frac{\partial \theta}{\partial h} \cdot \frac{\partial h}{\partial t}$$

据此，可将式（2-19）变换，写出 h 方程：

$$C(h)\frac{\partial h}{\partial t} = \frac{\partial}{\partial x}\left[K(h)\frac{\partial h}{\partial x}\right] + \frac{\partial}{\partial y}\left[K(h)\frac{\partial h}{\partial y}\right] + \frac{\partial}{\partial z}\left[K(h)\frac{\partial h}{\partial z}\right] - \frac{\partial K(h)}{\partial z} \tag{2.21}$$

以上两种形式的 Richards 方程有不同的特点和适用条件，θ 方程［式（2.20）］中引入的扩散率 $D(\theta)$ 只是一种数学上的处理，方程求解比较方便，数值求解过程较 h 方程更为稳定（康绍忠等，1994），但只能用于均质非饱和土壤水流问题；h 方程［式（2.21）］也是比较常用的一种形式，可用于描述分层非均质土壤水分运动、饱和-非饱和土壤水流动等问题，但采用有限差分或有限单元方法离散后其计算结果不易满足水量平衡关系（Celia et al.，1990）。

对于渗灌、沟灌，可看作是轴对称问题；对于滴头间距较小，滴灌管（带）间距相对较大的情况，通常也可简化为轴对称问题，即可简化为二维土壤水分运动：

$$C(h)\frac{\partial h}{\partial t} = \frac{\partial}{\partial x}\left[K(h)\frac{\partial h}{\partial x}\right] + \frac{\partial}{\partial z}\left[K(h)\frac{\partial h}{\partial z}\right] - \frac{\partial K(h)}{\partial z} \tag{2.22}$$

或者

$$\frac{\partial \theta}{\partial t} = \frac{\partial}{\partial x}\left[D(\theta)\frac{\partial \theta}{\partial x}\right] + \frac{\partial}{\partial z}\left[D(\theta)\frac{\partial \theta}{\partial z}\right] - \frac{\partial K(\theta)}{\partial z} \tag{2.23}$$

对于畦灌，可忽略水平方向的土壤水分流动，由此变为垂直一维土壤水分运动问题：

$$C(h)\frac{\partial h}{\partial t} = \frac{\partial}{\partial z}\left[K(h)\frac{\partial h}{\partial z}\right] - \frac{\partial K(h)}{\partial z} \tag{2.24}$$

或者

$$\frac{\partial \theta}{\partial t} = \frac{\partial}{\partial z}\left[D(\theta)\frac{\partial \theta}{\partial z}\right] - \frac{\partial K(\theta)}{\partial z} \tag{2.25}$$

式（2.22）～式（2.24）适用于裸地土壤蒸发条件下的土壤水分运动模拟，在种植作物条件下，采用宏观模型的方法分析作物根系吸水对土壤水分动态模拟的影响，将作物根系吸水项作为源汇项加入土壤水分运动基本方程，见式（2.26）和式（2.27）。

$$\frac{\partial \theta}{\partial t} = \frac{\partial}{\partial z}\left[D(\theta)\frac{\partial \theta}{\partial z}\right] - \frac{\partial K(\theta)}{\partial z} - S(z,\ t) \qquad 0 \leqslant z \leqslant z_r \tag{2.26a}$$

$$\frac{\partial \theta}{\partial t} = \frac{\partial}{\partial z}\left[D(\theta)\frac{\partial \theta}{\partial z}\right] - \frac{\partial K(\theta)}{\partial z} \qquad z_r < z \leqslant L \tag{2.26b}$$

或者

$$C(h)\frac{\partial h}{\partial t} = \frac{\partial}{\partial z}\left[K(h)\frac{\partial h}{\partial z}\right] - \frac{\partial K(h)}{\partial z} - S(z,\ t) \qquad 0 \leqslant z \leqslant z_r \tag{2.27a}$$

$$C(h)\frac{\partial h}{\partial t}=\frac{\partial}{\partial z}\left[K(h)\frac{\partial h}{\partial z}\right]-\frac{\partial K(h)}{\partial z} \qquad z_{r}<z\leqslant L \qquad (2.27b)$$

式中，$S(z, t)$ 为时间 t、深度为 z 处作物根系吸水速率，min^{-1}；z_r 为作物扎根深度，cm；L 为研究区土层深度，cm。

关于 L 的取值，可依据研究问题和研究区的具体情况而定，当地下水埋深较浅时，如研究期（一个完整的作物生长期）内地下水埋深变化于 100～300cm，可取 L 等于地下水埋深，L 就是一个变化的值，是随作物生长发育时间变化的函数。模拟计算过程中，逐日进行土壤含水率的模拟，且假定一日内地下水埋深是不变的，等于 $L(t)$，这里 t 为从播种日算起的天数。若地下水埋深很大，土层很厚，比如我国黄土塬区，希望研究深层土壤水对作物生长的影响，则 L 可取较大值，如 200～400cm；通常情况下可取 $L=200$cm。

2.2.2　根系吸水速率

1. 根系生长及其分布规律

根系生长及其分布规律常用根重密度或根长密度，以及根系沿土壤垂直剖面向下伸展的深度描述。根重密度或根长密度、根系伸展的深度均随时间的变化而变化，是描述根系吸水动态的重要依据。根重（或根长）常用根密度来表示，即单位土壤体积中根的重量（或根长），因此根密度有两种表示方法，一种是重量密度，另一种是根长密度。下面列出几种根密度变化规律的表示模型。

（1）累计根量百分比的垂直分布

为避免不同土壤不同小麦品种以及不同生育期根系生长深度的影响，卢振民和熊勤学（1991）建立了累计根量百分比（各层累加根量占总根量的百分比）与相对根深（测定深度与总深度之比）的关系，在利用国内外 50 多组资料分析的基础上，认为这一关系非常好地符合双曲线函数分布形式。并且给出了一般关系式：

$$1/V'=0.0090+0.0011/Z' \qquad (2.28)$$

$$n=57，r=0.970$$

其中累计根量百分比，

$$V'=\frac{\displaystyle\sum_{i=1}^{m}W_{ri}}{W_{r}}\times100 \qquad (2.29)$$

相对根深，

$$Z'=Z/Z_{r} \qquad (2.30)$$

式中，V' 为累计根重的百分比；Z' 为相对深度，cm；n 为分析采用的资料组数；r 为相关系数；W_{ri} 为第 i 层土壤中的根系重量；W_r 为根系总重量；Z 为土层深度，cm；Z_r 为根系深度，cm。

类似地，卢振民和熊勤学（1991）还给出了累计根长百分比与相对深度的关系，采用上述国内外 57 组资料，分析求得了回归关系式：

$$1 / \mathrm{LV}' = 0.0087 + \frac{0.0016}{Z'} \tag{2.31}$$

式中，LV' 为累计根长百分比；其余符号意义同前。

（2）根系重量（或长度）随时间变化规律的模拟

可通过作物生长模拟模型求得任一时刻的根系重量，代入式（2.28），可求得根系重量沿土壤剖面的分布规律。

（3）根系下扎深度的模拟

可以采用根系下扎深度与根系重量关系来模拟。为简化计算，本书参照荷兰学者（Driessen and Konijn，1997）的做法，采用式（2.32）计算根系下扎深度：

$$Z_{\mathrm{rt}} = \begin{cases} 0 & t \leqslant t_1 \\ R_{\min} + \dfrac{R_{\max} - R_{\min}}{t_2 - t_1}(t - t_1) & t_1 \leqslant t \leqslant t_2 \\ R_{\max} & t \geqslant t_2 \end{cases} \tag{2.32}$$

式中，Z_{rt} 为第 t 天时的作物扎根深度，cm；$R_{\min}$、$R_{\max}$ 分别为作物最小、最大扎根深度，cm；t_1、t_2 为与 $R_{\min}$、$R_{\max}$ 对应的时间，即开始出现最小扎根深度和最大扎根深度的天数，以播种日算起的天数表示，d。

对于冬小麦，本书取 t_1=10d、t_2=220d，$R_{\min}$ =5cm、$R_{\max}$ =101cm；对于夏玉米，t_1=10d、t_2 =60d，$R_{\min}$ =5cm、$R_{\max}$ = 80 cm。

2. 根系吸水模式

根系吸水模式是根系层土壤中水分传输模拟必不可少的依据。植物根系吸水模式有多种模型，大致可以分为经验模型、半理论半经验模型和机理模型三类。现状普遍的做法是先建立土壤充分润湿条件下的根系吸水模式，该模式不受土壤水分亏缺的影响；将根系潜在吸水速率乘以水分胁迫系数，以此获得根系实际吸水速率［式（2.33）］。这种根系吸水模式的一个重要缺陷是不能反映因水分或养分亏缺所造成的根系生长及其沿土壤垂直剖面的变化，即不能反映根系生长的向水性。不过，因根系吸收土壤水分经过了土壤水向根系表面移运和根系表面吸取水分两个过程。土壤水分的这一运移过程可以在一定程度上弥补根系分布变化对土壤水分动态变化模拟的影响。因此，现行的根系吸水模式可以保证足够的精度。

$$S_{\mathrm{r}}(z,t) = S_0(z,t)\alpha(h) \tag{2.33}$$

式中，$S_{\mathrm{r}}(z,t)$ 为实际根系吸水速率，$\min^{-1}$；$S_0(z,t)$ 为土壤充分湿润条件下的根系吸水速率，即根系潜在吸水速率，$\min^{-1}$；$\alpha(h)$ 为水分胁迫系数。

（1）经验模型

主要有根系潜在吸水速率沿深度均匀分布、随深度线性变化和随深度呈指数函数变化的经验模式等。

1）根系潜在吸水速率沿深度均匀分布，最简单的近似是根系密度分布均匀，根系潜在吸水速率不随深度改变。此时，土壤剖面上的根系吸水总量等于作物蒸腾速率，因此可得

$$S(z,t) = T_p(t) / z_r(t) \tag{2.34}$$

式中，$T_p(t)$ 为 t 时间作物潜在蒸腾速率；$z_r(t)$ 为 t 时间的根系层厚度，或者称为扎根深度。

实际上，根系分布情况是，地表处根系密度最大，随着扎根深度的增大，根系密度在减小，该经验模式与实际情况有较大差异，实践中很少采用。

2）根系潜在吸水速率随深度线性变化，一般情况下，根系层内根系的密度分布是不均匀的，可假定根系潜在吸水速率随深度线性变化：

$$S(z, t) = (a_1 + a_2 z) T_p(t) \tag{2.35}$$

式中，a_1、a_2 为两个经验系数，可由如下两个条件确定。

条件一，根系层的吸水总量等于植株蒸腾量：

$$\int_0^{z_r(t)} S(z,t) \mathrm{d}z = T_p(t) \tag{2.36}$$

条件二，假定根系层上半部的根系吸水量（或上半部根系总长度）和总吸水量（或全部根系长度）之比为 m，于是有

$$\int_0^{z_r(t)/2} S(z,t) \mathrm{d}z = m \tag{2.37}$$

由上述两个条件可导出如下根系吸水速率表达式：

$$S(z, t) = \left[\frac{4m-1}{z_r(t)} - \frac{8m-4}{z_r^2(t)} z \right] T_p(t) \tag{2.38}$$

当 m=0.7 时，可得出目前一些文献中采用的根系吸水模式：

$$S(z,t) = \left[\frac{1.8}{z_r(t)} - \frac{1.6}{z_r^2(t)} z \right] T_p(t) \tag{2.39}$$

3）根系潜在吸水速率随深度呈指数函数变化的经验模式，根据大量田间测试资料，植株根系沿土壤垂直剖面变化成指数函数型分布，而且为了进行归一化处理，康绍忠等（1994）建立了 $S_{z_0} / S_{\max}$ 和 z / z_r 之间的关系，如

$$\frac{S_{z_0}}{S_{\max}} = a e^{bz/z_r} \tag{2.40}$$

式中，S_{z_0} 为 z 深度处的根系潜在吸水速率，h^{-1}；$S_{\max}$ 为土壤均匀湿润时表层的最大根系吸水速率，h^{-1}；z_r 为根系层深度，cm；a、b 为经验系数。康绍忠等（1994）利用西北农林科技大学灌溉试验站充分湿润条件下冬小麦实测根系吸水速率沿深度变化资料，求得 a=0.904，b=−1.80。并利用土壤-植物系统的水平衡关系，得

$$S_p(t) = \int_0^{z_r} S_{z_0} \mathrm{d}z \tag{2.41}$$

导出土壤充分湿润条件下作物根系吸水模式：

$$S_{z_0} = T_p(t) \frac{b e^{-bz/z_r}}{(1 - e^b) z_r} \tag{2.42}$$

式中，$T_p(t)$ 为作物潜在蒸腾速率；其余符号意义同前。

考虑到土壤含水率降低，土壤水流阻力对作物根系吸水的影响，康绍忠等（1994）提

出了修正模式：

$$S(z,\ t) = S_{z_0} \cdot \left(\frac{\theta_z - \theta_{wp}}{\theta_F - \theta_{wp}} \right)^A \tag{2.43}$$

即，水分胁迫系数为

$$\alpha(\theta) = \left(\frac{\theta_z - \theta_{wp}}{\theta_F - \theta_{wp}} \right)^A \tag{2.44}$$

式中，θ_z 为 z 深度的土壤含水率，%；θ_F 为田间持水量，%；θ_{wp} 为凋萎含水量，%；A 为经验指数。并与上述参数 $a=0.904$，$b=-1.80$ 配套求出了 A 的值，$A=0.6967$，从而得出了冬小麦根系吸水模式：

$$S(z,t) = 2.1565 T_p(t) \frac{e - 1.80 z/z_r}{z_r} \left(\frac{\theta_z - \theta_{wp}}{\theta_F - \theta_{wp}} \right)^{0.6967} \tag{2.45}$$

对于指数型潜在根系吸水速率，还有如下常采用的水分胁迫系数，王铁英等（2022）通过对比 VG 模型（van Genuchten，1987）、指数模型（康绍忠等，1994）和以土壤含水率为因变量的改进型分段函数模型（王铁英等，2022）三种形式的水分胁迫系数的土壤水分模拟情况，发现以土壤基质势为因变量的 VG 函数［式（2.46）］在水分模拟中具有较好的效果，因而本书后续研究中采用了如式（2.46）所示的水分胁迫响应函数：

$$\alpha(h) = \frac{1}{1 + \left[\dfrac{h(z) + \psi_s(z)}{h_{50}} \right]^p} \tag{2.46}$$

式中，$h(z)$ 为地面以下深度 z 处的土壤基质势，cm；$\psi_s(z)$ 为土壤溶质势，cm，在不考虑溶质影响时，可取 $\psi_s(z)=0$，但是，在水盐耦合模拟过程中，必须考虑土壤溶质浓度对作物根系吸水速率的影响，可用式（2.5）计算 $\psi_s(z)$；p 为经验系数，通过参数反演确定；h_{50} 为作物蒸腾量减小到最大可能蒸腾量 50%时所对应的土壤水势，cm，其值也通过参数反演确定。

Vrugt 等（2001）给出了一维根系潜在吸水模型：

$$S_m(z) = \frac{\beta(z) T_p}{\displaystyle\int_0^{Z_m} \beta(z) \mathrm{d}z} \tag{2.47}$$

式中，Z_m 为最大扎根深度；$\beta(z)$ 为描述根系潜在吸水速率随深度变化的空间分布形状系数，常称为有效根密度，如根重密度或者根长密度等：

$$\beta(z) = \left[1 - \frac{z}{Z_m} \right] e^{-\left[\frac{p_z}{Z_m} |z^* - z| \right]} \tag{2.48}$$

式中，p_z 和 z^* 为经验参数。

（2）半理论半经验模型

根系吸水的半理论半经验模型是以土壤水势和根本质部的水势差、根系分布密度、植株蒸腾量和土壤含水率等为基础而建立的根系吸水函数。如 Molz-Remson（Molz and

Remson，1970）模式、Nimah-Hanks（Nimah and Hanks，1973）模型和 Molz（Molz，1981）
模式等。其中使用较多的模式为 Molz 模式，如式（2.49）。

1）Molz-Remson 模式

$$S(z,\ t) = \frac{T_\mathrm{p}(t)L_\mathrm{e}(z,t)D(\theta)}{\int_0^{z_\mathrm{r}} L_\mathrm{e}(z,t)D(\theta)\mathrm{d}z} \tag{2.49}$$

式中，$L_\mathrm{e}(z,t)$ 为有效根密度，通过计算而求得；$D(\theta)$ 为土壤水分扩散率；其余符号意义同前。

对于二维根系吸水模型，有

$$S(x,z,t) = \frac{T_\mathrm{p}(t)L_\mathrm{e}(x,z,t)D(\theta)}{\int_0^{z_\mathrm{r}} \int_0^L L_\mathrm{e}(x,z,t)D(\theta)\mathrm{d}x\mathrm{d}z} \tag{2.50}$$

式中，$L_\mathrm{e}(x,z,t)$ 为二维有效根密度。

类似地有 Vrugt 等（2001）提出的二维轴对称根系吸水模型［式（2.51）］：

$$S_\mathrm{m}(x,z,t) = \frac{X_\mathrm{m}\beta(x,z,t)T_\mathrm{p}}{\int_0^{X_\mathrm{m}} \int_0^{Z_\mathrm{m}} \beta(x,z,t)\mathrm{d}x\mathrm{d}z} \tag{2.51}$$

其中

$$\beta(x,z,t) = \left(1-\frac{z}{Z_\mathrm{m}}\right)\left(1-\frac{x}{X_\mathrm{m}}\right)e^{-\left[\frac{p_x}{X_\mathrm{m}}|x^*-x| + \frac{p_z}{Z_\mathrm{m}}|z^*-z|\right]} \tag{2.52}$$

这里轴对称的轴对于树是指树的主根茎（垂向），对于行播作物（如冬小麦、玉米、棉花和水稻等）是指沿地表面作物行方向根部连线（水平方向）。x 为距离轴的水平距离，X_m 为距离轴的最大水平距离；z 为作物扎根深度，Z_m 为作物最大扎根深度；p_x、x^*、p_z 和 z^* 为经验参数。

2）Molz 模式

$$S(z,t) = \frac{T_\mathrm{p}(t)\theta(z,t)L(z,t)[\psi_\mathrm{m}(z,t)-\psi_\mathrm{z}(z,t)]}{\int_0^{z_\mathrm{r}} \theta(z,t)L(z,t)[\psi_\mathrm{m}(z,t)-\psi_\mathrm{z}(z,t)]\mathrm{d}z} \tag{2.53}$$

式中，$\psi_\mathrm{m}(z,t)$ 为土壤基质势；$\psi_\mathrm{z}(z,t)$ 为根木质部的水势；$L(z,t)$ 为单位体积土壤中的根长度。

3）改进 Feddes 等（1978）根系吸水模型

$$S_\mathrm{r}(z,t) = \frac{\alpha(h)R(z)}{\int_0^{L_\mathrm{r}} \alpha(h)R(z)\mathrm{d}z}T_\mathrm{p}(t) \tag{2.54}$$

$$\alpha(h) = \begin{cases} \dfrac{h}{h_1} & h_1 \leqslant h \leqslant 0 \\ 1 & h_2 \leqslant h \leqslant h_1 \\ \dfrac{h-h_3}{h_2-h_3} & h_3 \leqslant h \leqslant h_2 \\ 0 & h \leqslant h_3 \end{cases} \tag{2.55}$$

式中，$S_r(z,t)$ 为根系吸水速率，单位为 h^{-1}；$R(z)$ 为根长密度，单位为 cm^{-2}；$\alpha(h)$ 为影响水势的函数；h_1、h_2、h_3 为影响作物根吸水的三个土壤水势阈值。h_3 通常取作物出现永久凋萎时的土壤水势；(h_2, h_1) 是根系吸水的最适土壤水势区间；当土壤水势高于 h_1 时，根系吸水速率降低。h_1、h_2、h_3 通常由实测资料确定，其余符号意义同前。如，姜辛（2013）做玉米根系吸水研究时建议 h_1 取 80%田间持水量对应的土壤水势，h_2 取 60%田间持水量对应的土壤水势，h_3 取凋萎含水率对应的土壤水势（表 2.5）。

表 2.5　影响水势的函数中的土壤水势阈值

指标	水势阈值	土壤含水率/(cm^3/cm^3)	土壤水势/cm
田间持水率	—	0.2828	−103.88
80%田间持水率	h_1	0.2262	−720.04
60%田间持水率	h_2	0.1697	−8629.73
凋萎点含水率	h_3	0.1594	−14794.98

（3）机理模型

如 Hillel（1976）采用的根系吸水模式：

$$S(z,t) = [\psi_s(z,t) - \psi_r(t)] / (R_s + R_r) \qquad (2.56)$$

式中，ψ_s 为土壤总水势；ψ_r 为根水势；R_s 为土壤对水流的阻力；R_r 为根系阻力。

以上根系吸水模式均未考虑水分胁迫和土壤水分分布对根系分布的影响，因此把这些模式直接用于滴灌、渗灌等局部灌溉情况下的田间土壤水分模拟可能会产生较大误差，即使对于地面均匀受水的地面灌溉，也会因灌水方式不同而引起根系分布的变化，如勤浇浅浇（小定额多次数）常导致根系多分布于浅层，大定额少次数灌溉则容易使作物根系深扎，而增加深层根系分布数量。该问题的研究需要引入根系生长的向水性概念，也即需要考虑根系分布对土壤水分分布影响以及根系生长对土壤水分分布响应的互反馈特性。

2.2.3　作物蒸发蒸腾量的计算

作物蒸发蒸腾量又称为作物蒸散量，分为潜在蒸发蒸腾量和实际蒸发蒸腾量，作物潜在蒸发蒸腾量是指作物生长在大面积上无病虫害、土壤水分和肥力适宜时，达到高产潜力条件下为满足植株蒸腾和土壤蒸发，以及组成植株体所需的水量，也称为作物需水量。实际情况中，由于组成植株体的水量一般小于总需水量的 1%，而且其影响因素较复杂，难于准确计算，故一般将此忽略不计，即认为作物潜在蒸发蒸腾量是正常生长、达到高产条件下的植株蒸腾量与棵间蒸发量之和。其中植株蒸腾（T_p）是指作物根系从土壤中吸取水分，通过叶片的气孔和角质层扩散到大气中的过程（图 2.6）。由于角质层蒸腾占比较少，植株蒸腾主要是通过叶片气孔散失水分。试验证明作物根系吸入体内的水分（S_r）有 99%以上消耗于蒸腾，留在植株体内的储水量不足 1%。棵间蒸发（E_s）是指植株间土壤或田面的水分蒸发。棵间蒸发和植株蒸腾都受气象因素的影响，但蒸腾因植株的繁茂而增加，棵间蒸发则随地面覆盖率加大而减小，二者互为消长。

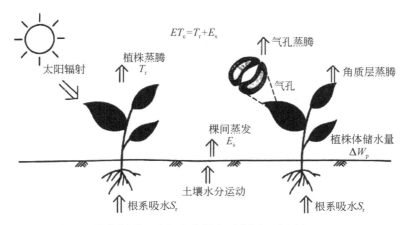

图 2.6　作物根系吸水与水分散失示意图（康绍忠，2023）

作物实际蒸发蒸腾量通常小于作物潜在蒸发蒸腾量，这是由于供水不足使土壤含水率过低、土壤水传导率减小、根系吸水速率降低，并引起叶片含水量减小、气孔阻力增大，由此导致作物蒸发蒸腾速率降低。但是，作物实际蒸发蒸腾量小于潜在蒸发蒸腾量，不一定引起作物减产，在一定程度上还会因此提高作物产品品质；只有干旱胁迫严重，导致实际蒸发蒸腾量较大幅度减小时，才会使作物产量降低。这也是调亏灌溉的重要依据。

作物蒸发蒸腾量的测定需要大量的人力或者昂贵的仪器设备，而且不可能在一个区域范围内很密集地布设测量设施，由于天气因素的空间变异和变化的不确定性，实测的作物蒸散量数据也难以满足灌溉用水管理的需求，一般仅作为建立作物蒸散量计算与预报模型时的验证数据。因而，作物蒸散量的评价和预报多采用计算的方法确定。作物蒸散量的计算方法很多，大致可以分为 4 种类型：经验公式法、作物系数法、直接计算作物蒸散量的半理论公式法和遥感反演法（康绍忠，2023）。其中经验公式法是先从影响作物蒸散量的因素中，选择一个或几个主要因素，建立作物蒸散量与这些因素之间的经验公式，由此计算作物蒸散量。如水面蒸发量法、积温法、产量法和多因素法等经验公式。但由于经验公式法有较强的区域和作物局限性，其使用范围受到很大限制。

目前，直接计算作物蒸散量的半理论公式中常用的有单源彭曼-蒙蒂斯（Penman-Monteith）模型（以下简称 P-M 模型）、双源沙特尔-沃斯（Shuttleworth-Wallace）模型（以下简称 S-W 模型）和多源聚集指数（Clumping）模型（以下简称 C 模型）。P-M 模型将作物冠层看成位于动量源汇处的一片大叶，没有区分土壤蒸发和植被蒸腾，将作物冠层和土壤当作一层，该模型可以较好地计算稠密冠层的作物需水量或蒸散量，因其计算简洁而被广泛采用。Shuttleworth 和 Wallace（1985）于 1985 年将植被冠层、土壤表面当作两个既相互独立又相互作用的水汽源，建立了适于宽行作物需水量或蒸散量计算的 S-W 模型，该模型较好地考虑了土壤蒸发，因而有效地提高了作物叶面积指数较小时的需水量或蒸散量计算精度。C 模型作为一种较为简单的多层模型，突破了 S-W 模型中关于下垫面冠层均匀分布的理论假设，将土壤蒸发进一步细分为冠层盖度范围内的土壤蒸发和裸露地表的土壤蒸发，其理论更加完善和合理。直接计算作物蒸散量的半理论公式，理论完善、具有较强的机理性，但是由于模型包含的参数多，且获取困难，目前主要在科学研究中应用，在农业水管理和灌溉制度设计中应用较少。

遥感法是基于遥感数据计算作物蒸散量，已在农业水管理中得到广泛应用。如Bastiaanssen 等（1998a，1998b）提出了遥感反演区域作物蒸散量的地表能量平衡算法（surface energy balance algorithm for land，SEBAL）方法，即利用遥感数据反演得到的地表温度 T_s、地表反射率 α 和归一化植被指数 NDVI，得出不同地表类型的地表净辐射 R_n、大气感热 H 和土壤热通量 G 后，用余项法逐像元地计算区域作物蒸散量的分布。SEBAL 方法主要优点是物理基础较为坚实，适合于不同气候条件的区域；另外，它可以利用各种具有可见光、近红外和热红外波段的卫星遥感数据，并结合常规地面资料（如风速、气温、地表净辐射等）计算能量平衡的各分量，从而可得出不同时空分辨率的作物蒸散量分布图。但是，基于遥感数据反演作物蒸散量的方法主要适合于较大区域的蒸散量计算与水量平衡分析，由于遥感数据的分辨率和时间滞后性，用于农田尺度和较短时段（如时段长度小于 10 天）蒸散量的计算还有待进一步研究。

这里主要介绍目前在国际上较为通用且已得到广泛应用的作物系数法。作物系数法包括单作物系数法和双作物系数法。其中单作物系数法计算简单，被广泛应用于作物蒸散量的计算与预报；双作物系数法计算相对复杂，但是能够反映灌溉或降水后表土湿润使棵间土壤蒸发强度在短时间内增加对潜在作物蒸发蒸腾量产生的影响。

（1）单作物系数法

作物潜在蒸发蒸腾量的计算，在充分供水条件下，作物潜在蒸发蒸腾量仅受大气和作物因素影响。通常利用参考作物蒸发蒸腾量估算作物潜在蒸发蒸腾量：

$$ET_c = K_c \cdot ET_0 \qquad (2.57)$$

式中，ET_c 为作物潜在蒸发蒸腾量，mm/d；ET_0 为参考作物蒸发蒸腾量，mm/d，反映气象条件对作物需水量的影响；K_c 为作物系数，反映不同作物之间蒸发蒸腾量的差别，主要与作物种类有关，且随作物生长发育阶段变化。

联合国粮食及农业组织灌溉排水丛书第 56 分册（以下简称 FAO-56）（Allen et al., 1998）推荐使用 P-M 法计算 ET_0［式（2.58）］，并把 ET_0 定义为一种假想的参考作物冠层的蒸发蒸腾速率，假设作物高度为 0.12m，固定的叶面阻力为 70s/m，反射率为 0.23，类似于表面开阔、高度一致、生长旺盛、地面完全覆盖的绿色草地的蒸发蒸腾量。这使计算公式实现了统一化、标准化，目前被作为计算参考作物蒸发蒸腾量（ET_0）的国际标准方法：

$$ET_0 = \frac{0.408\Delta(R_n - G) + \delta\dfrac{900}{T + 273}u_2(e_s - e_a)}{\Delta + \gamma(1 + 0.34u_2)} \qquad (2.58)$$

式中，R_n 为净辐射，MJ/m²；G 为地表热通量密度，MJ/(m²·d)；T 为地面以上 2m 处的平均温度，℃；u_2 为地面以上 2m 处的风速，m/s；e_s 为饱和水汽压，kPa；e_a 为实际水汽压，kPa；$(e_s - e_a)$ 为饱和气压亏缺量，kPa；Δ 为饱和水汽温度曲线斜率，kPa/℃；γ 为湿度计常数，kPa/℃。

式（2.58）的适用条件是温度、大气压和风速分布近似符合绝热（无热量交换）的稳定条件，即假定空气边界层为中性稳定层结，而日光温室内空气边界层属于非中性稳定层结，蒸发和热量输送仍然存在。另外，由自动气象站测量的日光温室内风速为 0。为此，陈新明等（2007）引入了计算空气动力学阻抗（r_a）的公式，对式（2.58）进行了修正，由此避免了风速 $u_2=0$ 时，r_a 出现无穷大的情况。修正后的温室 ET_0 计算公式为

$$ET_0 = \frac{0.408\Delta(R_n - G) + \gamma \dfrac{1713(e_s - e_a)}{T + 273}}{\Delta + 1.64\gamma} \tag{2.59}$$

P-M 法不需要专门的地区率定和风函数，使用一般气象资料（湿度、温度、风速和实际日照时数）即可计算，式（2.59）可以计算每小时、每日、每旬、每月的参考作物蒸发蒸腾量。按小时计算时，气象数据一般可采用自动气象站的气温、风速、相对湿度或实际水汽压、地表净辐射的小时平均值。

地表热通量密度 G，也称为土壤热通量，是增热土壤消耗的热量，其计算模型较为复杂（段爱旺等，2004），对于计算时段为小时或日，数值较小的情况，可忽略不计（$G=0$）。

作物系数 K_c 可以通过作物需水量试验确定，其值等于实测的充分供水条件下的作物蒸发蒸腾量 ET_c 与参考作物蒸发蒸腾量 ET_0 的比值。我国对主要作物的 K_c 进行了大量的测定研究，附录 A 给出了山西省 17 个灌溉试验站 22 种作物的作物系数。作物系数 K_c 表现出生长初期较小、生长盛期增大、生长末期又减小的规律。鉴于此，FAO-56 将作物生育期划分为 4 个阶段：初期、发育期、中期和后期。初期是指从播种开始的早期生长阶段，土壤未被作物覆盖，地面覆盖率小于 10%；发育期是指初期结束到作物有效覆盖土壤表面的一段时间，地面覆盖率为 70%~80%；中期是指从充分覆盖（100%）到开始成熟，叶片开始变色衰老的一段时间；后期是指从中期结束到生理成熟或收获的一段时间。FAO-56 按照四阶段法给出了多种作物系数的推荐值，作为示例给出了我国几种主要作物的作物系数，见表 2.6。此外，段爱旺等（2004）对 FAO-56 的推荐值利用严格的土壤水动力学方法进行了验证分析，在此基础上分区给出了我国北方地区主要作物的作物系数 K_c。这些结果可供无资料地区参考使用。

表 2.6　FAO-56 推荐的单作物系数

作物		初期（$K_{c\,ini}$）	中期（$K_{c\,mid}$）	后期（$K_{c\,end}$）	最大作物高度（$h_{c\,max}$ /m）
棉花		0.35	1.15~1.20	0.70~0.50	1.2~1.5
向日葵		0.35	1.00~1.15	0.35	2.0
春小麦		0.30	1.15	0.25~0.40	1.0
冬小麦	无冻土层	0.40	1.15	0.25~0.40	1.0
	有冻土层	0.70	1.15	0.25~0.40	—
谷物玉米		0.30	1.20	0.60~0.35	2.0
甜玉米		0.30	1.15	1.05	1.5
谷物高粱		0.30	1.00~1.10	0.55	1.0~2.0
甜高粱		0.30	1.20	1.05	2.0~4.0
水稻		1.05	1.20	0.90~0.60	1.0

注：适用于空气湿度约 45%、风速约 2m/s、无水分胁迫、管理良好、生长正常的情况。

采用土壤水动力学方法进行土壤水分动态模拟计算时，通常需要计算作物的潜在蒸腾量 $T_p(t)$ 和潜在棵间土壤蒸发量 $E_{sp}(t)$，可采用如下方法 [式（2.60）和式（2.61）] 计算：

$$T_p(t) = ET_p(t) \times [1 - e^{-K \times LAI(t)}] \qquad (2.60)$$

$$E_{sp}(t) = ET_p(t) \times e^{-K \times LAI(t)} \qquad (2.61)$$

式中，$ET_p(t)$ 为作物潜在蒸发蒸腾量，mm/d；$LAI(t)$ 为作物的叶面积指数；K 为消光系数，对于冬小麦和玉米常取 $K=0.8 \sim 0.9$，其余符号意义同上。

（2）双作物系数法

双作物系数法把作物系数分为基础作物系数（K_{cb}）和土壤蒸发系数（K_e）两部分，K_{cb} 反映作物蒸腾变化，K_e 反映棵间土壤蒸发变化，即

$$K_c = K_{cb} + K_e \qquad (2.62)$$

式中，K_{cb} 为表土干燥而根区土壤水分能够满足作物需水要求时 ET_c / ET_0 的比值；K_e 为灌溉或降水后由于表土湿润使棵间土壤蒸发强度在短时间内增加对 ET_c 产生的影响。

相应的作物潜在蒸发蒸腾量计算式为

$$ET_c = (K_{cb} + K_e)ET_0 \qquad (2.63)$$

干旱胁迫下的作物实际蒸发蒸腾量 ET_a 受土壤含水率的影响，所以在式（2.63）的基础上引入土壤水分胁迫系数 K_θ，即

$$ET_c = (K_\theta K_{cb} + K_e)ET_0 \qquad (2.64)$$

式中，K_θ 为土壤水分胁迫系数，体现作物根区土壤含水率不足时对作物蒸发蒸腾的影响，其值采用 FAO-56 推荐的方法计算。

基础作物系数（K_{cb}）和土壤蒸发系数（K_e）的计算涉及气象资料、作物高度和植物冠层覆盖度等，可参照 FAO-56 进行计算。

（3）基于概念性模型计算作物实际蒸发蒸腾量

采用概念性模型计算干旱缺水下的作物蒸发蒸腾量时，常采用土壤水分胁迫系数的方法。该方法是利用土壤水分胁迫系数 K_θ 乘以充分供水条件下作物蒸发蒸腾量 ET_c，获得干旱胁迫下的作物实际蒸发蒸腾量 ET_a [式（2.65）]：

$$ET_a = K_\theta \cdot ET_c = K_\theta \cdot K_c \cdot ET_0 \qquad (2.65)$$

土壤水分胁迫系数 K_θ 是土壤含水率的函数，一般情况下，根系层土壤含水率比较大时，土壤供水充分，作物蒸发蒸腾不受土壤水分限制，$K_\theta = 1$；当根系层土壤含水率小于某一临界含水率 θ_j 后，实际蒸发蒸腾量将小于农田最大蒸发蒸腾量 ET_c；当根系层土壤含水率进一步降低到凋萎含水率 θ_w 后，实际蒸发蒸腾量很小，可以近似地认为 $ET_a = 0$。在以土壤含水率表示的土壤水分胁迫系数经验公式中，不同之处一般在于水分胁迫临界含水率的取值以及水分胁迫经验公式的形式，常用的公式包括对数公式、幂函数公式（尚松浩，2009）以及 FAO-56 推荐的线性公式等。

1）对数法

在对数公式中，常以田间持水量作为水分胁迫的临界含水率，假定土壤水分胁迫系数随有效含水率的相对值 AW(%) 的减小而对数减小，可用分段函数表示，

$$K_\theta = \begin{cases} 1 & \theta \geqslant \theta_f \\ \dfrac{\ln(AW+1)}{\ln(101)} & \theta_p < \theta < \theta_f \\ 0 & \theta \leqslant \theta_p \end{cases} \tag{2.66}$$

其中

$$AW = \frac{\theta - \theta_p}{\theta_f - \theta_p} \cdot 100\% $$

式中，θ、θ_p、θ_f 分别为根系层实际含水率、凋萎含水率、田间持水率。

2）幂函数法

一般认为，根系层土壤水分胁迫的临界含水率 θ_j 要小于田间持水率 θ_f。假定土壤水分胁迫系数随土壤含水率的减小呈幂函数减小，可以得到以下的幂函数公式：

$$K_\theta = \begin{cases} 0 & \theta < \theta_p \\ \left(\dfrac{\theta - \theta_p}{\theta_j - \theta_p} \right)^n & \theta_p \leqslant \theta \leqslant \theta_j \\ 1 & \theta > \theta_j \end{cases} \tag{2.67}$$

式中，n 为幂指数，$n=1$ 时即为常用的线性公式，临界含水率 θ_j 需要利用试验资料率定。

3）FAO-56 推荐的方法

Allen 等（1998）认为土壤水分胁迫的临界含水率 θ_j 处于凋萎含水率 θ_p 和田间持水率 θ_f 之间，且 θ 随 ET_c 的增加而增大，其关系可以表示为

$$\theta_j = p\theta_p + (1-p)\theta_f \tag{2.68a}$$

$$p = b + 0.04(5 - ET_c), \quad 0 < p < 1 \tag{2.68b}$$

式中，b 为标准状况（$ET_c = 5\text{mm/d}$）下的 p 值，主要由作物种类决定，对于冬小麦和玉米，$b=0.55$（Allen et al.，1998）。土壤含水率 θ 在 θ_p 和 θ_j 之间时 K_θ 与 θ 呈线性关系，即

$$K_\theta = \frac{\theta - \theta_p}{\theta_j - \theta_p}, \quad \theta_p \leqslant \theta \leqslant \theta_j \tag{2.68c}$$

根据式（2.68），随着作物潜在蒸发蒸腾量 ET_c 的增加，p 逐渐减小，θ_j 逐渐接近田间持水率 θ_f，从而作物在土壤水分消退过程中更容易受到水分胁迫的影响。在式（2.68a）～式（2.68c）的基础上，可以得到综合考虑土壤水分状况与蒸发能力的土壤水分胁迫系数经验公式（胡庆芳等，2006），即

$$K_\theta = \frac{1}{0.8 - b + 0.04 ET_c} \cdot \frac{\theta - \theta_p}{\theta_f - \theta_p}, \quad 0 \leqslant K_\theta \leqslant 1 \tag{2.69}$$

（4）基于土壤水动力学法计算作物实际蒸发蒸腾量

土壤棵间蒸发量，采用土壤水动力学方法进行土壤水分动态模拟计算时需要将潜在的蒸发蒸腾量分为潜在蒸腾量式（2.60）和潜在棵间土壤蒸发量式（2.61），然后考虑供水不足造成的土壤水分胁迫计算实际的棵间土壤蒸发量（通过农田表土蒸发散失的水量）和实

际的植株蒸腾量（等于根系实际吸水量），实际的棵间土壤蒸发量与实际的植株蒸腾量的和就等于实际蒸发蒸腾量。其中根系实际吸水量的计算如前所述，这里仅给出实际棵间土壤蒸发量的计算方法。

考虑土壤水分不足对棵间土壤蒸发的影响，实际棵间土壤蒸发量用式（2.70）计算：

$$E_s(t) = \begin{cases} 0 & \theta < \theta_{wp} \\ E_{sp}(t)\dfrac{\theta - \theta_{wp}}{\theta_j - \theta_{wp}} & \theta_{wp} \leqslant \theta < \theta_j \\ E_{sp}(t) & \theta \geqslant \theta_j \end{cases} \qquad (2.70)$$

式中，$E_s(t)$ 为棵间土壤蒸发量，mm/d；$E_{sp}(t)$ 为潜在的棵间土壤蒸发量，是作物潜在蒸腾量的一部分，mm/d，用式（2.64）计算；θ_j 为土壤临界含水率，cm^3/cm^3，当土壤含水率低于这一值时，土壤蒸发量受到土壤含水率的影响而减小，本书中取 $\theta_j = 0.62\theta_s$；θ_{wp} 为凋萎点含水率，取为 $\theta_{wp} = 0.27\theta_s$；其中 0.62 和 0.27 为经验参数，通过参数反演确定；θ_s 为土壤饱和含水率。其余符号意义同前。

2.2.4 土壤水分运动方程的差分求解

这里以常见的种植作物条件下，农田垂直一维土壤水分运动问题为例，给出土壤水分运动方程的差分方程及其求解方法，见式（2.71）：

$$\frac{\partial \theta}{\partial t} = \frac{\partial}{\partial z}\left[D(\theta)\frac{\partial \theta}{\partial z} \right] - \frac{\partial K(\theta)}{\partial z} - S(z, t) \qquad 0 \leqslant z \leqslant z_r \qquad (2.71a)$$

$$\frac{\partial \theta}{\partial t} = \frac{\partial}{\partial z}\left[D(\theta)\frac{\partial \theta}{\partial z} \right] - \frac{\partial K(\theta)}{\partial z} \qquad z_r < z \leqslant L \qquad (2.71b)$$

初始条件：

$$\theta(z, t) = \theta(z, 0), \quad 0 \leqslant z \leqslant L, \ t = 0 \qquad (2.71c)$$

上边界条件：

$$-D(\theta_0)\frac{\partial \theta}{\partial z} + K(\theta_0) = -E_p(t)\alpha(\theta_0), \ \theta_0 = \theta(0, t), \ z = 0, \ t \geqslant 0 \qquad (2.71d)$$

下边界条件，采用第一类边界条件，即研究土体下边界处土壤含水率保持不变，$\theta_L =$ 常数：

$$\theta(z, \ t) = \theta(L, \ t) = \theta_L, \quad z = L, \ t \geqslant 0 \qquad (2.71e)$$

式中，L 为研究区土层深度，cm；$E_p(t)$ 为潜在表层土壤蒸发速率，cm/d。

对于表土蒸发速率 $E_p(t)\alpha(\theta_0)$，可以按照三阶段法（雷志栋等，1988）进行模拟。第一阶段，表土蒸发强度保持稳定的阶段。该阶段因蒸发使表土逐渐变干、含水率降低。但地表处的水汽压仍维持或接近于饱和水汽压，含水率的降低并不影响水汽的扩散通量；同时，表土含水率的减小使得地表土壤的导水率有所降低，并被土壤中向上的吸力梯度增加所补偿，故土壤仍能向地表充分供水，在该阶段表土的蒸发强度不随土壤含水率降低而变化。稳定蒸发阶段蒸发强度的大小主要由大气蒸发能力决定，可近似为 $E_p(t)$。该阶段含水率的下限，即临界含水率 θ_j 的大小和土壤性质及大气蒸发能力有关，该值相当于毛管破裂点的含水率，可取田间持水率的 50%～70%；第二阶段，表土蒸发强度随含水率变化的阶段，当表土含水率低于临界含水率θ_j时，蒸发强度随表土含水率降低而递减；第三阶段为水汽扩散阶段，该阶段表土含水率很低，土壤输水能力极弱，不能补充表土蒸发损失的水分，土壤表面形成干土层，表土蒸发强度可近似为 0。蒸发主要产生于干土层的底部，并且以水汽扩散的方式穿过干土层而进入大气。在此阶段，蒸发面不在地表，而是在土壤内部。蒸发强度的大小主要由干土层内水汽扩散的能力控制，并取决于干土层的厚度，其变化速率十分缓慢而且稳定。

上述三阶段的蒸发速率可用下式表示：

$$\alpha(\theta_0) = \begin{cases} 1 & \theta_0 \geqslant \theta_j \\ a\theta_0 + b & \theta_c < \theta_0 \leqslant \theta_j \end{cases} \tag{2.71f}$$

当表层土壤含水率小于某一含水率时，如风干含水率θ_c，即$\theta_0 \leqslant \theta_c$时，上边界条件变为第一类边界条件：

$$\theta_0 = \theta_c \qquad \theta_0 \leqslant \theta_c \tag{2.71g}$$

为分析方便，建立互相正交的z，t坐标系，如图 2.7 所示。沿z方向将土壤层L分为等间距的n个单元，节点编号为i，$i=0$，1，2…n，步长为Δz。将时间坐标划分成时间步长为Δt的时段，时间节点编号为k，$k=0$，1，2…。其中$i=0$和$i=n$为边界节点，其余为内节点；对应$k=0$的土壤含水率为初始值。

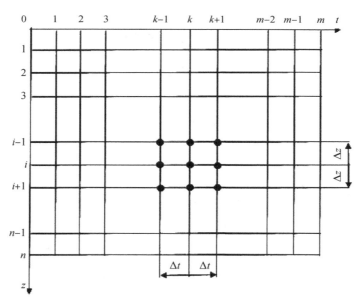

图 2.7　垂直一维流动问题的差分网格

土壤含水率θ（或基质势h）是随空间和时间连续变化的。离散化后，连续的时间已分成一个一个的时段。为了使计算过程稳定、收敛，本书采用隐式差分方法，即在时段末的节点处列方程，对基本方程中的$\dfrac{\partial \theta}{\partial t}$取后向差商，对$\dfrac{\partial}{\partial z}\left[D(\theta)\dfrac{\partial \theta}{\partial z}\right]$取时段末的差商，则任一

内节点（i，$k+1$）处原方程的差分方程为

$$\frac{\theta_i^{k+1}-\theta_i^k}{\Delta t}=\frac{D_{i+\frac{1}{2}}^{k+1}(\theta_{i+1}^{k+1}-\theta_i^{k+1})-D_{i-\frac{1}{2}}^{k+1}(\theta_i^{k+1}-\theta_{i-1}^{k+1})}{\Delta z^2}-\frac{K_{i+1}^{k+1}-K_{i-1}^{k+1}}{2\Delta z}-S_i^{k+1}\,,\ 0\leqslant z\leqslant z_{\mathrm{r}}$$

$$\text{(2.72a)}$$

$$\frac{\theta_i^{k+1}-\theta_i^k}{\Delta t}=\frac{D_{i+\frac{1}{2}}^{k+1}(\theta_{i+1}^{k+1}-\theta_i^{k+1})-D_{i-\frac{1}{2}}^{k+1}(\theta_i^{k+1}-\theta_{i-1}^{k+1})}{\Delta z^2}-\frac{K_{i+1}^{k+1}-K_{i-1}^{k+1}}{2\Delta z}\,,\ z_{\mathrm{r}}<z\leqslant L \quad\text{(2.72b)}$$

令 $r_1=\dfrac{\Delta t}{\Delta z^2}$，$r_2=\dfrac{\Delta t}{2\Delta z}$，式（2.72）经整理，可得到隐式差分格式的差分方程：

$$-r_1 D_{i-\frac{1}{2}}^{k+1}\theta_{i-1}^{k+1}+\left[1+r_1\left(D_{i-\frac{1}{2}}^{k+1}+D_{i+\frac{1}{2}}^{k+1}\right)\right]\theta_i^{k+1}-r_1 D_{i+\frac{1}{2}}^{k+1}\theta_{i+1}^{k+1}=\theta_i^k-r_2(K_{i+1}^{k+1}-K_{i-1}^{k+1})-S_i^{k+1}\Delta t \quad\text{(2.73)}$$

$$i=1,2\cdots n-1$$

进一步简写为

$$a_i\theta_{i-1}^{k+1}+b_i\theta_i^{k+1}+c_i\theta_{i+1}^{k+1}=h_i \quad\text{(2.74a)}$$

$$i=2,3\cdots n-2$$

式中，

$$\begin{cases}a_i=-r_1 D_{i-\frac{1}{2}}^{k+1}\\[2mm]b_i=1+r_1\left(D_{i-\frac{1}{2}}^{k+1}+D_{i+\frac{1}{2}}^{k+1}\right)\\[2mm]c_i=-r_1 D_{i+\frac{1}{2}}^{k+1}\end{cases} \quad\text{(2.74b)}$$

$$i=2,3\cdots n-1$$

$$h_i=\theta_i^k-r_2\left(K_{i+1}^{k+1}-K_{i-1}^{k+1}\right)-S_i^{k+1}\Delta t \quad\text{(2.74c)}$$

$$i=2,3\cdots n-2$$

当 $i=1$ 时，差分方程［式（2.74a）］可写为

$$a_1\theta_0^{k+1}+b_1\theta_1^{k+1}+c_1\theta_2^{k+1}=h_1 \quad\text{(2.75)}$$

由此可见，对于垂直一维土壤水分运动问题的求解，尚需要利用上边界条件构建三对角型方程，在节点（i，$k+1$）处，其中 $i=0$，对 $D(\theta_0)\dfrac{\partial\theta}{\partial z}$ 做前向差分：

$$D(\theta_0)\frac{\partial\theta}{\partial z}=D_{\frac{1}{2}}^{k+1}\frac{\theta_1^{k+1}-\theta_0^{k+1}}{\Delta z} \quad\text{(2.76)}$$

将式（2.76）代入式（2.71d）中，得

$$-D_0^{k+1}\frac{\theta_1^{k+1}-\theta_0^{k+1}}{\Delta z}+K_0^{k+1}=-E_{\mathrm{p}}^{k+1}\alpha_0^{k+1} \quad\text{(2.77)}$$

对式（2.77）整理可得

$$b_0\theta_0^{k+1} + c_0\theta_1^{k+1} = h_0 \tag{2.78}$$

其中，$b_0 = -c_0 = -\dfrac{D_0^{k+1}}{\Delta z}$，$h_0 = E_p^{k+1}\alpha_0^{k+1} + K_0^{k+1}$。

当表层土壤含水率很小，$\theta_0 \leqslant \theta_c$ 时，有 $\theta_0 = \theta_c$，代入式（2.78），可得到：

$$b_1\theta_1^{k+1} + c_1\theta_2^{k+1} = h_1 \tag{2.79}$$

其中，$h_1 = [h_1] - a_1\theta_c$。式中，$a_1$、$b_1$、$c_1$ 和 $[h_1]$ 中的 h_1 仍采用式（2.74b）和式（2.74c）计算。

当 $i = n-1$ 时，考虑下边界条件，差分方程 [式（2.74a）] 可写为

$$a_{n-1}\theta_{n-2}^{k+1} + b_{n-1}\theta_{n-1}^{k+1} = h_{n-1} \tag{2.80}$$

其中，$h_{n-1} = [h_{n-1}] - c_{n-1}\theta_L$。式中，$a_{n-1}$、$b_{n-1}$、$c_{n-1}$ 和 $[h_{n-1}]$ 中的 h_{n-1} 仍采用式（2.74b）和式（2.74c）计算。

由式（2.74a）、式 2.78 或式（2.79）和式（2.80）形成三对角型代数方程组：

$$[A][\theta]^{k+1} = [H] \tag{2.81}$$

其中

$$[A] = \begin{bmatrix} b_0 & c_0 & & & & 0 \\ a_1 & b_1 & c_1 & & & \\ & a_2 & b_2 & c_2 & & \\ & & \ddots & \ddots & \ddots & \\ & & & a_{n-2} & b_{n-2} & c_{n-2} \\ 0 & & & & a_{n-1} & b_{n-1} \end{bmatrix}$$

$$[\theta]^{k+1} = \begin{bmatrix} \theta_0^{k+1} \\ \theta_1^{k+1} \\ \theta_2^{k+1} \\ \vdots \\ \theta_{n-2}^{k+1} \\ \theta_{n-1}^{k+1} \end{bmatrix} \qquad [H] = \begin{bmatrix} h_0 \\ h_1 \\ h_2 \\ \vdots \\ h_{n-2} \\ h_{n-1} \end{bmatrix}$$

然后，按求解三对角型代数方程组的常用方法——追赶法（雷志栋等，1988），采用迭代法求解。首先假定本时段的土壤水分运动参数的计算值，这里取时段初的 D_i^k、K_i^k、S_i^k 作为时段末 D_i^{k+1}、K_i^{k+1}、S_i^{k+1} 的预报值，然后，求解方程组 $[A][\theta]^{k+1} = [H]$，求得时段末各节点含水率的第一次迭代值 $\theta_i^{k+1(1)}$。根据 $\theta_i^{k+1(1)}$ 及非饱和土壤扩散率与土壤水分函数关系（$D \sim \theta$）、非饱和土壤导水率与土壤水分函数关系（$K \sim \theta$）和根系吸水速率与土壤含水率的函数关系曲线（$S \sim \theta$），可求得土壤水分运动参数 D_i^{k+1}、K_i^{k+1} 和根系吸水速率 S_i^{k+1} 的校正值。以此参数（可将根系吸水速率 S_i^{k+1} 如同 D_i^{k+1}、K_i^{k+1} 一样看作土壤水分动态模拟计算的参数）的校正值作为下一次计算的预报值，然后解方程组 [式（2.81）] 可求得时段末各节点土壤含水率的第二次迭代值 $\theta_i^{k+1(2)}$。重复上述步骤，直到各节点前后两次迭代计算所得含水率之差小于所规定的允许误差为止。即应满足：

$$\max \left| \frac{\theta_i^{k+1(p)} - \theta_i^{k+1(p-1)}}{\theta_i^{k+1(p-1)}} \right| \leqslant e \qquad (2.82)$$

式中，p 为迭代计算次数；e 为允许的相对误差，可由计算的精度要求具体规定其大小，本书取 $e=0.01$。

2.2.5　土壤水分运动的定解条件

对于一个具体的土壤水分运动问题，Richards 方程加上一定的定解条件（包括初始条件和边界条件）构成一个确定的数学模型，才能用于对实际问题的模拟分析。不同的问题有不同的定解条件，以下分一维问题和二维问题给出常用的定解条件。

1. 农田垂直一维土壤水分运动问题的定解条件

对于种植作物农田垂直一维土壤水分运动问题，常见的定解条件如下。

（1）初始条件

初始条件为研究时段初的土壤含水率或基质势剖面，可以表示为 $\theta(z,0) = \theta_i(z)$ 或 $h(z,0) = h_i(z)$。式中，$\theta_i(z)$、$h_i(z)$ 分别为 $t=0$ 时的剖面土壤含水率、基质势分布。

（2）上边界条件

边界条件包括上边界条件和下边界条件，上边界条件一般有 3 种类型。

1）第一类边界条件［狄利克雷（Dirichlet）边界条件］为已知边界的土壤含水率或基质势，可以表示为 $\theta(0,t) = \theta_0(t)$ 或 $h(0,t) = h_0(t)$。式中，$\theta_0(t)$、$h_0(t)$ 分别为地表（$z=0$）土壤含水率、基质势变化过程。例如，薄层积水入渗条件下的地表边界即为第一类边界，含水率可以认为接近饱和含水率，基质势为 0。

2）第二类边界条件为已知地表入渗率 $f(t)$ 或蒸发速率 $E(t)$，入渗条件下的边界条件可以表示为

$$-K(h_0)\frac{\partial h}{\partial z}\bigg|_{z=0} + K(h_0) = f(t) \qquad (2.83)$$

或者

$$-D(\theta_0)\frac{\partial \theta}{\partial z}\bigg|_{z=0} + K(\theta_0) = f(t) \qquad (2.84)$$

式中，θ_0、h_0 分别为地表（$z=0$）土壤含水率、基质势。对于蒸发条件，将式（2.83）和式（2.84）中的 $f(t)$ 换为 $-E_p(t)$ 即可，这里 $E_p(t)$ 为潜在棵间土壤蒸发量，即土壤含水率较大，不限制棵间土壤蒸发速率。

对作物生长全过程模拟计算时，由于土壤入渗速率远大于作物蒸发蒸腾速率，可将日降水及灌溉入渗做瞬时处理，按照概念性模型做法，将当日降水和灌溉集中于该日初始时刻，并瞬时渗入土壤中，即日降水和灌水仅使该日初始土壤含水率增大，如此处理降水和灌溉入渗过程，可大大提高计算速度。这样，上边界条件变为

$$-K(h_0)\frac{\partial h}{\partial z}\bigg|_{z=0} + K(h_0) = -E_p(t) \qquad (2.85)$$

或者

$$-D(\theta_0)\frac{\partial \theta}{\partial z}\bigg|_{z=0} + K(\theta_0) = -E_p(t) \tag{2.86}$$

3）第三类边界条件为混合边界条件，即已知地表水分通量与土壤含水率（或基质势）的某种组合。例如，在地表水分胁迫条件下，地表土壤蒸发速率 $E(t)$ 为地表含水率 θ_0（或基质势 h_0）的函数，即 $E(t)=E_p(t)\alpha(h_0)$，或者 $E(t)=E_p(t)\alpha(\theta_0)$，边界条件可以表示为

$$-K(h_0)\frac{\partial h}{\partial z}\bigg|_{z=0} + K(h_0) = -E_p(t)\alpha(h_0) \tag{2.87}$$

或者

$$-D(\theta_0)\frac{\partial \theta}{\partial z}\bigg|_{z=0} + K(\theta_0) = -E_p(t)\alpha(\theta_0) \tag{2.88}$$

式中，$E_p(t)$ 为无水分胁迫条件下的土壤蒸发速率，mm/d；$\alpha(\theta_0)$ 为影响土壤蒸发速率的水分胁迫因子，系地表土壤含水率 θ_0 的函数。

对于作物生长全过程模拟计算，由于计算时间较长，为了提高计算速度，减小计算时长，无论降水还是灌溉，其入渗过程均可按照上述瞬时方法处理。因此，上边界条件不会出现入渗情况。但是，对于微喷灌和滴灌条件下的土壤水分运动问题，首先是入渗过程较长，单点灌水时间常在 5～10 个小时，其次是属于局部灌溉，因此需考虑入渗过程。

此外，还可以利用靠近地表的第 1 个土层的水量平衡方程写出上边界条件。可将深度为 H 的土体沿垂直方向剖分为 n 个土层，从上到下依次编号，地表处 $i=0$，依次向下为 $i=1$、$i=2 \cdots i=n$，对应的土层厚度为 ΔZ_1、$\Delta Z_2 \cdots \Delta Z_i \cdots \Delta Z_n$，见图 2.8。

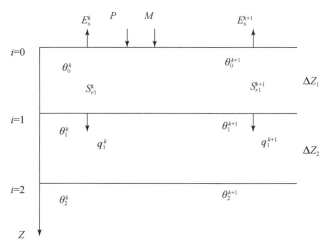

图 2.8　基于水量平衡方程的上边界条件示意图

对土层 1，在时段 $\Delta t[t^k,t^{k+1}]$ 内写出水量平衡方程：

$$W_1^{k+1} = W_1^k + P + M - \overline{E_s}\Delta t - \overline{S_{r1}}\Delta t \Delta Z_1 - \overline{q_1}\Delta t \tag{2.89}$$

其中

$$\overline{E_{\mathrm{s}}} = (E_{\mathrm{s}}^{k} + E_{\mathrm{s}}^{k+1}) / 2 \tag{2.90}$$

$$\overline{q_1} = (q_1^{k} + q_1^{k+1}) / 2 \tag{2.91}$$

$$\overline{S_{\mathrm{r}1}} = (\overline{S_{\mathrm{r}1}^{k}} + \overline{S_{\mathrm{r}1}^{k+1}}) / 2 \tag{2.92}$$

$$\overline{S_{\mathrm{r}1}^{k}} = (S_{\mathrm{r}0}^{k} + S_{\mathrm{r}1}^{k}) / 2 \tag{2.93}$$

$$\overline{S_{\mathrm{r}1}^{k+1}} = (S_{\mathrm{r}0}^{k+1} + S_{\mathrm{r}1}^{k+1}) / 2 \tag{2.94}$$

式（2.89）中，$\overline{E_{\mathrm{s}}}$ 为时段初地表土壤蒸发速率 E_{s}^{k} 与时段末地表土壤蒸发速率 E_{s}^{k+1} 的平均值，cm/min，可由式（2.90）计算，其中

$$E_{\mathrm{s}}^{k} = E_{\mathrm{sp}}^{k} \frac{\theta_0^{k} - \theta_{\mathrm{d}}}{\theta_{\mathrm{f}} - \theta_{\mathrm{d}}}, \quad E_{\mathrm{s}}^{k+1} = E_{\mathrm{sp}}^{k+1} \frac{\theta_0^{k+1} - \theta_{\mathrm{d}}}{\theta_{\mathrm{f}} - \theta_{\mathrm{d}}} \tag{2.95}$$

可以简化为

$$E_{\mathrm{s}}^{k} = E_{\mathrm{sp}}^{k} \frac{\theta_0^{k}}{\theta_{\mathrm{f}}} \tag{2.96}$$

$$E_{\mathrm{s}}^{k+1} = E_{\mathrm{sp}}^{k+1} \frac{\theta_0^{k+1}}{\theta_{\mathrm{f}}} \tag{2.97}$$

简化后的式（2.96）和式（2.97）中，E_{sp}^{k} 和 E_{sp}^{k+1} 分别为时段初和时段末地表土壤潜在蒸发速率，本书取时段长度为日，故可以取

$$E_{\mathrm{sp}}^{k} = E_{\mathrm{sp}}^{k+1} = \mathrm{ET}_{\mathrm{p}} e^{-K \cdot \mathrm{LAI}} \tag{2.98}$$

式（2.96）至式（2.98）中，ET_{p} 为作物潜在蒸散量，mm/d；LAI 为叶面积指数；K 为消光系数，如冬小麦可取 $K = 0.8$，玉米 $K = 0.9$；θ_{f} 和 θ_{d} 分别为地表土壤田间最大持水率和风干含水率，cm³/cm³；θ_0^{k} 和 θ_0^{k+1} 分别为时段初和时段末农田土壤剖面 $i = 0$ 处土壤含水率，cm³/cm³。

式（2.89）中，P 和 M 分别为时段 Δt 内的降水量和灌水量，mm；W_1^{k} 和 W_1^{k+1} 分别为时段初和时段末土层 1 的储水量，mm；可由土壤含水率计算：

$$W_1^{k} = \Delta Z_1 (\theta_0^{k} + \theta_1^{k}) / 2 \tag{2.99}$$

$$W_1^{k+1} = \Delta Z_1 (\theta_0^{k+1} + \theta_1^{k+1}) / 2 \tag{2.100}$$

式（2.99）和式（2.100）中，θ_1^{k} 和 θ_1^{k+1} 分别为时段初和时段末农田土壤剖面 $i = 1$ 处的土壤含水率，cm³/cm³。

式（2.89）中，$\overline{q_1}$ 为土层 1 下边界时段初和时段末水分通量的平均值，cm/min，可由式（2.91）计算；其中，q_1^{k} 和 q_1^{k+1} 分别为土层 1 下边界时段初和时段末的水分通量，cm/min；这里水分通量采用非饱和土壤水分运动的达西定律计算，采用后向差分方法计算：

$$\begin{aligned} q_1^{k} &= -D(\theta) \frac{\partial \theta}{\partial z} + K(\theta) \\ &= -(D_0^{k} \cdot D_1^{k})^{\frac{1}{2}} \frac{\theta_1^{k} - \theta_0^{k}}{\Delta Z_1} + (K_0^{k} \cdot K_1^{k})^{\frac{1}{2}} \end{aligned} \tag{2.101}$$

$$q_1^{k+1} = -(D_0^{k+1} \cdot D_1^{k+1})^{\frac{1}{2}} \frac{\theta_1^{k+1} - \theta_0^{k+1}}{\Delta Z_1} + (K_0^{k+1} \cdot K_1^{k+1})^{\frac{1}{2}} \qquad (2.102)$$

式（2.89）中，$\overline{S_{r1}}$ 为土层 1 时段初与时段末根系吸水速率的平均值，$\min^{-1}$，可由式（2.92）至式（2.94）计算；其中，S_{r0}^k 和 S_{r0}^{k+1} 分别为土壤剖面 $i=0$ 处（地表处）时段初和时段末的根系吸水速率，$\min^{-1}$；S_{r1}^k 和 S_{r1}^{k+1} 分别为土壤剖面 $i=1$ 处（土层 1 下边界）时段初和时段末的根系吸水速率，$\min^{-1}$；$\overline{S_{r1}^k}$ 和 $\overline{S_{r1}^{k+1}}$ 分别为土层 1 下边界处时段初和时段末根系吸水速率，$\min^{-1}$。

将式（2.90）、式（2.91）、式（2.93）、式（2.96）、式（2.97）、式（2.99）、式（2.100）、式（2.102）代入式（2.89），求解并整理，可得到：

$$b_1 \theta_0^{k+1} + c_1 \theta_1^{k+1} = h_1 \qquad (2.103)$$

其中

$$b_1 = 1 + \frac{\Delta t E_{sp}^k}{\Delta Z_1 \theta_f} + \frac{\Delta t}{\Delta Z_1^2}(D_0^{k+1} \cdot D_1^{k+1})^{\frac{1}{2}}$$

$$c_1 = 1 - \frac{\Delta t}{\Delta Z_1^2}(D_0^{k+1} \cdot D_1^{k+1})^{\frac{1}{2}}$$

$$h_1 = \theta_0^k + \theta_1^k + \frac{2(P+M)}{\Delta Z_1} - \frac{\Delta t E_{sp}^k \theta_0^k}{\Delta Z_1 \theta_f} - 2\overline{S_{r1}}\Delta t - \frac{\Delta t}{\Delta Z_1}q_1^k - \frac{\Delta t}{\Delta Z_1}(K_0^{k+1} \cdot K_1^{k+1})^{\frac{1}{2}}$$

（3）下边界条件

下边界条件也可能出现不同的情况。

1）第一类边界条件。当研究土层较深（≥2m）、研究的时段较短时，可以认为下边界土壤含水率（或基质势 h_L）保持不变 θ_L＝常数（或 h_L＝常数），属于第一类边界条件。当地下水埋深较浅（≤3m）时，为了简化计算，可以将计算深度延伸到地下水面处，由于地下水埋深年度变化较小，计算时段内的地下水埋深变化可以忽略不计。因此，在计算时段（1 日）内，认为地下水埋深不变化。这样，仍属于第一类边界条件，即下边界条件为 $\theta_L = \theta_s$，下边界处的土壤含水率等于饱和含水率，或者是 $h=0$；下 1 天的地下水埋深可以通过预测的方法确定。这样，可以考虑地下水埋深的变化，得到作物全生育期土壤含水率的动态变化过程。

2）第二类边界。当下边界有不透水层时，可以认为是第二类边界（零通量边界），即：

$$\frac{\partial h}{\partial z}\Big|_{z=L} = 1 \text{或} -D(\theta_L)\frac{\partial \theta}{\partial z}\Big|_{z=L} + K(\theta_L) = 0$$

式中，L 为下边界深度，cm。

3）重力排水边界条件。此外，在有些情况下，下边界也可视为重力排水边界，相应的水分通量为下边界处的导水率，此时下边界处的含水率或基质势梯度为 0，即：

$$\frac{\partial h}{\partial z}\Big|_{z=L} = 0 \quad \text{或} \quad \frac{\partial \theta}{\partial z}\Big|_{z=L} = 0$$

2. 膜下滴灌或浅埋滴灌土壤水分运动问题的定解条件

这里以（玉米或棉花）膜下滴灌或（冬小麦）浅埋滴灌（为了减小覆盖地膜带来的白色污染，人们逐渐放弃地膜覆盖的种植方式，在不覆盖地膜条件下为了固定滴灌带，不受风的影响，将滴灌带埋设于地表下 5～10cm 处）两种情况下的农田土壤水分运动问题为例，介绍农田二维土壤水分运动数学模型的定解条件。浅埋滴灌不仅可用于玉米、棉花灌溉，还可用于密植行播作物的灌溉。由于滴灌带滴头间距普遍小于滴灌带间距，分析计算过程中可忽略同一条滴灌带上相邻两个滴头之间沿滴灌带方向土壤含水率的差异，可将该问题简化为轴对称的二维土壤水分运动问题，即只考虑垂直于滴灌带方向平面（XOZ）上土壤含水率的变化和随时间的变化。其土壤水分运动基本方程为

$$\frac{\partial \theta}{\partial t} = \frac{\partial}{\partial x}\left[D(\theta)\frac{\partial \theta}{\partial x}\right] + \frac{\partial}{\partial z}\left[D(\theta)\frac{\partial \theta}{\partial z}\right] - \frac{\partial K(\theta)}{\partial z} - S(x, z, t) \qquad (2.104)$$

$$0 \leqslant x \leqslant B \qquad 0 \leqslant z \leqslant z_r$$

或者

$$C(h)\frac{\partial h}{\partial t} = \frac{\partial}{\partial x}\left[K(h)\frac{\partial h}{\partial x}\right] + \frac{\partial}{\partial z}\left[K(h)\frac{\partial h}{\partial z}\right] - \frac{\partial K(h)}{\partial z} - S(x, z, t) \qquad (2.105)$$

$$0 \leqslant x \leqslant B \qquad 0 \leqslant z \leqslant z_r$$

式中，$S(x, z, t)$ 为根系吸水速率，随坐标点 (x, z, t) 变化；B 为研究区域的宽度，cm；z_r 为作物扎根深度，cm；$C(h)$ 为比水容量，1/cm。

膜下滴灌和浅埋滴灌农田土壤水分运动问题的定解条件不同于常规畦灌农田土壤水分运动问题，以下作简要介绍。其中，膜下滴灌，以棉花膜下滴灌 1 膜 2 带 6 行种植模式为例，棉花株距为 10cm（图 2.9）；浅埋滴灌以冬小麦复播玉米浅埋滴灌 4 密 1 稀种植模式为例（图 2.10）。两种模式均是将播种和铺设滴灌带作业一起完成。

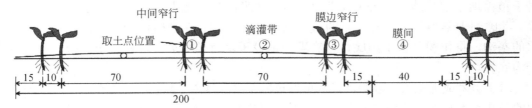

图 2.9 棉花膜下滴灌 1 膜 2 管 6 行种植模式示意图（单位：cm）（李鑫鑫，2018）

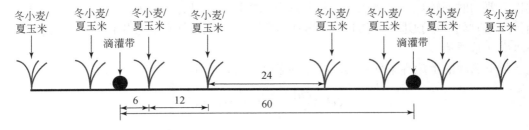

图 2.10 冬小麦复播玉米浅埋滴灌 4 密 1 稀种植模式示意图（单位：cm）（康猛，2022）

在图 2.9 的示例中，膜下滴灌带的宽度为 240cm，其中，覆膜宽度为 200cm，膜间宽度为 40cm，棉花窄行距为 10cm，宽行距为 70cm；滴灌带位于宽行中间，土壤含水率测试取土点位于中间窄行的中点。

图 2.10 中的浅埋滴灌为冬小麦种植的灌溉方式。一般将滴灌带浅埋于地下 5～10cm 处，根据不同土壤质地对埋深进行适当调整，小麦播种后要及时进行镇压。若考虑玉米为宽窄行种植，在距离滴灌带 18cm 处种植夏玉米，即玉米宽行距为 36cm，窄行距为 24cm，保持滴灌带在玉米宽行之间，由此避免玉米播种机勾起或损坏滴灌带，实现一带两用小麦玉米周年种植浅埋滴灌。

（1）初始条件

根据对称性，可将图 2.9 和图 2.10 中种植模式图从正中间分开，均取右侧部分作为研究土体单元，深度为 100cm。以研究土体最左侧为原点，以地面为 X 轴，向右为正；沿深度方向为 Z 轴，向下为正。以图 2.9 和图 2.10 所示的膜下滴灌和浅埋滴灌为例，膜下滴灌的研究范围为 $0 \leq x \leq 120$，$0 \leq z \leq 100$；浅埋滴灌的研究范围为 $0 \leq x \leq 30$，$0 \leq z \leq 100$。坐标轴的单位均为 cm，时间单位为 min。据此可写出膜下滴灌和浅埋滴灌的初始条件，其初始条件均为研究时段初的土壤含水率或基质势剖面，可表示为

膜下滴灌，$\theta(z, x, 0) = \theta_i(z, x)$ 或 $h(z, x, 0) = h_i(z, x)$，$0 \leq x \leq 120$，$0 \leq z \leq 100$，$t = 0$；

浅埋滴灌，$\theta(z, x, 0) = \theta_i(z, x)$ 或 $h(z, x, 0) = h_i(z, x)$，$0 \leq x \leq 30$，$0 \leq z \leq 100$，$t = 0$；

式中，$\theta_i(z, x)$、$h_i(z, x)$ 分别为 $t = 0$ 时垂直于滴灌带的剖面土壤含水率、基质势分布。

（2）上边界条件

膜下滴灌和浅埋滴灌农田土壤水分运动的上边界条件是不相同的，以下分别介绍。

1）膜下滴灌的上边界条件，图 2.9 表示的膜下滴灌上边界包括两种情况，一种是覆盖地膜，另一种是不盖地膜。地膜覆盖隔绝了棵间土壤蒸发通道，其棵间土壤蒸发量可近似地看作为 0，不盖地膜部分有正常的棵间土壤蒸发，两者都采用第二类边界条件。对于覆盖地膜部分地表水分通量为 0，不盖地膜部分，地表水分通量等于棵间土壤蒸发量。考虑到干旱半干旱区降水量的快速高效收集利用，在种植作物时应该在田间形成一定的垄沟，将作物种植于沟底，且滴灌带铺设于垄背地面处，这样，滴灌带中心线将高于沟底。

对于玉米或棉花膜下滴灌，降水可通过两个途径渗入土壤，一个是通过作物植株茎基部的膜孔流入膜下，然后渗入土壤中，属于膜孔入渗；另一个是通过不盖地膜的农田表面渗入土壤中，属于常规的农田土壤入渗。由于降水强度过程资料一般不易获取，加之入渗过程需要的时间较短，可将入渗过程与蒸发蒸腾过程分开计算，并且，将日降水量集中于当日开始时刻，单独进行入渗过程的模拟计算，入渗模拟计算的结果作为该日的初始土壤含水率（基质势）。

膜下滴灌的上边界条件（第二类边界条件）可以表示为

$$-K(h_0)\frac{\partial h}{\partial z}\bigg|_{z=0} + K(h_0) = f(x, t) \tag{2.106}$$

或者

$$-D(\theta_0)\frac{\partial \theta}{\partial z}\bigg|_{z=0} + K(\theta_0) = f(x,t) \tag{2.107}$$

式中，θ_0、h_0 分别为地表（$z=0$）土壤含水率、基质势。蒸发过程模拟中，$f(x,t) = 0$（地膜覆盖滴灌），或者 $f(x,t) = E_s(x,t)$（浅埋滴灌农田），$E_s(x,t)$ 为棵间土壤蒸发速率，mm/min；入渗过程模拟中，$f(x,t)$ 为土壤入渗速率，mm/min，随入渗时间变化，$0 \leqslant x \leqslant B$。$E_s(x,t) = -E_p(t)\alpha[h(x,t)]$ 或者 $E_s(x,t) = -E_p(t)\alpha[\theta(x,t)]$。其中 $E_p(t)$ 为充分供水条件下的棵间土壤蒸发强度，mm/d；α 为土壤水分胁迫因子。

2）浅埋滴灌的研究区域如图 2.11 所示，以浅埋滴灌带为原点 O，沿地表面垂直于滴灌带一侧设置 X 轴，向右为正，垂直方向为 Z 轴，向下为正。由于滴灌带的滴头间距小于滴灌带间距，且距离滴头近的地表土壤湿润速度快，可以假定开始灌水后滴灌带两侧宽度等于 L_1（设 $2L_1$ 为滴灌带滴头间距）的地表土壤快速湿润，其土壤含水率瞬间达到饱和含水率（θ_s）。因此，与膜下滴灌类似，常将浅埋滴灌假定为线源灌溉做模拟分析。设 A 点为瞬时湿润区右侧边界，B 点为相邻两条滴灌带的中点，$2L_2$ 为滴灌带间距；H 点为最大湿润深度，即下边界深度。忽略埋设滴灌带的土壤层厚度，因而上边界为地表面，这样由地表面 OAB、下界面 HCD 和农田土壤剖面 OH 和 BD 形成了矩形研究区域 $OBDH$。

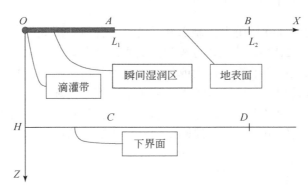

图 2.11　浅埋滴灌研究区域示意图

可以根据实际测试确定初始土壤含水率，滴灌带下侧（剖面 OH）土壤含水率初始值为 $\theta(z,x,t) = \theta(z,0,0) = \theta_0(z)$，相邻两条滴灌带中点下侧（剖面 BD）的土壤含水率初始值为 $\theta(z,x,t) = \theta(z,2L_2,0) = \theta_B(z)$。两个剖面之间的土壤含水率可以对应每个深度（$z$ 点）处采用线性插值的方法确定。

上述分析表明，浅埋滴灌的上边界条件可以分为两种情况：

OA 段为第一类边界条件，$\theta(0,x,t) = \theta_s$，$0 \leqslant x \leqslant L_1$，$z=0$，$t \geqslant 0$；

AB 段为第二类边界条件，可按照式（2.104）和式（2.105）计算，只需将其中坐标 x 的变化范围改为 $L_1 \leqslant x \leqslant L_2$。

（3）下边界条件

膜下滴灌和浅埋滴灌的下边界条件相同，均可以采用第一类边界条件，即研究期间（如作物全生育期）内可认为下边界处的土壤含水率不变化，因此下边界条件可写为：

膜下滴灌，$\theta(z,x,t)=\theta(H,x,t)$ 或 $h(z,x,t)=h(H,x,t)$，$0\leqslant x\leqslant L_2$，$0\leqslant z\leqslant H$，$t=0$，在比例中，$L_2=120cm$，$H=100cm$；

浅埋滴灌，$\theta(z,x,t)=\theta_i(H,x,t)$ 或 $h(z,x,t)=h_i(H,x,t)$，$0\leqslant x\leqslant L_2$，$z=H$，$t\geqslant0$，在比例中，浅埋滴灌的 $L_2=30cm$，$H=100cm$。

（4）左边界和右边界

膜下滴灌、浅埋滴灌的左边界、右边界条件均相同，左边界、右边界均为零通量面，边界条件为

$$\left.\frac{\partial h}{\partial x}\right|_{x=0}=0 \text{和} \left.\frac{\partial h}{\partial x}\right|_{x=B}=0 \tag{2.108}$$

或者

$$\left.\frac{\partial \theta}{\partial x}\right|_{x=0}=0 \text{和} \left.\frac{\partial \theta}{\partial x}\right|_{x=B}=0 \tag{2.109}$$

式中，B 为研究土体的宽度，cm。对于本例，膜下滴灌 $B=120cm$，浅埋滴灌 $B=30cm$。

3. 地下滴灌土壤水分运动问题的定解条件

地下滴灌是利用毛细管作用力控制水分运动的一种重要形式的滴灌，是通过地表下灌水器（滴头）施水（图2.12）。其工作过程为灌溉水或水肥营养液通过地埋毛管上的灌水器缓慢出流，然后借助土壤的毛细管作用或自身的重力作用，扩散到整个根层以供作物吸收利用。与众多灌溉方式相比，地下滴灌大大减小了土壤水的地面蒸发损失；此外，由于地下滴灌的田间输水系统埋设于地下，故不会影响农田耕作和作物栽培管理；同时，由于灌水过程对土壤结构扰动较小，有利于保持作物根层疏松通的环境。

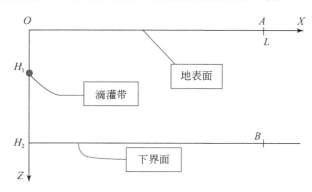

图 2.12　地下滴灌土壤水分动态变化研究区示意图

由于毛管滴头间距一般小于毛管间距，沿毛管布置方向，各滴头形成的饱和区交叉重叠，可认为是沿毛管方向的湿润柱，考虑到滴灌带和地表面之间会产生压力水头，此时的土壤水分运动可以近似地看作与毛管垂直平面上的二维土壤水分流动，由于滴灌带到地表

之间的土壤常出现饱和状态，故其土壤水分运动基本方程常用基质势方程，即式（2.23）。灌水开始后会很快围绕地下滴灌带形成一个以滴灌带为中心的饱和土壤椭圆柱体，但是，为了简化计算，常忽略该饱和椭圆柱体，取滴灌带处的土壤含水率为饱和含水率（基质势 $h=0$）。滴灌带位于地表下深度 H_1 处，地下滴灌带间距为 $2L$，滴灌湿润最大深度为 H_2。由此形成了图 2.12 中所示矩形研究区域 $OABH_2$。该问题的定解条件如下。

（1）初始条件

初始条件是指在选定的某一初始时刻观测区域内的含水率或者负压等的分布情况，并不是实际意义上的试验的最初时刻，而是根据试验需要选择的任一时刻，其表达式为

$$h(z,x,t) = h(z,x,0) = h_i(z,x) \qquad 0 \leqslant x \leqslant L,\ 0 \leqslant z \leqslant H_2,\ t \geqslant 0$$

式中，i 为初始已知量。

（2）边界条件

滴灌带处的土壤含水率不变化，恒等于饱和含水率（$\theta_s, h=0$），属于第一类边界，为给定水头边界，其表达式为

$$h(z_0,x_0,t) = h_0(t) \qquad x=0,\ z=H_1,\ t \geqslant 0$$

角标 0 表示边界上的值；(x_0, z_0) 为边界的坐标。$h_0(t)$ 或者 $\theta_0(t)$ 为边界上的已知函数，本问题中，取 $h_0(t)=0$ 或者是 $\theta_0(t)=\theta_s$。

上边界条件，即地表面处，是水流通量已知的边界，其表达式为

$$-D(\theta)\frac{\partial \theta}{\partial z} + K(\theta) = \varepsilon(z,x,t) \tag{2.110}$$

或者

$$-k(h)\frac{\partial(h-z)}{\partial z} = \varepsilon(z,x,t) \tag{2.111}$$

边界上的降雨、灌水入渗或者蒸发强度是已知的。降雨或者灌水时取正，蒸发时取负，在不透水和无蒸发和入渗的边界，$\varepsilon(r,z,t)=0$。蒸发条件下常取：

$$\varepsilon(r,z,t) = a\theta + b \tag{2.112}$$

或者

$$\varepsilon(r,z,t) = a\varphi(h) + b \tag{2.113}$$

式中，θ 为土壤含水率，cm^3/cm^3；h 为基质势，用水柱高度表示，cm；a、b 为待定参数。

下边界条件，类似于膜下滴灌和浅埋滴灌的下边界条件，可以采用第一类边界条件，即研究期间下边界处土壤含水率不变化。

左边界和右边界条件：左边界（剖面 OH_1 和 H_1H_2）处，沿 X 轴方向的水分通量等于 0；右边界（剖面 AB）处，沿 X 轴方向的水分通量也等于 0。

2.3　土壤水分运动参数的确定

2.3.1　利用测试方法确定土壤水分运动参数

土壤水分运动参数主要指非饱和土壤导水率 $K(h)$ 或者 $K(\theta)$、非饱和土壤水扩散率 $D(\theta)$

和土壤水分特征曲线。其中，$K(h)$ 具有明确的物理意义，但是测试困难，实际计算过程中都采用了一个较为公认的方法，见式（2.116）；$D(\theta)$ 是一个导出参数，其测试方法具有严格理论基础，但是需要将待测试的农田土壤取样带回实验室，风干、碎土、过筛，然后才能测试。测试过程中已经改变了土壤结构，在很大程度上失去了原状土的结构特性。因此，通常都采用它的定义公式计算，即

$$D(\theta) = \frac{K(\theta)}{C(\theta)} = K(\theta) \Big/ \frac{d\theta}{dh} \qquad (2.114)$$

式中，$C(\theta)$ 为比水容量，由土壤水分特征曲线求得。相对而言，土壤水分特征曲线测定结果更接近于农田原状土，其测试方法如前所述。

$$\theta(\psi) = \begin{cases} \theta_r + \dfrac{\theta_m - \theta_r}{\left[1 + (-\alpha\psi)^n\right]^m} & \psi < \psi_s \\[3mm] \theta_s & \psi \geqslant \psi_s \end{cases} \qquad (2.115)$$

$$K(\psi) = \begin{cases} K_s K_r(\psi) & \psi < \psi_s \\ K_s & \psi \geqslant \psi_s \end{cases} \qquad (2.116)$$

$$C(\psi) = \begin{cases} (n-1)(\theta - \theta_r)(1 - S_e^{*1/m}) \times \dfrac{1}{(-\psi)} & \psi < \psi_s \\[3mm] 0 & \psi \geqslant \psi_s \end{cases} \qquad (2.117)$$

$$K_r(S_e) = S_e^l \left[\frac{1 - F(S_e)}{1 - F(1)}\right]^2 \qquad (2.118)$$

$$F(S_e) = (1 - S_e^{*1/m})^m \qquad (2.119)$$

$$S_e = \frac{\theta - \theta_r}{\theta_s - \theta_r}, \qquad S_e^* = \frac{\theta - \theta_r}{\theta_m - \theta_r} \qquad (2.120)$$

式中，θ_s 为土壤饱和含水率，cm^3/cm^3；θ_r 为残余含水率，cm^3/cm^3；α、n 为 VG 公式的形状参数，$m = 1 - 1/n$；l 为孔隙连接度参数（取值 0.5）；ψ 为土壤基质势，cm；K_s 为土壤饱和导水率，mm/min；K_r 为相对导水率；θ_m 为模型曲线外插参数，数值略大于 θ_s，ψ_s 取 $-2 \sim$ 0cm。

　　这里土壤饱和导水率是需要实际测试的参数，类似于土壤水分特征曲线，土壤饱和导水率测试也具有严格的理论基础，取原状土在实验室测试，测试结果最大限度地保持了原状土特性，能够较好地反映田间实际情况。

　　由上述介绍可看出，利用测试方法确定土壤水分运动参数，实际上仅对土壤水分特征曲线和饱和土壤导水率进行了测试。非饱和土壤导水率 $K(h)$ 或者 $K(\theta)$ 和非饱和土壤水扩散率 $D(\theta)$ 是通过计算获得的。

2.3.2　利用反求参数法确定土壤水分运动参数

　　作为农田田块尺度土壤水分动态模拟计算，采用上述测试的模型参数可以获得高精度的分析结果。但是，无论是田间灌溉试验，还是区域性大尺度土壤墒情监测分析，由于土壤质地、土壤结构的空间变异性，利用少数点的测试参数进行土壤水分动态模拟计算，会

影响分析结果的精度；如果大量地实际测试土壤水分特征曲线和饱和土壤导水率，则会耗时费力。因此，在少数点进行实际测试的基础上，充分利用长时间、多点测试的土壤含水率数据，利用反求参数获得土壤水分动态模型参数是一个提高计算精度的合理且经济的方法。

反求参数也称为逆问题求解，是根据长时间、多点测试的农田土壤水势资料或实际观测的土壤水分动态资料，反过来确定土壤水分运动参数的求解方法。逆问题求解（求参数）的方法很多，一般可分为直接解法和间接解法两大类。

直接解法就是从基本方程出发，把待确定参数看成未知数，其他项为已知数，直接解出所求参数。直接解法也可以从正问题的基本方程和定解条件出发，求出其解析解或半解析解的数学表达式，在这种表达式中，是把欲求参数视为未知数，把其他参数视为已知数，从而求得参数表达式。

间接解法不像直接解法那样先导出参数的计算公式，而是先假定参数，用此参数去解正问题，求出某时刻各点的土壤含水率或基质吸力值，然后将这些计算值与试验或田间观测点的实测值进行比较，求出相应方差（计算值与测试值之差的平方和），并反复修改参数，直至该方差达到最小值，此参数的最后修正值即为所求（雷志栋等，1988）。由于模型以及待求参数的非线性特性，反求参数问题多属于非线性规划问题，可采用最优化技术，如最小二乘法原理、优选法和单纯形法等进行求解。对于多元非线性规划问题，Excel 表格软件中提供了规划求解工具，可以有效地用于参数反求问题。

第3章　土壤热流方程与水热耦合

土壤的热状况通常包括进入土壤中的热量来源、土壤的热特性以及土壤中的热运动，一般用土壤温度表示。土壤温度又称为地温，是作物生长过程中的重要环境因子之一，它对作物生长发育以及土壤中许多物理、化学和生物的变化过程具有极其重要的影响。

3.1　土壤热特性参数

土壤温度的高低受许多因素的共同影响，进入土壤的热量大小决定了土壤的热状况。土壤热主要来源于太阳辐射。太阳辐射能平均为 $1367 \pm 7 \mathrm{W/m^2}$，这一数值称为太阳常数（即，当太阳与地球处于平均距离时，在地球大气层以外的水平面上，垂直于太阳辐射的方向，每平方米范围内每分钟所能获得的太阳辐射能）。大气圈的存在使得太阳辐射能只有部分到达地面，太阳光在通过大气圈时，在大气的吸收、散射和反射作用下，其辐射能发生衰减。臭氧层吸收了大部分紫外线；此外，由于大气中含有水蒸气以及灰尘等悬浮物质，进入大气的太阳辐射因此发生散射，从而导致一部分辐射返回太空；当悬浮物质的颗粒直径较大或存在乌云时，也会发生反射现象。因此，实际上只有地球大气上界接收到的太阳辐射能的 50% 能够到达地球表面，而且能用来加热土壤的能量占比更小，土壤所获得的太阳辐射能约为太阳常数的 10%～20%。

地面所获得的太阳辐射能是影响土壤热状况的主要因素。土壤温度的变化是由土壤吸收热量和释放热量的差异引起的。当土壤的吸热量大于散热量时，土壤温度将升高；反之，当土壤的放热量大于吸热量时，土壤温度下降。不同的土壤具有不同的储热、导热及其他热特性参数，因此在相同的吸收量和放热量的情况下，土壤温度的变化幅度也不相同。表征土壤热特性的参数主要包括热容量、热导率和热扩散率。

3.1.1　土壤的热容量

土壤的热容量是指当土壤温度升高 1℃ 时单位土壤所吸收或释放的热量。当单位土壤用体积表示时，称为体积热容量或简称为容积比热（C_v），其单位为 $\mathrm{J/(cm^3 \cdot ℃)}$；当土壤用单位质量表示时，称为质量热容量或简称为比热容（C_m），单位为 $\mathrm{J/(g \cdot ℃)}$。土壤的体积热容量与其质量热容量之间存在如下关系：

$$C_v = \rho C_m \tag{3.1}$$

式中，ρ 为土壤的湿密度即单位体积土壤的总质量（包括干土壤质量和水的质量），单位为 $\mathrm{g/cm^3}$。土壤是一个三相的多孔介质，其热容量取决于所含固相（矿物质和有机质）、液相（水）和气相（O_2、CO_2 和水蒸气等）物质在土壤中所占的体积或质量及其相应的热容量。对单位体积的土壤，其体积热容量可表示为

$$C_v = V_s C_{vs} + V_w C_{vw} + V_a C_{va} \tag{3.2}$$

式中，V_s、V_w 和 V_a 分别为单位体积土壤中固相、液相和气相物质的体积，%；C_{vs}、C_{vw} 和 C_{va} 分别为土壤固相、液相和气相物质的体积热容量。

而质量热容量则可表示为

$$C_m = m_s C_{ms} + m_w C_{mw} + m_a C_{ma} \tag{3.3}$$

式中，m_s、m_w 和 m_a 分别为单位质量土壤中固相、液相和气相物质的质量，%；C_{ms}、C_{mw} 和 C_{ma} 分别为土壤固相、液相和气相物质相应的质量热容量。

根据密度的概念，土壤中各相的密度 ρ_i 等于该相的质量与其体积之比。由此，可将式（3.2）改写为

$$C_v = m_s^* C_{vs} + m_w^* C_{vw} + m_a^* C_{va} \tag{3.4}$$

式中，m_s^*、m_w^*、m_a^* 分别为单位体积土壤中固相、液相和气相的质量占比，%，其余符号意义同前。

在一定质量的土壤中，土壤空气的质量很小，相对于土壤固相和液相的质量，其质量可忽略不计。因此，式（3.4）中的土壤体积热容量可近似地表示为

$$C_v = m_s^* C_{vs} + m_w^* C_{vw} \tag{3.5}$$

设 ρ_d 为土壤的干密度，则单位体积土壤中的固相质量 m_s^* 在数值上应等于 ρ_d；设 θ_m 为土壤质量含水率，则有

$$C_v = \rho_d (C_{vs} + \theta_m C_{vw}) \tag{3.6}$$

及设 θ_v 为土壤体积含水率，L^3/L^3，则有

$$C_v = \rho_d C_{vs} + \theta_v C_{vw} \tag{3.7}$$

通常取土壤固相的质量热容量为 0.84J/g/℃，水的质量热容量为 4.18J/(g·℃)，可得

$$C_v = \rho_d (0.84 + 4.18\theta_m) \tag{3.8}$$

及

$$C_v = 0.84\rho_d + 4.18\theta_v \tag{3.9}$$

关于土壤容积比热 $C_v[\text{J/(cm}^3\cdot\text{K)}]$，Penning de Vries（1963）给出了如下经验公式：

$$C_v = 1.925 \cdot (1 - \theta_s) + 4.18 \cdot \theta_v \tag{3.10}$$

式中，θ_s 为土壤饱和容积含水量，cm^3/cm^3。

对于体积为 V 的土壤，当温度由 T_1 升高至 T_2 时，所需的热量 $H(T)$ 为

$$H(T) = C_v V (T_2 - T_1) = C_v V \Delta T \tag{3.11}$$

式（3.11）表征了各种土壤当温度升高时所需的热量。因为砂质土壤的含水量一般比黏质土壤的低，由式（3.10）确定的砂土的 C_v 较小，因此在吸收或释放相等热量的条件下，砂质土壤的温度较容易升降，故称为暖性土；而在同样条件下，黏质土壤温度的升降幅度相对较小，因此称之为冷性土。

3.1.2　土壤热导率

土壤热导率是指在单位温度梯度下，单位时间内通过单位土壤截面面积传导给邻近土

壤的热量，其单位为 J/(cm·s·℃)。土壤在吸收热量后，除了自身增温外，同时还在温度梯度作用下将吸收的一部分热量传递给相邻的土壤，即在土壤中产生热流运动，这一现象称之为土壤的热传导。在稳定状态下，土壤中的热传导可按式（3.12）计算：

$$Q_z = -k_z A \frac{\partial T}{\partial z} \qquad (3.12)$$

式中，Q_z 和 k_z 分别为沿垂直方向 Z 轴的热流量和热导率，热流量的单位为 J/s，热导率的单位为 J/(cm·s·℃)；A 为土壤横截面积，cm^2；T 为温度，℃；z 为深度，从地表算起，向下为正，cm。式（3.12）右侧的负号表示热流的方向与温度梯度的方向相反，即指向温度下降的方向。

引入热流密度概念，并省略下标 z，则式（3.12）可改写为

$$q = -k \frac{\partial T}{\partial z} \qquad (3.13)$$

式中，$q = Q / A$，q 称为热流密度或热通量，J/(s·cm)，即单位时间内通过单位土壤面积的热量。其他符号意义同上。

式（3.13）称为傅里叶（Fourie）热流定律。傅里叶热流定律表明单位时间内通过单位面积的热量与温度梯度成正比。

土壤的热导率 k 反映了土壤的导热性质。土壤是由固相、液相和气相三相组成的多孔介质，它们各自的热导率相差很大。土壤中常见的矿物质热导率为 $1.5 \times 10^{-2} \sim 2.0 \times 10^{-2}$ J/(cm·s·℃)，土壤水的热导率为 6.0×10^{-3} J/(cm·s·℃)，而土壤中气体的热导率更小，仅为 2.0×10^{-4} J/(cm·s·℃)。因此，土壤三相组成的比例不同，其热导率也不相同。

热导率 k_h 通常采用经验公式计算：

$$k_h = b_1 + b_2 \theta_v + b_3 \sqrt{\theta_v} \qquad (3.14)$$

式中，b_1、b_2、b_3 为经验系数，依土壤质地有所不同，其中壤土取值分别为 0.243、0.393、1.534，砂土取值分别为 0.228、-2.406、4.909，黏土取值分别为-0.197、-0.962、2.521（Chung and Horton，1987）。这里热导率单位采用 W/(m·℃)。

3.1.3　土壤的热扩散率

土壤温度的变化依赖于土壤的导热性和热容量。在给定输入热量的条件下，土壤温度升高的快慢或难易程度取决于土壤的热扩散率。土壤的热扩散率是指单位体积的土壤在单位时间内由于流入（或流出）一定的热量而导致土壤温度升高（或降低）的程度。土壤的热扩散率 D_h 在数值上等于土壤热导率与体积热容量的比值，即

$$D_h = \frac{k}{C_v} = \frac{k}{\rho C_m} \qquad (3.15)$$

土壤热扩散率 D_h 的单位为 cm^2/s，反映了土壤传导热量以及消除土壤层间温度差异的能力。式（3.15）表明，土壤的热扩散率 D_h 与土壤的热导率 k 成正比，与体积热容量 C_v 成反比，表明凡是影响热导率和热容量的因素均影响热扩散率。

土壤容积热容量、导热率和热扩散率与土壤含水率有关，因此，土壤热流的计算与土壤水分的计算互相影响，需要采用耦合计算方法。

3.1.4 土壤热流运动基本方程

热量进入土壤后，在非稳态状态下，土壤中各点的温度随时间而变化。与土壤水分运动基本方程推导类似，首先在农田土壤研究区内某一点 (z,t) 取一微小土体，分析时段 Δt 内，流入微小土体单元的热量和流出该微小土体单元的热量，以及微小土体单元的热量变化，根据能量守恒方程和傅里叶定律，可得出土壤热流基本方程（李法虎，2006）：

$$C_{\mathrm{v}}\frac{\partial T}{\partial t}=\frac{\partial}{\partial x}\left(k\frac{\partial T}{\partial x}\right)+\frac{\partial}{\partial y}\left(k\frac{\partial T}{\partial y}\right)+\frac{\partial}{\partial z}\left(k\frac{\partial T}{\partial z}\right) \tag{3.16}$$

若只考虑一维问题，则热运动基本方程可化为

$$C_{\mathrm{v}}\frac{\partial T}{\partial t}=\frac{\partial}{\partial z}\left(k\frac{\partial T}{\partial z}\right) \tag{3.17}$$

式中，T 为土壤温度，℃；t 为时间；z 为从地表算起向下的深度，cm，向下为正。

土壤热运动基本方程在某一定解条件下可求出其解析解，但对大多数的实际情况仅能用数值法求解。

3.2 水热耦合及其模拟

3.2.1 土壤温度对土壤水分运动参数的影响

1. 水的热力学性质

（1）水的密度及其生态作用

同其他物质一样，水受热时体积增大，密度减小。纯水在 20℃时密度为 0.998g/cm³，在 100℃时的密度为 0.958g/cm³，密度减小 4%，4℃时密度最大。正常大气压下水的密度（1g/cm³）高于冰的密度（0.917g/cm³），当水结冰时，同样质量的水，体积会增大 11%左右。水密度的温度效应在一定程度上影响冬天水生生态系统。因为冰的密度小，所以湖泊、河流表面所结的冰浮在水体表面，对冰层以下的水体起到保温作用，从而使下面的水保持液体状态，这样水生生物就可以顺利地度过冬天；春天上层的冰开始融化，水面变暖，当水达到 4℃时，因密度变大开始下沉，从而把深处的水推到上面。这样将不同水层的氧和矿物质进行混合，有益于水生生态系统。

（2）水的热容和传热特性及其生态作用

水的热容量高于土壤颗粒的热容量，但其传热性则小于土壤颗粒。水的这一特性对植物及其生长的土壤环境有重要意义。土壤水的存在使得土壤的平均热容增加，热导率减小。在白天，地表因获得太阳辐射开始升温，土壤水因具有大的热容，能够吸收大量的辐射能而不致使土壤温度过高损伤植物，同时也因其较小的导热率使深层土壤温度不致受太大的影响。在夜间，土壤温度高于大气温度，土壤开始通过辐射散失热量，土壤水的缓冲作用使土壤温度不致降低太快。土壤水分的存在，减小了地温的日变化幅度和季节变化幅度，

也减小了大气温度的变化对土壤温度影响深度。水的这一特性说明了冬灌能提高地温,防止越冬作物受低温冻害。此外,水分也是植物体调节自身温度的重要媒介,在一定程度上,通过蒸腾作用的变化,植物体可以有效控制散失热量,从而使植物体维持适宜的生长温度。

当土壤温度低于零度时,部分土壤水冻结变为固相冰。但是,即使土壤温度很低,土壤中仍会有部分液态水,即未冻水。冰的热导率约为水的 4 倍,因此冻土的热导率比未冻土大,冻结后土壤导热能力增强,土壤深层热量更容易向外散失,即冻结会进一步促进温度的降低。

2. 水的表面张力及其随温度变化

表面张力是出现在液体和气体界面上的物理现象。由于液态水分子之间存在相互作用力,液体表面水膜处于张力状态,倾向于使表面收缩。当一种液体比如水与另一种液体(比如空气)形成接触面时,接近接触面的分子会受到液体内部分子的作用力,同时受到液体外部气体分子的作用,并由此达到一个平衡状态。该接触面单位表面积上分子具有的与水分子承受的内部净拉力相反的力就是表面张力。表面张力与液体表面面积无关,而与液体本身的性质有关,同时受温度的影响,温度越高,液体的表面张力越小。通常定义表面张力系数(σ)为水-气界面上单位长度所承受的力,表 3.1 给出了不同温度下水的表面张力系数。

表 3.1　不同温度下水的表面张力系数

温度/℃	0	10	20	30	40	50	60	80	100
$\sigma/(\times 10^3 \text{N}\cdot\text{m}^{-1})$	76.0	74.0	73.0	71.0	70.0	68.0	66.0	62.6	58.9

3. 液体的黏性

当液体处在运动状态时,若液体质点之间存在相对运动,因为相邻的水分子间相互吸引,它们会抵抗试图加速液体内部质点运动的作用力,这种性质称为液体的黏性(也叫黏滞性),此内摩擦力称为黏性力。

如图 3.1 所示,当液体沿着固体平面壁做平行的直线运动时,液体质点不是以相同的速度向前推进,而是有规则的一层一层向前推进(土壤水的运动大多属于这种层流运动)。由于液体的黏性,靠近边壁处的液体质点流速较小,远离边壁处的质点流速较大,因而各

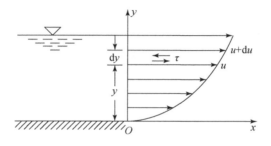

图 3.1　内摩擦力作用下的液体内部流速

个液层的流速大小是不同的。由于上下液层流速不同，在液层之间必然产生两个大小相等，方向相反的内摩擦力，单位面积上产生的内摩擦力 τ 的大小与两液层之间的流速梯度的大小成正比，同时与液体性质有关，可用式（3.18）表示。

$$\tau = \mu \frac{du}{dy} \tag{3.18}$$

式中，du/dy 为液层流速梯度的大小；μ 为液体的动力黏度。液体的黏滞性通常用动力黏度与密度的比值来表示，称为运动黏度 ν，即

$$\nu = \frac{\mu}{\rho} \tag{3.19}$$

液体的黏度只与液体特性、压力和温度有关，但随压力变化甚微，对温度变化比较敏感。表 3.2 为水的动力黏度 μ 和运动黏度 ν 随温度变化的情况。

表 3.2　不同温度下水的动力黏度 μ 和运动黏度 ν

温度/℃	0	5	10	15	20	25	30	40
$\mu/(\times 10^{-3}\mathrm{Pa\cdot s^{-1}})$	1.781	1.518	1.307	1.139	1.002	0.890	0.798	0.653
$\nu/(\times 10^{-6}\mathrm{m^2\cdot s^{-1}})$	1.785	1.519	1.306	1.139	1.003	0.893	0.800	0.658

3.2.2　基于 STVF 模式修正土壤水分运动参数

液体表面张力和动力黏滞系数具有随温度变化的特性，所以土壤水热耦合运移模拟研究中必须考虑温度变化对土壤水分参数产生的影响。对于这种温度效应可以用经验的 $G(\theta)$ 因子函数模式和表面张力-黏滞流（surface tension and viscous flow，STVF）理论模式来进行描述。无论是经验的 $G(\theta)$ 因子函数还是表面张力-黏滞流理论，核心依据均是水的表面张力和动力黏滞系数随温度变化规律。其中 STVF 模式是 $G(\theta)$ 因子函数模式的特例，令 $G(\theta)=0$ 即可得到 STVF 模式。本书利用 STVF 模式得到土壤温度对土壤水分运动参数影响的修正模型（王康，2010），其中土壤水分特征曲线采用了表面张力理论，非饱和导水率采用了动力黏滞理论，见式（3.20）：

$$K_{\mathrm{w}T}(h) = K_{\mathrm{w}T_{\mathrm{re}}}(h)\frac{1 + 0.03368T + 0.000221T^2}{1 + 0.03368T_{\mathrm{re}} + 0.000221T_{\mathrm{re}}^2} \tag{3.20}$$

$$\theta(h) = \theta_{\mathrm{r}} + \frac{\theta_{\mathrm{s}} - \theta_{\mathrm{r}}}{[1 + (\alpha|h|/\Gamma)^n]^m} \tag{3.21}$$

$$C_{\mathrm{w}}(h) = \frac{mn\alpha(\theta_{\mathrm{s}} - \theta_{\mathrm{r}})(\alpha|h|/\Gamma)^{n-1}}{[1 + (\alpha|h|/\Gamma)^n]^{m+1}} \tag{3.22}$$

$$\Gamma = \frac{1}{1 + 2.09\times 10^{-3}(T - T_{\mathrm{re}})} \tag{3.23}$$

式中，T 为土壤温度，℃；T_{re} 为参考温度，℃，本书中取 20℃；$K_{\mathrm{w}T}(h)$ 为任意温度下的土壤非饱和导水率，cm/min；$K_{\mathrm{w}T_{\mathrm{re}}}(h)$ 为参考温度下的土壤非饱和导水率，cm/min；$C_{\mathrm{w}}(h)$

为任意温度下的比水容量；Γ 为任意温度与参考温度条件下表面张力之比，利用表 3.1 数据拟合求得；其余符号意义同前。

式（3.21）表示的土壤水分特征曲线，可以采用实现控制恒定温度的离心机法测得。研究结果表明，考虑温度对土壤水分运动参数影响可以明显提高土壤含水率模拟精度（王仰仁，2013）。

3.2.3　土壤冻结曲线

在水迁移和热迁移方程中，包含了含水量、含冰量、温度 3 个未知参数，若要求解这些参数，还需要增加一个能将这些参数联系起来的方程，使方程组闭合。土壤冻结特性曲线常用来作为该联系方程，称为水热联系方程。当土壤温度低于 0℃时，土壤液态水分并未全部冻结，而是始终保持一定数量的未冻水。冻土中未冻水含量主要取决于土质、外界条件（包括温度和压力）以及冻融历史（尚松浩等，2009）。在冻土中，未冻水含量与负温保持动态平衡，这一关系称为土壤冻结特性曲线。该曲线揭示了冻土中水、热状态间的相互联系，可以表示为

$$\theta_u \leqslant \theta_m(T) \tag{3.24}$$

式中，$\theta_m(T)$ 为相应土壤负温条件下可能的最大未冻水含量。

对于冻土（$\theta_i > 0$）来说，式（3.24）为等式。由于土壤持水特性的滞后效应，不同的初始含水量及冻融过程中冻土中未冻水含量与负温的关系曲线 $\theta_m(T)$ 并不是单值的。但是，对于同一种土壤，温度（负温）一定时，不同条件下的未冻水含量相差不大（徐学祖和邓友生，1991），因此可将式（3.23）视为单值曲线。土壤冻结特性曲线相对精确的测试方法有核磁共振（NMR）法、中子自旋回波（NSE）法、量热法、时域反射仪（TDR）法和介电特性法（李东阳，2011），并利用测试数据建立了多种经验公式。此外，还利用冻土中水、气、冰三相平衡理论进行了机理研究，提出一些具有一定理论基础的半理论半经验公式。

1. 经验公式

（1）基于未冻水含量与温度动态平衡的经验公式

徐学祖（2003）认为，未冻水含量与负温的绝对值保持动态平衡。且冻土中未冻水含量主要取决于 3 大因素：土质、冻融条件、冻融历史。根据这些物理规律，冻土中水、热间的联系关系可表示为

$$\theta_m(T) = a|T|^b \tag{3.25}$$

式中，$\theta_m(T)$ 为未冻水含水率，cm^3/cm^3；T 为土壤温度（负值），℃；a、b 为与土质有关的经验常数。

如尚松浩（2009）在模拟北京冬小麦生长期土壤水分动态模拟计算中采用的 $a = 0.189$、$b = -0.325$（砂壤土），刘畅（2007）针对沈阳农业大学水利学院综合试验基地土壤，采用埋设的 TRM-ZS1 气象及生态环境监测系统探头采集气象数据及地表至地下 1.5m 处土壤各剖面的温度数据；1.5m 深的冻土器可测量冻深；在固定位置安放中子仪测管和 TDR 测管测量总含水率和未冻水含水率。利用测试的数据拟合式（3.25）得到了分层参数，见表 3.3。

本书针对山西省霍泉灌区试验站土壤经过适度的调参（以模拟的土壤含水率与实测含水率误差平方和最小为目标），得到 $a = 0.13$、$b = -0.12$。

表 3.3　不同土壤深度下未冻水含量与温度动态平衡经验公式的参数

土壤深度/cm	a	b	R^2	土壤容重/(g/cm³)	饱和含水率/(cm³/cm³)	土壤质地
0～20	0.1705	0.1624	0.7395	1.39	0.48	潮棕壤土
20～60	0.2146	0.1848	0.5202	1.47	0.45	潮棕壤土
60～80	0.2349	0.1092	0.8293	1.47	0.45	潮棕壤土

（2）考虑初始含水率和冻结温度的经验公式

徐学祖（2010）基于实验数据，给出了冻土中未冻水含量经验关系表达式：

$$\frac{w_0}{w_u} = \left(\frac{T}{T_f}\right)^B, \quad T < T_f \tag{3.26}$$

式中，T_f 为土体冻结温度，℃，也称为水的冰点；w_0 为土体的初始含水率，%；w_u 为负温度为 T 时的未冻水含水率，%；B 为常数，与土壤类型和含盐量有关，可根据一点法测定，当没有实验数据时，B 可按土壤类型选取经验值，砂土 $B = 0.61$，粉土 $B = 0.47$，黏土 $B = 0.56$。

2. 基于相变动态平衡的土壤冻结曲线

根据热力学平衡理论，冻结期间的土壤基质势（h）可以使用广义克拉佩龙（Clapeyron）方程估计（Hansson et al. 2004）：

$$h = \frac{L_f}{g} \ln \frac{T}{T_f} \tag{3.27}$$

式中，h 为土壤基质势；L_f 为冻结潜热，其值等于 3.34×10^5 J/kg；g 为重力加速度，$g = 9.8$ m/s；T_f 为土壤冻结临界温度，K，当土壤温度低于此值时，土壤开始冻结；其余符号意义同前。

将式（3.27）代入式土壤水分特征曲线方程 [式（2.15）]，可以得到土壤冻结曲线如式（3.28）所示：

$$\theta_l = \theta_r + \frac{\theta_s - \theta_r}{\left[1 + \left|\alpha\left(\frac{L_f}{g}\ln\frac{T}{T_f}\right)\right|^n\right]^m} \tag{3.28}$$

式中，θ_l 为冻土中未冻水含水率，%。

在水热耦合模型（simultaneous heat and water，SHAW）中（史海滨等，2011），用类似的方法构建未冻水含水量计算公式。首先认为，当冰存在时，总的土壤水势是由冰的水汽压所控制，其关系可由冰点降低方程给出（Fuchs et al，1978）：

$$\varphi = \psi_s + h = \frac{L_f}{g}\left(\frac{T}{T_k}\right) \tag{3.29}$$

式中，φ 为总土水势，m；ψ_s 为土壤水溶液的渗透势，m；h 为土壤基质势，m；g 为重力加速度，m/s²；T 为水的冻结温度，℃；T_k 为绝对温度，K。已知渗透势，由土壤温度可确定基质势，进而确定液态含水率。已知液态含水率就能确定含冰率和潜热项。土壤水溶液的渗透势由式（3.30）计算：

$$\psi_s = -\frac{cRT_k}{\mu} \tag{3.30}$$

式中，c 为土壤溶液的溶质浓度，mol/kg；R 为通用气体常数；μ 为溶质的摩尔质量，g/mol。

其次，由于冻土基质势的测定比较困难，所以基质势 h 由土壤含水率计算（Brooks and Corey，1966）：

$$h = h_e \left(\frac{\theta_l}{\theta_s}\right)^{-b} \tag{3.31}$$

式中，h_e 为空气进入势，m；θ_s 为土壤的饱和含水率，m³/m³；b 为孔隙大小分布指数，其余符号意义同前。

然后，由式（3.29）~式（3.31）得冻结条件下土壤中液态含水率 θ_l，θ_l 可以表示为土壤温度的函数：

$$\theta_l = \frac{\theta_s}{h_e^{-1/b}} \left(\frac{L_f T / g}{T + 273.16} + \frac{cRT_k}{\mu}\right)^{-1/b} \tag{3.32}$$

式（3.32）为土壤冻结曲线，它定义了负温条件下最大的液态含水率，已知土壤冻融过程中的总含水率 θ，即可根据式（3.32）求得液态含水率 θ_l，进而求得冻土含冰率 $\theta_i = \theta - \theta_l$。这里：

$$h_e = \frac{h_{es}}{g} \left(\frac{\rho_b}{1.3}\right)^{0.67b} \tag{3.33}$$

$$b = -2h_{es} + 0.2\sigma_g \tag{3.34}$$

$$h_{es} = -0.2d_g^{-0.5} \tag{3.35}$$

$$d_g = \exp(x) \tag{3.36}$$

$$\sigma_g = \exp[(y - x^2)^{1/2}] \tag{3.37}$$

$$x = m_c \ln(0.01) + m_{si} \ln(0.026) + m_{sa} \ln(1.025) \tag{3.38}$$

$$y = m_c \ln(0.01)^2 + m_{si} \ln(0.026)^2 + m_{sa} \ln(1.025)^2 \tag{3.39}$$

式中，m_c、m_{si}、m_{sa} 分别为土壤中黏粒、粉粒、砂粒的百分数；d_g 为土壤的几何平均直径；σ_g 为几何标准差，1.3 为标准容重，g/cm³；h_{es} 为标准容重（1.3g/cm³）下的空气进入水势；b 为孔隙大小分布指数；h_e 为空气进入水势；x，y 为中间变量。例如，史海滨等（2011）对内蒙古河套灌区土壤率定结果，得到孔隙大小分布指数 b=2.8~3.0，空气进入势 h_e=-0.10~0.12m，对应的饱和含水率 θ_s=0.46cm³/cm³，土壤干容重 ρ_b=1.402~1.416g/cm³。

3.2.4 水热耦合模型

我国北方地区，冬季气温降低，当气温低于零度时，农田土壤冻结；春季气温逐渐升高，当气温高于零度时，农田土壤开始融化，本书中考虑了温度对土壤水分运动参数的影响以及土壤的冻融过程。冻融过程中土壤水分发生相变，土壤水分运动基本方程和土壤热流基本方程中相应地增加了含冰量变化的源汇项，对于垂直一维流动的土壤水分运动，见式（3.40）[或式（3.41）]和式（3.42）。水热耦合计算必须联立求解土壤水分运动基本方程（3.40）[或式（3.41）]和土壤热流基本方程（3.42）：

$$\frac{\partial \theta_u}{\partial t} = \frac{\partial}{\partial z}\left[K(\theta_u)\frac{\partial h}{\partial z} \right] - \frac{\partial K(\theta_u)}{\partial z} - \frac{\rho_i}{\rho_w}\frac{\partial \theta_i}{\partial t} \tag{3.40}$$

$$\frac{\partial \theta_u}{\partial t} = \frac{\partial}{\partial z}\left[D(\theta_u)\frac{\partial \theta_u}{\partial z} \right] - \frac{\partial K(\theta_u)}{\partial z} - \frac{\rho_i}{\rho_w}\frac{\partial \theta_i}{\partial t} \tag{3.41}$$

$$C_v\frac{\partial T}{\partial t} = \frac{\partial}{\partial z}\left(K_h\frac{\partial T}{\partial z} \right) + L_i\rho_i\frac{\partial \theta_i}{\partial t} \tag{3.42}$$

式中，ρ_i 和 ρ_w 分别为水和冰的密度；θ_u 为未冻水含量，仍称为土壤含水率，cm^3/cm^3；θ_i 为冰含量，称为含冰率，cm^3/cm^3。总的土壤含水率可以表示为 $\theta = \theta_u + \rho_i\theta_i/\rho_w$；$h$ 为基质势；t、z 分别为时间（min）、空间坐标（垂直向下为正）；$D(\theta_u)$、$K(\theta_u)$ 分别为非饱和土壤水分扩散率（cm^2/min）、导水率（cm/min）；L_i 为冰的溶解潜热（一般可近似取为335J/g）；其余符号意义同前。

未冻水是液态水，在土壤中是运动的，而冰是固态的，在土壤中不运动，相当于液态水的动态储存。当土壤冻结时，$\frac{\partial \theta_i}{\partial t}>0$，表明可移动的液态水减小，冰融化时，$\frac{\partial \theta_i}{\partial t}<0$，表明液态水增加。土壤中水的相变伴随着热量的交换。当水结冰时，$\frac{\partial \theta_i}{\partial t}>0$，要释放融解潜热，会使土壤温度增大；当冰融化为水时，$\frac{\partial \theta_i}{\partial t}<0$，要吸收（或消耗）融解潜热，会使土壤温度减小；因而，土壤中含冰率 θ_i 的变化可等价于热量的动态储存。

式（3.40）~式（3.42）中包含了未冻水含量 θ_u、含冰率 θ_i 和土壤的温度 T，为此，要求增加一个方程，通常采用土壤冻结曲线[式（3.25）、式（3.32）]，以便形成一个闭合的方程组。

水流方程 3.40[或式（3.41）]和热流方程（3.42）构成了描述冻融条件下土壤水、热迁移的基本方程。在式（3.40）~式（3.42）中，含冰量的变化率$\left(\frac{\partial \theta_i}{\partial t}\right)$同时出现在水流方程（3.40）[或式（3.41）]和热流方程（3.42）中，使二者通过这一相变项而产生强烈的耦合，在数值计算过程中很难达到收敛。为此尚松浩等（2009）对式（3.41）、式（3.42）和土壤冻结曲线组成的水热耦合方程组进行了改进，消除了土壤水分运动基本方程（3.41）和热流基本方程（3.42）中的含冰项，得到水热耦合求解方程组：

$$\frac{\partial \theta_u}{\partial t} = \frac{\partial}{\partial z}\left[D(\theta_u)\frac{\partial \theta_u}{\partial z} \right] - \frac{\partial K(\theta_u)}{\partial z} \tag{3.43}$$

$$C_e\frac{\partial T}{\partial t} = \frac{\partial}{\partial z}\left[\lambda_e\frac{\partial T}{\partial z} \right] - U_e\frac{\partial T}{\partial z} \tag{3.44}$$

其中

$$C_e = C_v + C_l \qquad (3.45)$$

$$C_l = L_f \rho_w \frac{\mathrm{d}\theta_m}{\mathrm{d}T} \qquad (3.46)$$

$$\lambda_e = \lambda + D(\theta_u)C_l \qquad (3.47)$$

$$U_e = C_l \frac{\mathrm{d}K(\theta_u)}{\mathrm{d}\theta_u} \qquad (3.48)$$

分别为冻土的相变热容量（C_e）、等效体积热容量（C_l）、等效热导率（λ_e）、等效对流速度（V_e）。

式（3.44）综合考虑了土壤水分迁移、热传导、水分相变及相变潜热等因素，称为冻土水热耦合方程。在式（3.44）中，冻土的等效比热容 C_e 除了包含比热容 C_v 外，还考虑了土壤温度变化所引起的原位冻结过程中相变潜热作用，反映了土壤温度升、降与融化、冻结间的负反馈关系；而等效热导率 λ_e 除了考虑土壤表观热导率 λ 的因素外，还考虑了水分从未冻区向冻结区迁移并冻结（分凝冻结）所引起的潜热迁移。因此，冻土水热耦合式（3.44）反映了土壤冻融过程中水热耦合迁移的物理本质。

对于土壤未冻结区，$C_l = 0$，式（3.44）即为未冻结区的热流方程。因此，该方程既适合于冻结区，又适合于非冻结区。

在数学模型求解过程中，根据水热耦合方程（3.44）即可求得土壤温度变化，在求解水分方程（3.43）时可以不考虑相变作用，而只在计算时段末根据联系方程［如式（3.24）］进行未冻水量、含冰量的修正。这样处理大大简化了问题的求解过程，显著提高了迭代收敛速度。

3.3 考虑水汽运动条件下土壤水热耦合及其模拟

研究表明，裸地条件下表土蒸发过程可以分为 3 个阶段，即初始的常速阶段（constant-rate stage）、中间的降速率阶段（falling-rate stage）和最终的低速率阶段（slow-rate stage）（Fisher，1923）。国内雷志栋等（1988）依据是否形成干土层，将其分为形成干土层前的表土蒸发过程和形成干土层后的表土蒸发过程，其中又将干土层形成前的阶段分为表土蒸发保持稳定阶段和表土蒸发强度随土壤含水率变化阶段。表土蒸发保持稳定阶段一般发生在土壤湿润和土壤输水能力很大的情况下，这一阶段土壤水分蒸发速率主要取决于外界条件（辐射量、温度、湿度和风速等），同时也受土壤表面情况（包括表面的反射率和覆盖情况等）的影响，土壤水分蒸发主要是地表土壤液态水的汽化。在干旱气候条件下，这一阶段可持续数小时到数天不等。

当土壤含水率降低到临界含水率以下时，蒸发进入表土蒸发强度随含水率变化的阶段，这一阶段持续的时间较上一阶段长。由于土壤含水率低于临界含水率后，输水能力减弱，蒸发消耗的水量得不到补充，表层土壤含水率逐渐降低，蒸发量随之减少。由于表土层土壤含水率减小，表土层土壤空隙增大，部分土壤水汽化并沿土壤空隙进入大气，即该阶段土壤蒸发水量由两部分组成，一个是表层土壤液态水汽化，一个是沿土壤空隙进入大气的气态水。

　　形成干土层后，表土蒸发不是发生在土壤表层，而是发生在土壤内部，即干土层以下。干土层以下土壤水分的运动以液态为主，蒸发区形成的水汽，则以气态扩散运动的形式，穿过干土层，进入大气，因此这一阶段也称为水汽扩散阶段（vapor-diffusion stage），蒸发以接近稳定的速率持续数天甚至数月。由于水汽所经过的路径加长，压力坡降减小，气态水移动速度减弱。

　　干旱半旱区小麦（冬小麦和春小麦）生长后期土壤含水率普遍较低，棵间土壤蒸发量由表层土壤液态水汽化和沿土壤空隙进入大气来源于表层之下土壤的气态水。因此，农田土壤中水汽流动是普遍的现象，另外，在进行作物生长期土壤含水率动态模拟计算中常常出现表层土壤含水率很小甚至小于零的情况，可能的原因是土壤很干燥的时候来源于干土层下的水汽流成为棵间土壤蒸发量的主要组成部分，不能再忽略不计。考虑水汽流动的水热耦合问题可参考王康（2010）和 Šimůnek 等（2008）。

第4章 土壤水盐耦合运移转化动态模拟

土壤是指地球表面的一层疏松的物质，由各种颗粒状矿物质、有机物质、水分、空气、微生物等组成，能生长植物。土壤中的物质可以概括为固体、液体和气体3个部分。土壤中的液相部分不是纯水，是含有各种无机溶液、有机溶质的溶液。这些物质在土壤中的运移状况不仅与土壤水的流动有关，而且与溶质的性质及在运移过程中所发生的物理、化学和生物化学过程有密切关系。土壤溶质运移是研究溶于土壤水中的溶质在土壤中的运移过程、规律和机理。

4.1　土壤溶质与土壤溶液

4.1.1　土壤溶质的来源与组成

土壤溶质的来源有两个方面，一是来源于如岩石矿物风化及其风化物的迁移，降雨携带的物质进入土壤，古含盐地层中盐类的移动以及生物过程所形成的有机质中的可溶性部分等自然条件，可称为源于自然的溶质。二是来源于如工业生产中产生的废气、废物，农业生产中农药的使用和施肥等人类活动，可称为源于人类活动的溶质。源于自然的溶质主要来自：①岩石在自然环境的影响下进行物理风化、化学风化和生物风化过程，风化产物中的可溶性物质溶于土壤水中，是土壤中溶质的主要来源。②在滨海地区，浪花所产生的含盐水滴因湍流带至空中，变成了高盐化水滴所形成的雾或成为悬浮的盐晶。降水会携带空气中的盐分或其他物质降至地面。就数量而言，每年由降水沉积的 $NaCl$，滨海可高达 $100\sim200kg/hm^2$，而大陆内部为 $10\sim20kg/hm^2$。工业区大量排放 SO_2 等废气，在大气中容易形成酸雨降至地面。源于人类活动的溶质主要来自：①流经含盐地层的河水用于农田灌溉、地下水上升溶解含盐地层的盐分携带至地表，均可使土壤盐化。②土壤中生物活动所产生的有机物质，其可溶性部分就成为土壤溶质的一部分，如游离的氨基酸和糖类等。③施肥、使用农药和除草剂等、劣质水灌溉等人类活动，都是土壤溶质的人为来源。

由于土壤是在一定的环境条件下形成的，土壤溶质的组成与其所处气候、母质、地形、地貌条件和生物、人为活动有着密切关系。不同气候条件、母质条件和地形等条件下，土壤溶液组成有很大的差别。在同一气候区内，因大区和中区地貌条件变化而发生着溶质的随水迁移，不同元素的迁移性质不同，使溶质的空间分布呈有规律的变化。

土壤溶液中溶质可分为有机和无机两个部分，有机部分包括可溶性有机物如氨基酸、腐殖酸、糖类和有机-金属离子的络合物。无机部分则包括各类离子，其主要组成为 Ca^{2+}、Mg^{2+}、Na^+、K^+、Cl^-、SO_4^{2-}、HCO_3^-、CO_3^{2-}。还有少量的其他离子，如铁、锰、锌、铜等的盐类化合物。以上组成可呈多种形态，如离子态、水合态、络合态等。此外，尚有一些悬浮的有机无机胶体和溶解的气体。

土壤溶质并不都是污染物质，其中一部分为养分。土壤溶液中的养分组成有 NO_3^-、NH_4^+、NO_2^-、$(NH_4)_2CO$ 等有效铔氮；有 $H_2PO_4^-$、HPO_4^{2-} 等有效磷，有 K^+ 和微量元素，它们以 Fe^{2+}、Fe^{3+}、$M_oO_4^{2-}$、Mn^{4+}、Mn^{2+}、Cu^{2+}、Cu^+、Ca^{2+}、Mg^{2+}、Zn^{2+}、BO_3^{3-} 等离子状态或呈有机/无机络合物状态存在于土壤溶液中，视土壤条件如酸碱度和氧化还原状况而变化。植物所能吸收的有效态养分，多以溶质状态存在于土壤溶液中。因此，溶液中的养分组成及其浓度与植物生长休戚相关。

4.1.2　土壤溶液的性质

土壤溶液的组成及其浓度具有易变性和动态特征。土壤溶液中溶质的组成状况及各组成分的量，决定着土壤溶液的性质。

（1）浓度

根据国际单位制规定，浓度常用下列几种表示方式：①质量浓度 ρ，溶质的质量除以混合物的体积。单位为 kg/m^3，也常用 g/L、mg/L 和 g/cm^3 等表示。②质量分数 ω，溶质的质量与混合物的质量之比，量纲为 1，通常用百分比表示。③摩尔分数 x，溶质的物质的量与混合物的物质的量之比，单位为 1。混合物中各种物质组成的摩尔分数之和总等于 1。④质量摩尔浓度 m，溶质的物质的量除以溶剂的质量，单位为 mol/kg。⑤物质的量浓度 C，溶质的物质的量除以混合物的体积，单位为 mol/m^3，常用 mol/L^3 或 mmol/L。

应注意，在使用摩尔时，应说明基本单元是原子、分子、离子、电子或其他粒子，或是这些粒子的特定组合。在实际应用时，也有以土壤溶液中各组分的总浓度表示的。如表示水质时，根据需要，可用某种溶质组成的浓度表示，也可以用各种溶质的总浓度表示。

（2）活度与活度系数

理想溶液假设为溶液中任一组分在全部浓度范围内均遵循拉乌尔定律，它是由分子大小相近、结构相似、彼此间作用力近似相等的分子组成，各组分之间可以任意比例相混合，无热效应，无体积变化，混合的结果只起到相互冲淡、稀释的作用。实际溶液往往由于溶解的分子、离子大小和性质不同，又都被水分子所环绕，离子之间可以彼此相互作用而形成离子对或络离子。由于离子与水分子和其他离子之间的作用，溶质的浓度并不代表其"有效浓度"。

离子活度可理解为实际溶液中该离子的有效浓度或热力学浓度。活度与浓度的关系如下：

$$\alpha = \gamma_x x, \quad 或 \alpha = \gamma_c C \tag{4.1}$$

式中，C 与 x 为浓度的不同表示方法，C 为质量浓度，x 为摩尔分数；α 为活度；γ_x、γ_c 为活度系数，其值的大小是实际溶液与理想溶液偏差程度的量度：

$$\lambda_c = \frac{\alpha}{C} \tag{4.2}$$

当溶液无限稀释，离子之间的距离无限加大，当距离加大失去离子相互间的作用时，γ_c 趋近于 1，活度就等于其浓度，即相当于理想稀溶液状态，所以 $\lim_{C \to 0} \gamma_c = 1$。溶液中电解质的活度可由其组成离子的活度来表示。由于溶液中不可能只有单独的阴离子或阳离子存在，因此离子的活度系数无法单独测得，只能得到电解质的平均离子活度系数。

（3）离子强度

离子之间的相互作用随浓度和离子电荷平方的增加而增加，离子强度包含了溶液中各种离子的浓度和电荷的作用，是电解质溶液电场强度的尺度。离子强度 I 可用式（4.3）表达：

$$I = \frac{1}{2}\Sigma C_i Z_i^2 \qquad (4.3)$$

式中，C_i 为第 i 种离子的浓度；Z_i 为第 i 种离子的离子价数；i 为离子种类，一种溶液只有一个离子强度。

活度系数可以从溶液的离子强度算出。Debye 和 Hückel（1923）提出了单个离子活度系数的计算式：

$$\log \gamma_i = -A Z_i^2 I^{\frac{1}{2}} \qquad (4.4)$$

式（4.4）只适用于离子强度 0.01 以下的稀溶液。在较浓的溶液中，则应考虑水合离子的大小。于是 Debye 和 Hückel（1923）又提出了适用于离子强度大于 0.01 的公式，也称 D-H 方程，即式（4.5），该式可适用于计算离子强度至 0.1 左右溶液的活度系数，式（4.5）考虑了水合离子有效直径的影响：

$$\log \gamma_i = -A Z_i^2 \frac{I^{\frac{1}{2}}}{1 + B d_i I^{\frac{1}{2}}} \qquad (4.5)$$

式（4.4）和式（4.5）中 A 和 B 为常数，随压力温度而变化，在 25℃时，A 值为 0.511。d_i 为水合离子的有效直径。

（4）钠吸附比

钠吸附比（sodium adsorption ratio，SAR），是指灌溉水或土壤溶液中钠离子和钙镁离子的相对数量。常以钠吸附比作为指示钠含量的参数，其表达式如下：

$$\text{SAR} = \frac{[\text{Na}^+]}{[\text{Ca}^{2+} + \text{Mg}^{2+}]^{\frac{1}{2}}} \qquad (4.6)$$

式（4.6）中离子浓度单位为 mmol/L。

4.1.3　土壤溶液的田间采集与测定

土壤溶液的采集和测定大致有两类方法：一类是对土壤原状溶液进行测定，包括原地测定土壤溶液状况和采集土壤溶液然后进行实验室测定两种方法。另一类是对稀释的土壤溶液（土壤浸出液）进行测定。

（1）压力法

从田间采集数千克土样，密封带回实验室，置于压力室（罐）内，用压缩空气加压，土壤溶液通过下部透水膜流出。此法缺点为需采集大量土样，并且不能获得定位土壤溶液的动态资料。

（2）离心法

采集土样，用离心力分离土壤溶液。

（3）土壤溶液提取器法

将土壤溶液提取器埋入土中一定深度，抽取土壤溶液时，用抽气减压方法使提取器内呈现负压状况，土壤溶液通过多孔陶土的孔隙进入提取器，然后再将溶液由提取器内抽出。此法优点为能定位获得不同层次的土壤溶液，操作简单。存在的主要问题是，当土壤较为干燥时，土壤溶液难以获得。

（4）土壤溶液配制法

对土水比为 1∶1 或 1∶5 的浸出液进行测定。由于在浸出过程中发生的水解、阳离子交换、矿物质溶解等作用，使所浸出的可溶性盐类的量与原始土壤溶液不同，且受土水比的影响。

（5）土壤溶液电导率测定法

采用土壤盐分传感器原位测定土壤溶液电导率，一般把土壤盐分传感器埋设在土壤剖面的某一位置进行测定。盐分传感器的优点是不需采集土样，可以获得原位土壤溶液电导率的动态信息；缺点是当土壤溶液浓度变化后，需有一段平衡时间，即有滞后作用，其次是无法获得离子组成的信息。

4.2　土壤溶质的化学过程

土壤溶液是土壤化学过程和溶质运移进行的场所，是土壤中最活跃的部分。降水、灌溉、蒸散、植物吸收、施肥等首先影响的是土壤溶液在数量、浓度、组成等方面的变化和溶质的运移。土壤溶液的变化，同时又引起溶液与固相、气相之间的不平衡状态，从而不断地进行着各种化学过程。土壤溶液的化学过程较一般均相溶液中的化学过程要复杂得多。①它与固相之间存在着表面化学过程和相变；②它是一种动态过程，仅仅用化学平衡原理来研究土壤溶质的化学过程，是不符合田间实际情况的，必须从化学动力学角度来研究；③溶质的化学过程与物理过程的不可分割的关系。溶质运移与化学过程之间的相互联系与影响，往往使人们在室内或田间研究土壤的化学过程或溶质运移时不可能单独来研究某一个方面。

因此，研究不均一的、多相土壤系统中的溶质运移，应当采用化学动力学与运移动力学相结合的方法。

4.2.1　土壤化学过程动力学概述

Sparks（2013）认为动力学是依赖于时间的现象，而化学动力学是研究在运移不受限制情况下所发生反应的化学反应速率和分子过程速率。在土壤系统中，许多动力学过程是化学动力学（或反应制约动力学）和运移制约动力学的结合。土壤化学反应速率的研究意义在于可以了解和预测反应接近平衡或准平衡状态的快慢、得到实验的速率常数和反应级数，并可揭示反应的机理。

在研究土壤化学动力学现象时，常用 4 种类型方程加以描述：

1）机理速率方程。即应用机理速率方程来研究土壤化学反应过程，只研究化学动力学现象，忽略运移制约的动力学，即不包含物理过程，目的是确定基本的化学动力学速率规律。

2）表观速率方程。包含了化学动力学和运移制约过程，它表示了影响速率的扩散和其他微观运移现象，如搅动、混合、流速等的影响。

3）含运移过程的表观速率方程。是一种包含运移过程的表观速率方程，更着重于运移制约的动力学，而化学动力学比重少些，表观速率常常决定于水通量或其他物理过程。

4）含运移过程的机理速率方程。该方程同时描述了运移制约和化学动力学过程。

4.2.2　吸附与交换过程

吸附与交换过程在土壤中是两种既有不同概念，又有相互联系的物理化学过程，按物理化学的定义，溶质在溶剂中呈不均一的分布状态，当液体界面层（即固液界面）的浓度与溶液内部浓度不同时，则发生吸附过程。当表面浓度富集，表面浓度高于溶液内部浓度时，称为正吸附；当表面浓度低于溶液内部浓度时，称为负吸附。吸附过程总是伴随着表面自由能的降低，直至降低至最小值。土壤化学中吸附指的是土壤固液界面由于胶体电性而产生的双电层部分与自由溶液中离子的浓度差，所以，吸附是指土壤固相物质与溶液中的分子和离子的关系。

离子交换反应是指另一种离子取代已被吸附的离子时，两种离子之间的相互关系。在取代过程中，同时发生着一种离子被吸附和另一种离子被解吸的过程。

由于土壤中大量存在的有机和无机胶体都带有电荷，能对溶液中的离子产生吸附作用。同时，由于范德华力、氢键、离子键、质子化等的作用，土壤固相物质又可吸附一些分子态物质。土壤中的吸附过程常用吸附等温线或吸附动力学方程描述。吸附等温线是在温度一定情况下描述溶质的吸附量与溶液中该溶质浓度关系的经验方程。吸附动力学方程有一级方程、分数幂函数方程、叶洛维奇（Elovich）方程等。

4.2.3　水解与络合过程

（1）水解过程

水解反应就是溶液中的水合物或水合离子失去质子的过程，一般反应式如下：

$$[\mathrm{Me(H_2O)}_x]^{n-1} \longleftrightarrow [\mathrm{Me(OH)}_y(\mathrm{H_2O})_{x-y}]^{(n-y)'} + y\mathrm{H}^+ \tag{4.7}$$

式中，Me 为金属离子；x、y 为化学计量系数；n 为反应级数。

（2）络合过程

金属离子与电子给予体以配位键方式结合而成的化合物，称络合物。用式（4.8）表示络合过程：

$$[\mathrm{Me(H_2O)}_x]^{n+} + \mathrm{L}^{y-} \xleftrightarrow{K_{OS}} [\mathrm{Me(H_2O)}_x, \mathrm{L}]^{n-y} \xrightarrow{ki} [\mathrm{MeL(H_2O)}_{x-1}]^{n-y} + \mathrm{H_2O} \tag{4.8}$$

式中，K_{OS} 为外圈络合常数；ki 为互换（interchange）速率常数；L 为配位体，可以是离子或分子。

4.2.4 溶解与沉淀过程

土壤溶液中化学物质与土壤矿物质之间的溶解与沉淀过程遵循着化学平衡原理。其溶解沉淀反应平衡式一般可表达如下：

$$A_a B_b C_c \cdots \longleftrightarrow aA + bB + cC \cdots \tag{4.9}$$

$$K_{sp} = \frac{(A)^a (B)^b (C)^c \cdots}{(A_a B_b C_c \cdots)} = (A)^a (B)^b (C)^c \cdots \tag{4.10}$$

式中，K_{sp} 为溶度积，也称活度积，固相物质活度（$A_a B_b C_c \cdots$）为 1。

如以 $CaCO_3$ 的溶解沉淀平衡为例，可以表示为

$$CaCO_3 \longleftrightarrow Ca^{2+} + CO_3^{2-} \tag{4.11}$$

$$K_{sp} = \frac{(Ca^{2+})(CO_3^{2-})}{(CaCO_3)} = (Ca^{2+})(CO_3^{2-}) \tag{4.12}$$

土壤中常见矿物的溶度积以 pK_{sp} 表示，$pK_{sp} = -\lg K_{sp}$。

凡影响土壤溶液中离子活度及其他条件的因子，都会对溶解沉淀过程产生影响，主要影响因素有下列几个方面。

（1）盐效应

当平衡溶液中可溶盐浓度增加时（如无共同离子存在），可以使一些固相盐类的溶解度增加。如不同量的 NaCl 或 $MgCl_2$ 加入含有过量石膏的溶液中，则随 NaCl 和 $MgCl_2$ 浓度的增加，石膏溶解度也就增加。

其主要原因是当 NaCl 或其他盐类浓度增加时，使溶液的离子强度提高，而降低了 Ca^{2+} 和 SO_4^{2-} 的活度系数石膏的 $K_{sp} = (Ca^{2+})(SO_4^{2-}) = [Ca^{2+}]\gamma_{Ca^{2+}}[SO_4^{2-}]\gamma_{SO_4^{2-}}$。$K_{sp}$ 不变，而 $\gamma_{Ca^{2+}}$ 和 $\gamma_{SO_4^{2-}}$ 降低时，必然会使 Ca^{2+} 和 SO_4^{2-} 浓度增加，即石膏溶解度增高。

（2）共同离子效应

在平衡溶液中，如式（4.12），当具有与 $CaCO_3$ 相同离子的盐类加入时，如加入 $CaCl_2$，就增加了溶液中 Ca^{2+} 的活度。由于 K_{sp} 不变，（Ca^{2+}）的增加，必然降低（CO_3^{2-}），致使 $CaCO_3$ 的溶解度降低。

（3）络合物的形成

当土壤溶液中可参与沉淀反应的离子与配位体形成可溶性离子对或其他络合离子时，如 $CaSO_4^0$（硫酸钙离子对），$CaCl^+$（氯化钙离子）等，会降低溶液中 Ca^{2+} 自由离子活度，因此增加了固体碳酸盐的溶解度。

4.2.5 氧化还原过程

根据氧化还原平衡原理，对还原半反应可以列出以下反应式：

$$氧化态 + ne \rightarrow 还原态 \tag{4.13}$$

则

$$\frac{(还原态)}{(氧化态)(e)^n} = K_R \tag{4.14}$$

式中，e 为电子，n 为参与反应的电子数；K_R 为还原反应的平衡常数。

土壤中金属的氧化物或氢氧化物，如 Mn^{3+}、Mn^{4+}、Fe^{3+}、Co^{3+} 和 Pb^{6+} 等，在缺氧条件下和存在还原剂时，就可以改变其溶解度及活性。其中 Mn^{3+} 和 Mn^{4+} 氧化物，在土壤和水环境中降解有毒物质和改良环境质量方面，具有重要作用。如 Mn^{3+} 或 Mn^{4+} 氧化物可以氧化 As^{3+} 为 As^{5+}，降低了 As^{3+} 的活性和毒害。Fe^{3+} 虽然也可以氧化 As^{3+}，但其反应动力学缓慢。

4.2.6　生物化学过程

土壤中许多化学反应都离不开微生物的作用，尤其是土壤中有机质的分解和氮素转化过程。

对易于分解的新鲜有机质常用零级动力学加以描述：

$$X_t = X_0 - k_0 t \tag{4.15}$$

式中，X_t 为 t 时刻后，剩余的有机质量；X_0 为初始有机质量；k_0 为分解速率常数。

但对一般有机质分解，一级动力学方程较符合实际情况：

$$-\frac{\mathrm{d}X}{\mathrm{d}t} = kX \tag{4.16}$$

积分后得

$$X_t = X_0 \mathrm{e}^{-kt} \tag{4.17}$$

假定上述可能的转化过程如硝化、反硝化、矿化、固持和吸收过程都是一级动力学反应，则对于氮素的某一种形态，其转化速率应是其所有源与汇的综合结果，可用式（4.18）表示（Mohran and Tanji，1974）：

$$\frac{\mathrm{d}[C_N]}{\mathrm{d}t} = -\sum_{i=1}^{n} k_i [C_N] + \sum_{j=1}^{m} k_j [C_{Nm}] \tag{4.18}$$

式中，C_N 为所研究的氮形态的浓度；C_{Nm} 为其他氮素形态的浓度；i 和 j 分别为汇与源。

如以溶液中 NO_3^- 和 NH_4^+ 的变化速率为例，可用式（4.19）和式（4.20）表示：

$$\frac{\mathrm{d}[NO_3]_S}{\mathrm{d}t} = -(kk_2 + k_3 + kk_8)[NO_3]_S + k_2[NO_2]_S \tag{4.19}$$

$$\frac{\mathrm{d}[NH_4^+]_S}{\mathrm{d}t} = -(k_1 + k_{se} + k_4 + kk_6)[NH_4^+]_S + k_{es}[NH_4^+]_e + k_6[OrgN]_i \tag{4.20}$$

式中，k 和 kk 为速率常数；脚注 e 为交换态，s 为溶液态，i 为固持态。k_1=0.143 和 0.22、k_2=9.0、k_3=0.02、k_4=0.01、k_{se}=0.2、k_{es}=1.0、k_6=0.001 和 0.005、kk_6=0.15、kk_8=0.15，参数的单位均为 d^{-1}，上述参数均是在一定的温度、空气湿度、含水量等条件下获得的，不同条件对微生物活动有很大的影响，OrgN 表示有机氮。

4.3　土壤溶质运移的动力学方程

4.3.1　对流

溶质随运动着的土壤水而移动的过程称为对流。溶质对流通量（密度）是指单位时间、单位面积土壤上由于对流作用所通过的溶质的质量或物质的量。对流溶质通量与土壤水通量和水的浓度有关，可由式（4.21）表示：

$$J_c = q \cdot C \tag{4.21}$$

式中，J_c 为溶质的对流通量（密度），$mol/(m^2 \cdot s)$；q 为水通量（密度），m/s；C 为浓度，mol/m^3 或 kg/m^3。

如果用孔隙流速和含水量来表示式（4.21），因

$$q = v \cdot \theta \tag{4.22}$$

所以式（4.21）可表达为

$$J_c = v \cdot \theta \cdot C \tag{4.23}$$

式中，v 为平均孔隙流速，m/s；θ 为容积含水量，cm^3/cm^3。平均孔隙流速指的是含水孔隙中水的平均流速，是单位时间内通过土壤的直线长度，亦称平均表观速度。如果是饱和流，式（4.23）中 θ 即为土壤的有效孔隙度。

溶质的对流运移可以在饱和土壤中发生，也可以在非饱和土壤中产生；可在稳态水流下发生，也可在非稳态水流下发生。在溶质运移过程中，对流不是溶质运移的唯一过程；在非饱和流情形下，对流甚至不一定是溶质运移的主要过程；在饱和流情形下，在运动速度较快时方可把溶质运移视为对流运动。

4.3.2　扩散

扩散是指由于离子或分子的热运动而引起的混合和分散的作用，是不可逆过程。它是溶液（或该组分成分）的浓度梯度引起的，即使土壤溶液静止不流动，扩散作用也存在。扩散作用常用菲克第一定律来表示：

$$J_s = -D_s' \frac{dC}{dx} \tag{4.24}$$

式中，J_s 为溶质的扩散通量，$mol/(m^2 \cdot s)$ 或 $kg/(m^2 \cdot s)$；D_s' 为溶质的有效扩散系数 m^2/s；dC/dx 为浓度梯度。

土壤溶质扩散也可描述为

$$J_s = -\theta D_s \frac{dC}{dx} \tag{4.25}$$

式中，θ 为容积含水量，m^3/m^3；D_s 为扩散系数，可表示为

$$D_s = D_0 \tau \tag{4.26}$$

式中，τ 为弯曲因子，无量纲，对大多数土壤而言，其变化范围为 0.3~0.7。

在降水、灌溉入渗或饱和水流动中，溶质扩散作用的比重较小，往往可以忽略。但在

流速较慢的情况下，扩散作用还是很重要的。

4.3.3　机械弥散

溶质的机械弥散作用是由于土壤孔隙中水的微观流速的变化而引起的，具体原因有：①孔隙的中心和边缘的流速不同。②孔隙直径大小不一，其流速不同。根据泊肃叶定律，流量与压力梯度和管半径的 4 次方成正比，说明了管径与流速的关系。③孔隙的弯曲程度不同，且考虑到封闭孔隙或团粒内部孔隙水流基本上不流动，会使微观流速不同。

由于机械弥散的复杂性，用具有明确物理意义的数字表达式较困难。用统计方法证明，机械弥散虽然在机制上与分子扩散不同，但可以用相似的表达式：

$$J_{\mathrm{h}} = -\theta D_{\mathrm{h}} \frac{\mathrm{d}C}{\mathrm{d}x} \tag{4.27}$$

式中，J_{h} 为溶质的机械弥散通量，mol/(m^2·s)或 kg/(m^2·s)；D_{h} 为机械弥散系数，m^2/s，是平均孔隙流速的函数。一般情况下：

$$D_{\mathrm{h}} = \alpha \cdot |v|^n \tag{4.28}$$

式中，n 一般可近似取 1；α 为弥散率或弥散度，根据已有试验，α 约为 0.2～0.55cm，也有报道为 10cm 或更大的值。

4.3.4　水动力弥散

机械弥散和扩散在土壤中都会引起溶质浓度的混合和分散，且微观流速不易测定，弥散与扩散结果也不易区分，在实际应用中常将两者联合起来，称为水动力弥散，合并式（4.24）和式（4.27）得

$$J_{\mathrm{sh}} = D_{\mathrm{sh}}(\theta, v) \frac{\mathrm{d}C}{\mathrm{d}x} \tag{4.29}$$

合并式（4.25）和式（4.27）得

$$J_{\mathrm{sh}} = -\theta D \frac{\mathrm{d}C}{\mathrm{d}x} \tag{4.30}$$

式（4.29）和式（4.30）中 J_{sh} 为溶质的水动力弥散通量；$D_{\mathrm{sh}}(\theta, v)$ 和 D 分别为有效水动力弥散系数和水动力弥散系数，它们是含水量和平均孔隙流速的函数，在一维情形下，据式（4.24）、式（4.27）和式（4.28），可给出：

$$D_{\mathrm{sh}}(\theta, v) = \alpha |v|^n + D_{\mathrm{s}}' \tag{4.31}$$

$$D = \alpha |v|^n + D_0 \tau \tag{4.32}$$

为了研究水动力弥散系数与速度分布、分子扩散之间的关系，研究人员已做过大量的试验。较早的试验大多考虑的是一维问题，即针对纵向水动力弥散系数进行试验，通过试验得到溶质的穿透曲线，便可求出水动力弥散系数 D。

一维水动力弥散现象的研究虽可反映水动力弥散系数与速度分布、分子扩散及介质特性之内在联系，但这种研究不可能认识到水动力弥散系数的张量特征。实际上，在各向同性的多孔介质中，纵向水动力弥散和横向水动力弥散彼此不同。当推广至各向异性介质时，这一问题就变得更加复杂。

4.3.5 土壤溶质运移模型

综上所述，溶质运移是对流和水动力弥散共同作用的结果，将式（4.21）和式（4.30）合并可得

$$J = -\theta D \frac{dC}{dx} + qC \tag{4.33a}$$

或

$$J = -\theta D \frac{dC}{dx} + v\theta C \tag{4.33b}$$

式中，J 为溶质通量，$mol/(m^2 \cdot s)$。

式（4.33）为浓度和通量不变情况下的方程。但在自然界往往是不存在的，一般情况下都是瞬态过程，即浓度和溶质通量随时间而变化，应按质量守恒定律列出连续方程。

1. 直角坐标系中方程的表达形式

土壤溶质运移方程可表示为

$$
\begin{aligned}
\frac{\partial(\theta C)}{\partial t} = {} & \frac{\partial}{\partial x}\left[\theta D_{xx}\frac{\partial C}{\partial x} + \theta D_{xy}\frac{\partial C}{\partial y} + \theta D_{xz}\frac{\partial C}{\partial z} - \frac{\partial(\theta C v_x)}{\partial x}\right] \\
& + \frac{\partial}{\partial y}\left[\theta D_{yx}\frac{\partial C}{\partial x} + \theta D_{yy}\frac{\partial C}{\partial y} + \theta D_{yz}\frac{\partial C}{\partial z} - \frac{\partial(\theta C v_y)}{\partial y}\right] \\
& + \frac{\partial}{\partial z}\left[\theta D_{zx}\frac{\partial C}{\partial x} + \theta D_{zy}\frac{\partial C}{\partial y} + \theta D_{zz}\frac{\partial C}{\partial z} - \frac{\partial(\theta C v_z)}{\partial z}\right]
\end{aligned}
\tag{4.34}
$$

若取某坐标轴，如 x 轴与流体平均流速 v 方向一致，y 轴和 z 轴都与它垂直，则对于各向同性介质，由式（4.30）并考虑分子扩散，则有

$$
\begin{cases}
D_{xx} = \alpha_L v + D_s, \; D_{yy} = \alpha_T v + D_s, \; D_{zz} = \alpha_T v + D_s \\
D_{xy} = D_{yz} = D_{yx} = D_{zy} = D_{xz} = D_{zx} = 0
\end{cases}
\tag{4.35}
$$

2. 定解条件

描述土壤溶质运移微分方程的解 $C(x,y,z,t)$ 必然满足特定的初始条件和边界条件。为简单起见，下面以一维运动方程为例说明主要的初始条件和边界条件。

（1）初始条件

在计算区域范围内给出浓度的初始分布：

$$C(x_i, 0) = C_0(x_i) \quad (x_i = x, y, z) \tag{4.36}$$

式中，$t=0$ 为任意给定的初始时刻；C_0 为位置的已知函数；在 t_0 时刻有一瞬时输入时，其初始条件是

$$C(x_i, t_0) = (M / \theta)\delta(x_i - x_{i0}) \tag{4.37}$$

式中，δ 为迪拉克（Dirac）函数；M 为 $t=t_0$ 时在 $x_i = x_{i0}$ 处瞬时注入的溶质总质量。

（2）边界条件

边界条件取决于计算区域边界的外侧区域中出现的土壤和流体的类型。边界条件应遵循的原则是，在边界曲面的任何一点处，溶质的质量通量沿边界法线方向的分量在稳定的边界两侧必须相等。常遇到的边界条件有以下 3 种。

第一类边界，即已知浓度的边界条件，表达式为

$$C(x_i,t)\big|_{L_1} = C_1(x_i,t) \qquad (x_i = x,y,z \in L_1) \tag{4.38}$$

式中，$C(x_i,t)$ 为已知函数。

第二类边界，已知弥散通量的边界条件，即

$$\theta\left(D_{ij}\frac{\partial C}{\partial x_j}\right)n_i\bigg|_{L_2} = -q(x_i,t) \qquad (x_i = x,y,z \in L_2) \tag{4.39}$$

第三类边界，已知溶质通量的边界条件，即

$$\theta\left(Cv_i - D_{ij}\frac{\partial C}{\partial x_j}\right)n_i\bigg|_{L_3} = -q(x_i,t) \qquad (x_i = x,y,z \in L_3) \tag{4.40}$$

式中，$q(x_i,t)$ 为已知函数（包括 0），L_1、L_2、L_3 为计算边界；注意式（4.39）和式（4.40）都用了求和约定，为便于理解，现就一维问题举几个常见的边界条件的具体形式。

如在地下水位埋藏很深时，模拟田间施肥，一次性施入一定量的某离子（如常用 KCl 和 KNO_3 中的 K^+ 和 NO_3^-）。其浓度为 C_0，施肥深度为 Z_d，则其初始条件可简化为

$$\begin{cases} t = 0 & (0 < x \leqslant Z_d) & C(x,0) = C_0 & (4.41\text{a}) \\ t = 0 & (Z_d < x) & C(x,0) = 0 & (4.41\text{b}) \end{cases}$$

上边界条件为

$$t > 0 \qquad x = 0 \qquad C(0,t) = C_i \tag{4.42}$$

式中，C_i 为雨水或灌溉水中上述离子的浓度。

下边界条件为

$$t > 0 \qquad x \to \infty \qquad \frac{\partial C}{\partial t} = 0 \tag{4.43}$$

3. 土壤水分运动与土壤溶质运移

一个完整的土壤溶质运移模型，除了基本的土壤溶质运移方程与定解条件外，还必须包含有土壤水分运动方程。在不考虑源汇情况下，以总水势为因变量，土壤水分运动方程在三维直角坐标系中为

$$C(\varphi)\frac{\partial \varphi}{\partial t} = \frac{\partial}{\partial x}\left[K(\varphi)\frac{\partial \varphi}{\partial x}\right] + \frac{\partial}{\partial y}\left[K(\varphi)\frac{\partial \varphi}{\partial y}\right] + \frac{\partial}{\partial z}\left[K(\varphi)\frac{\partial \varphi}{\partial z}\right] \tag{4.44}$$

实际情况下，一般土壤水分运动仅考虑基质势和重力势的作用，此时也可采用以含水量 θ 为因变量的方程：

$$\frac{\partial \theta}{\partial t} = \frac{\partial}{\partial x}\left[D_{\text{w}}(\theta)\frac{\partial \theta}{\partial x}\right] + \frac{\partial}{\partial y}\left[D_{\text{w}}(\theta)\frac{\partial \theta}{\partial y}\right] + \frac{\partial}{\partial z}\left[D_{\text{w}}(\theta)\frac{\partial \theta}{\partial z}\right] \pm \frac{\partial K(\theta)}{\partial z} \tag{4.45}$$

式中，φ 为总水势，是基质势（压力势）、重力势、溶质势等分势的总和，cm；θ 为含水量，cm^3/cm^3；t 为时间，d；$K(\theta)$ 为非饱和导水率，cm/d；$D_w(\theta)$ 为土壤水分扩散率，cm^2/d。

如仅考虑基质势与重力势的作用，式（4.44）和式（4.45）可进行简化。

z 方向：

$$C(\varphi)\frac{\partial \varphi}{\partial t} = \frac{\partial}{\partial z}\left[K(\varphi)\frac{\partial \varphi}{\partial z}\right] \qquad (4.46)$$

均质情况下，也可以写成

$$\frac{\partial \theta}{\partial t} = \frac{\partial}{\partial z}\left[D_w(\theta)\frac{\partial \theta}{\partial z}\right] + \frac{\partial K(\theta)}{\partial z} \qquad (4.47)$$

x 方向：

$$C(\varphi_m)\frac{\partial \varphi_m}{\partial t} = \frac{\partial}{\partial x}\left[K(\varphi_m)\frac{\partial \varphi_m}{\partial x}\right] \qquad (4.48)$$

$K(\varphi_m)$ 为非饱和导水率，cm/d；$C(\varphi_m)$ 为比水容量，$C(\varphi_m)=d\varphi_m/d\theta$，$\varphi_m$ 为基质势。

同理在均质情况下，也可以写成

$$\frac{\partial \theta}{\partial t} = \frac{\partial}{\partial z}\left[D_w(\theta)\frac{\partial \theta}{\partial z}\right] \qquad (4.49)$$

式（4.46）～式（4.49）是模拟计算土壤水分运动，确定土壤水分运动参数 K，D_w 为常用的基本方程。

在土壤溶质运移方程中，要求已知 q 或 v 以及含水量 θ，通过求解土壤水分运动模型，可求出这些变量。其中 q 或 v 据达西定律计算可得。

沿任一方向通量：

$$q_{x_i} = -K(\varphi_m)\frac{\partial \varphi_m}{\partial x_i} \qquad (4.50)$$

$$v_{x_i} = \frac{q_{x_i}}{\theta} = -\frac{K(\varphi_m)}{\theta}\frac{\partial \theta_m}{\partial x_i} \qquad (4.51)$$

如沿 z 方向（向下为正），且仅考虑基质势和重力势，则

$$q_z = -K(\varphi_m)\left[\frac{\partial \varphi_m}{\partial z}+1\right] \qquad (4.52)$$

$$v_z = -\frac{K(\varphi_m)}{\theta}\left[\frac{\partial \varphi_m}{\partial z}+1\right] \qquad (4.53)$$

从土壤水分运动原理上讲，其运动受总水势即基质势（压力势）、重力势、溶质势、温度势的控制。但在实际情形下，土壤水分运动过程中，如温差不大（或没有相变发生），温度势的作用可以忽略；对于溶质势，土壤中不存在半透膜，尽管黏土层具有一定半透膜的作用，但其影响至少低一个数量级以上，因此，溶质势 φ_s 对土壤水分的运动的影响可以忽略。

在土壤溶质运移过程中，某些溶质如 Na^+，其浓度变化会影响到土壤的导水率，在考虑钠质土或碱土中溶质的运移过程中，这种影响不可忽略，即必须考虑溶质浓度的变化对土壤水分运动参数的影响，如 Bresler 等（1982）研究了溶质浓度对土壤水分特征曲线

的影响。

　　综上所述，从理论上讲，田间土壤水分运动和溶质运移是相互联系和影响的。严格来说，溶质运移的计算需要耦合两个过程，联解两个微分方程，而就目前水平而言，这种联系求解是极其复杂和困难的。而在实践中，大多数情形下，土壤中的水分运动不受土壤溶质运移过程的影响，如此水分运动方程就可写成式（4.44）～式（4.49）的形式，进行独立求解，根据式（4.50）～式（4.53）的关系求得水分通量和含水率，这样就可对溶质运移方程和饱和流时考虑对流、水动力弥散的土壤水溶液运移方程式（4.54）进行求解：

$$\frac{\partial C}{\partial t} = \frac{\partial}{\partial x_i}\left(D_{ij}\frac{\partial C}{\partial x_i}\right) - \frac{\partial(v_i C)}{\partial x_i} \tag{4.54}$$

4.3.6　动力学方程的求解

　　由于溶质运移问题的复杂性，只有在极理想的条件下才能求得解析解，大量的动力学方程的求解采用数值分析的方法如差分法、有限元法，在对流作用相对较大时，也可采用特征线法求解。

4.4　土壤水分运动参数和溶质运移参数

　　对土壤中溶质运移过程的定量描述不仅需要可靠的数学模型及模型求解方法，还需要能反映过程真实变化的物理、化学参数。土壤溶质运移过程中涉及的参数有土壤水分运动参数和土壤溶质运移参数。

4.4.1　土壤水分运动参数

1. 土壤水分特征曲线

　　土壤水分特征曲线是描述土壤含水量 θ 与土壤水吸力 h（基质势）之间的关系曲线。它反映了土壤水能量与土壤含水量之间的函数关系，是表征土壤基本水力特性的重要指标，对研究土壤水分运移有十分重要的作用。土壤水分特征曲线主要受土壤质地、土壤结构、土壤干容重、土壤温度等影响。此外，土壤的膨胀、收缩，吸附性离子的种类和数量等因素也影响土壤水分特征曲线。由于影响因素较多，且关系复杂，目前尚不能从理论上推求土壤基质势与含水量之间的关系，一般常用经验公式或各种水分特征曲线模型来表示或预测土壤水分特征曲线。目前常采用的经验为 VG 模型（van Genuchten，1980）[式（2.15）]。

2. 比水容量

　　土壤水分特征曲线斜率的倒数即单位基质势的变化引起的含水量的变化，称为比水容量 C，比水容量随土壤含水率或土壤基质势变化，是分析土壤水分运动的重要参数之一。

3. 土壤导水率

土壤导水率是指单位水势梯度下，单位时间内通过单位土壤面积的水量。土壤导水率反映的是土壤传输水的能力，是土壤重要的物理性质之一，也是土壤剖面水通量的计算、灌溉排水工程设计及土壤水盐分布预测中的重要土壤参数，它的准确性严重影响模型的精度。依据土壤含水量的不同，可将其划分为土壤饱和导水率和土壤非饱和导水率。

土壤饱和导水率表示土壤在水分含量达到饱和的条件下，水流运动的最大能力；当土壤中水分含量处于非饱和状态时，测量可得到土壤非饱和导水率，该值小于土壤饱和导水率。

4. 土壤水扩散率

土壤水扩散率是指不计重力影响时，水流通量与含水量梯度的比值，亦即单位含水量梯度下的土壤水流通量，是分析土壤水分运动的重要参数之一。

4.4.2　土壤溶质运移参数

在研究土壤溶质运移问题中，水动力弥散系数是一个很重要的参数。水动力弥散系数是表征在一定流速下，多孔介质中某种溶质弥散能力的参数，它在宏观上反映了多孔介质中水流运动过程和空隙结构特征对溶质运移过程的影响。水动力弥散系数是一个与流速及多孔介质有关的张量，具有方向性。即使在各向同性介质中，沿水流方向的纵向弥散系数和与水流方向垂直的横向弥散系数都可能不同。但在天然条件下，大多数土壤水流运动可忽略水动力弥散系数随方向的变化差异，认为土壤是各向同性的。一般地说，水动力弥散系数包括机械弥散系数与分子扩散系数。影响水动力弥散系数的因素有许多，包括水动力条件、水温和溶质浓度等。

4.5　土壤水盐运移模拟研究

4.5.1　材料与方法

1. 试验区概况

试验田位于天津市东南部的津南区葛沽镇（117°28′48″E，38°57′36″N），该地区位于海河流域下游海积与河流冲积形成的平原区，平均海拔为 3m，地下水埋深约为 1m，矿化度为 5g/L，土壤为淤泥质盐渍土，pH 为 8.4。属暖温带季风型大陆性气候，四季分明，夏季炎热多雨，7 月温度达到最高，平均气温为 26~28℃，多年平均年降雨量为 556.4mm，6~8 月降雨较多，占全年降雨量的 75%，多年平均蒸发量为 1809.6mm。

2. 试验设计

试验以春玉米（郑丹 958）为研究对象，试验地面积为 50.0m×9.3m，设置两个不同的灌水定额处理（FI_{20} 处理和 FI_{10} 处理），每个处理设置 3 个重复，其中 FI_{20} 处理灌水定额为 20mm，FI_{10} 处理灌水定额为 10mm。种植方式为一膜两管两行等间距平作，行距为 60cm，株距为 30cm。灌溉方式为膜下滴灌，滴灌带间距为 60cm，滴头间距为 30cm，滴头布置在玉米茎秆处，滴头流量为 1.38L/h。覆膜方式为半覆膜，膜宽为 80cm。在行距方向上布置两个取样点，分别位于距离玉米茎秆 15cm 和 30cm 处，分别记做 1 号取样点和 2 号取样点，共 12 个取样点，试验地布置如图 4.1 所示。在 2017 年和 2018 年试验期间分别进行了 3 次灌水，灌水日期分别是 2017 年的 6 月 10 日、6 月 15 日和 7 月 10 日，2018 年 6 月 1 日、6 月 22 日和 7 月 6 日，试验土样的采集在灌水后的 1～2d。单点滴灌属于三维水分运动问题，在垂直平面上，土壤水分沿滴头所在平面两侧呈对称分布，行距方向的两滴头中间位置形成零通量面，故可以将滴灌问题简化成中心对称的二维水分运动问题。试验地设置暗管排水设施，可将地下水位控制在 100cm 处，故取玉米左右行距一半，选择 60cm×100cm 的典型区域进行模拟计算，如图 4.2 所示。

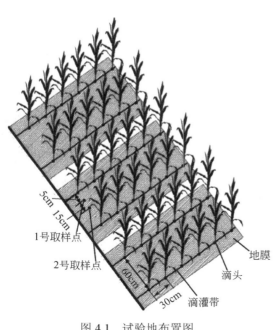
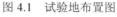
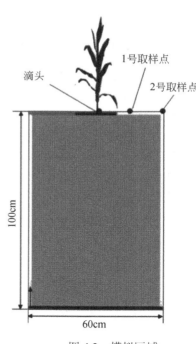

图 4.1 试验地布置图　　　　　　　　　图 4.2 模拟区域

3. 观测项目与方法

（1）土壤水分、盐分及土壤水分特征曲线

1）土壤含水率：将 60cm 深度土壤划分为 0～20cm、20～40cm、40～60cm 三层，利用试验前埋设在土壤中的 PR2 管原位测定玉米根区各层土壤含水率，并用烘干法对 PR2 管原位测定的土壤含水率进行率定。

2）土壤含盐量：将土壤样品自然风干，过筛，筛网孔径为 2mm 将处理后土壤样品按土水 1∶5 混合后振荡、过滤获得浸提液，利用 DDS-307 型电导率仪测定浸提液电导率，换算得到土壤含盐量。

3）土壤水分特征曲线：挖土壤剖面，用环刀取 0～20cm、20～40cm、40～60cm、60～80cm、80～100cm 层位的土壤，通过日系 R11D2 高速恒温冷冻离心机测定土壤吸力与含水率的关系，绘制土壤水分特征曲线。

（2）玉米根系分布情况

玉米根系分布密度函数通过 LA-S 植物根系分析系统测定。

（3）气象因子

试验地设有自动气象站，降雨量直接来自气象站数据，利用 FAO56-PM 公式［式（2.58）］计算得到参考作物蒸发蒸腾量（Allen et al.，1998）。2018 年降雨和参考作物蒸发蒸腾量变化如图 4.3 所示。

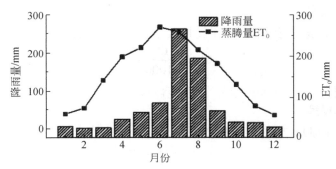

图 4.3　2018 年降雨和参考作物蒸发蒸腾量变化

（4）数据处理

运用 Excel 软件进行数据分析，用 Excel 软件以及 Origin 9.0 软件画图，SPSS 24.0 软件对模拟值和实测值吻合程度进行分析。

4.5.2　土壤水盐运移模拟模型

HYDRUS 软件是美国国家盐土实验室推出的有限元计算机模型（Simunek and van Genuchten，2008），主要包括水分运动模块、溶质运移模块和热量运输模块，并加入源汇项考虑根系吸水和生长，该模型是目前应用较为广泛的土壤水盐运移模拟软件。周青云等（周青云和康绍忠，2007；周青云等，2017）建立了二维根系吸水模型和部分根区滴灌交替土壤水分动力学模型；运用 HYDRUS-2D 软件模拟研究了土壤质地对负压灌溉水分运移的影响（周青云等，2017）；崔赫钊等（2023）分析了河套灌区滴灌条件下玉米各生育期土壤含水率的动态变化规律，并利用 HYDRUS-2D 模型进行模拟验证与预测。

1. 数学模型构建

（1）土壤水分运动模型

假设试验地土壤均质、各向同性，忽略气相和温度对水分运动的影响，考虑质量守恒定律和达西定律，采用 Richards 水分运动控制方程（Simunek and van Genuchten，2008），其公式为

$$\frac{\partial \theta(h)}{\partial t} = \frac{\partial}{\partial x}\left[K(h)\frac{\partial h}{\partial x}\right] + \frac{\partial}{\partial z}\left[K(h)\frac{\partial h}{\partial z}\right] + \frac{\partial K(h)}{\partial z} - S(x,z,h) \qquad (4.55)$$

式中，$\theta(h)$为土壤体积含水率，cm^3/cm^3；h为土壤基质势，cm；z为垂向坐标，向上为正；x为横向坐标；t为时间，d；$K(h)$为非饱和土壤导水率，cm/d；$S(x,z,h)$为根系吸水项，d^{-1}。

（2）土壤溶质运移模型

溶质在土壤中的运移受对流和水动力弥散作用影响，模型采用对流-弥散方程来描述溶质的运移（Simunek and van Genuchten，2008），其公式为

$$\frac{\partial(\theta C)}{\partial t} = \frac{\partial}{\partial x}\left(\theta D_{\mathrm{T}}\frac{\partial C}{\partial x}\right) + \frac{\partial}{\partial z}\left(\theta D_{\mathrm{L}}\frac{\partial C}{\partial z}\right) - \frac{\partial(q_i C)}{\partial z} - S(h) \qquad (4.56)$$

式中，C为土壤溶液浓度，g/cm^3；q_i为水流通量，cm/d；D_{T}为横向弥散系数，cm^2/d；D_{L}为纵向弥散系数，cm^2/d。

土壤含盐量与土壤溶液中盐分含量转换关系式为（Xu et al.，2013）：

$$\mathrm{SSC} = \frac{C \cdot \theta}{1000\gamma} \qquad (4.57)$$

式中，SSC为土壤含盐量，g/kg；γ为土壤干容重，g/cm^3。

（3）根系吸水模型

根系吸水采用Feddes模型，计算公式为

$$S(h) = \alpha(h)b(x,z)T_{\mathrm{p}}L \qquad (4.58)$$

$$b(x,z) = \frac{b'(x,z)}{\int b'(x,z)\mathrm{d}\Omega} \qquad (4.59)$$

$$\alpha(h) = \begin{cases} \dfrac{h_1 - h}{h_1 - h_2} & h_2 < h \leqslant h_1 \\ 1 & h_2 \leqslant h \leqslant h_1 \\ \dfrac{h - h_4}{h_3 - h_4} & h_4 \leqslant h < h_3 \end{cases} \qquad (4.60)$$

式中，$\alpha(h)$为水分胁迫系数；$b(x,z)$为标准化的根系吸水分布；$b'(x,z)$为根系吸水分配密度函数，按照实际根系分布确定；Ω为根系分布区域；T_{p}为潜在蒸腾速率，cm/d；L为根区分布最大土壤表面宽度，cm；h_1、h_2、h_3和h_4为根系从土壤中吸水的不同压力水头，cm，具体参数参考Wesseling和Brandyk（1985）提出的参考值。

2. 初始条件与边界条件

模拟区域上边界为半覆膜，滴灌过程中滴头处为饱和水头边界；覆膜部分为零通量边界，未覆膜部分为大气边界。模拟区域地下水埋深为100cm，故下边界为饱和水头边界，左右边界两侧为对称面，为零通量边界。

（1）初始条件

即模拟区各位置初始的土壤水分盐分分布情况：

$$h(x,z,t) = h_0(x,z) \qquad (0 \leqslant x \leqslant 60, 0 \leqslant z \leqslant 100, t = 0) \qquad (4.61)$$

式中，h_0 为初始土壤基质势，cm。

$$c(x,z,t) = c_0(x,z) \qquad (0 \leqslant x \leqslant 60, 0 \leqslant z \leqslant 100, t=0) \tag{4.62}$$

式中，c_0 为初始含盐量，g/kg。

（2）上边界条件

滴灌过程中滴头处为饱和水头边界，故

$$h(x,z,t) = 0 \quad (z=0, t \geqslant 0) \tag{4.63}$$

$$-\theta\left(D_L \frac{\partial c}{\partial z} + D_T \frac{\partial c}{\partial x}\right) + qc = qc_s \qquad (z=0, t \geqslant 0) \tag{4.64}$$

式中，q 为地表水分通量，L/h；c_s 为上边界盐分浓度，g/kg。

覆膜部分上边界条件为零通量条件，故

$$-K(h)\left(\frac{\partial h}{\partial z} + 1\right) = 0 \quad (z=0, t \geqslant 0) \tag{4.65}$$

$$\theta \frac{\partial}{\partial x}\left(D_T \frac{\partial c}{\partial x} + D_L \frac{\partial c}{\partial z}\right) + qc = 0 \quad (z=0, t \geqslant 0) \tag{4.66}$$

未覆膜部分上边界条件为大气边界条件，故

$$-K(h)\left(\frac{\partial h}{\partial z} + 1\right) = q_0(x,t) \quad z=0, t \geqslant 0 \tag{4.67}$$

$$-\theta\left(D_L \frac{\partial c}{\partial z} + D_T \frac{\partial c}{\partial x}\right) + qc = qc_1(x,z,t) \quad (z=0, t \geqslant 0) \tag{4.68}$$

（3）下边界条件

下边界为饱和水头边界，故

$$h(x,z,t) = 0 \qquad (z=100, t \geqslant 0) \tag{4.69}$$

$$c(x,z,t) = c_b(t) \qquad (z=100, t \geqslant 0) \tag{4.70}$$

式中，c_b 为地下水含盐量，g/kg。

3. 模型参数

将试验测得土壤理化性质与 HYDRUS-2D 中的 Rosetta 模型相结合，得出土壤水力参数；将 2017 年土壤含水率和含盐量实测值输入 HYDRUS-2D 模型反求溶质运移参数。利用 2017 年土壤水分盐分实测数据对模型参数进行率定，得到的土壤含水率 R^2 为 0.664、均方根误差（RMSE）为 0.025cm^3/cm^3、平均绝对误差（MAE）为 0.02cm^3/cm^3，土壤含盐量 R^2 为 0.718、均方根误差（RMSE）为 0.34g/kg、平均绝对误差（MAE）为 0.25g/kg，率定精度较高，故最终确定土壤水力参数如表 4.1 所示，土壤溶质运移参数如表 4.2 所示。

表 4.1　土壤水力参数

土层深度/cm	容重 /(g/cm^3)	饱和含水率 /(cm^3/cm^3)	残余含水率 /(cm^3/cm^3)	进气值倒数 /cm^{-1}	经验参数 n	饱和导水率 /(cm/d)
0～20	1.42	0.45	0.067	0.02	1.41	10.8
20～80	1.53	0.47	0.087	0.0076	1.52	11.8
80～100	1.72	0.5	0.07	0.005	1.09	0.48

表 4.2　土壤溶质运移参数

土层深度/cm	纵向弥散系数/cm	横向弥散系数/cm	自由水中分子扩散系数/(cm²/d)	土壤空气中分子扩散系数/(cm²/d)
0~80	1.0	0.1	2.4	0
80~100	0.5	0.05	0.2	0

4. 土壤水盐运移模拟

对 2018 年 6 月 1 日~7 月 21 日共计 50d 的春玉米土壤水盐运移进行模拟，模拟区域如图 4.2 所示。沿竖直方向将 100cm 土层根据土壤质地及容重分成 3 层，共划分 101 个节点，水平方向划分 61 个节点，采用三角形网格将模拟区域离散化，共生成 12000 个网格，模拟的时间单位为 d。

5. 模型统计量

利用 SPSS 24.0 软件对土壤含水率、含盐量模拟值与实测值进行 T 检验，并计算其均方根误差（RMSE）、平均绝对误差（MAE）来验证模型用于大田模拟的可靠性：

$$RMSE = \sqrt{\frac{1}{n}\sum_{i=1}^{n}(M_i - S_i)^2} \qquad (4.71)$$

$$MAE = \frac{1}{n}\sum_{i=1}^{n}|M_i - S_i| \qquad (4.72)$$

式中，M_i 为第 i 个实测值；S_i 为第 i 个模拟值；n 为数据个数。RMSE 和 MAE 越接近 0，表明模拟值与实测值吻合程度越好。

4.5.3　距离滴头不同位置土壤水盐运移过程

以 2018 年 6 月 1 日灌水前土壤含水率和含盐量为初始值对模拟区域进行土壤水盐模拟计算（马波等，2020），从滴灌前后 FI₂₀ 处理土壤水盐运移情况可以看出，整个模拟期内，灌水前后距离滴头不同位置取样点土壤水盐运移趋势基本一致。2018 年 6 月 1 日灌水前，0~20cm 土层土壤体积含水率较低，为 0.15cm³/cm⁻³，含盐量较高，为 4.85g/kg。

盐随水动，土壤水分运动决定着盐分的运移。在灌溉过程中，土壤盐分受到水分淋洗作用向外扩散，土壤含盐量在滴头处出现最小值。在水平方向上，随着距滴头距离的增加土壤含盐量呈现增大趋势，土壤水分将盐分带到膜边，并在膜边形成积盐区，距离滴头越近洗盐效果越好；在竖直方向上，随着土层深度增加盐分逐渐增大，0~20cm 土层盐分明显降低，40~60cm 土层盐分降低不明显，土壤盐分随着水分向下运移，下层土壤出现盐分累积现象，洗盐区域为 0~60cm。

在水分重分布过程中，随着玉米生长、作物蒸腾耗水，土壤下层的盐分随水分向上运动（李亮等，2010），水去盐留，土壤表层出现盐分积聚现象，使得 2018 年 6 月 22 日灌水前表层土壤含盐量较高。2018 年 6 月 22 日与 2018 年 7 月 6 日进行灌水处理，土壤受灌溉水淋洗，0~20cm 土层盐分明显减小，40~60cm 土层含盐量有所减小，灌溉水将盐分淋洗到 60cm 土层以下。80～100cm 土层饱和导水率 K_s 较小，容重 γ_d 较大，且试验地设置有地下排水暗管能够将地下水位控制在 100cm 以下，使得地下水对 0～60cm 土层土壤含水率和含盐量影响很小。

4.5.4　不同灌水量土壤盐分淋洗效果

图 4.4、图 4.5 为 FI_{20} 处理和 FI_{10} 处理各取样点土壤含水率和含盐量变化，对比可知不同灌水定额下各层土壤含盐量变化趋势基本一致，0～20cm 土层淋洗效果明显好于 20～60cm 土层。2018 年 6 月 1 日、6 月 22 日和 7 月 6 日灌水后 0～20cm 土层土壤含盐量下降幅度最大，其土壤含盐量比灌水前降低 16.1%，随着土层深度的增加含盐量降低幅度有所减小，20～60cm 土层土壤含盐量比灌水前降低约 9.6%，并且下层土壤含水率和含盐量变

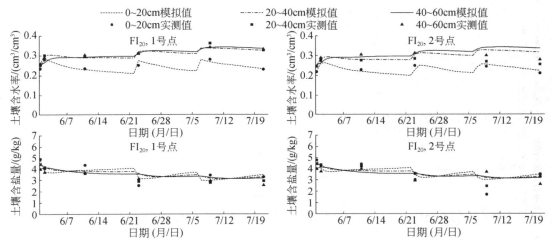

图 4.4　FI_{20} 处理各取样点土壤含水率和含盐量变化

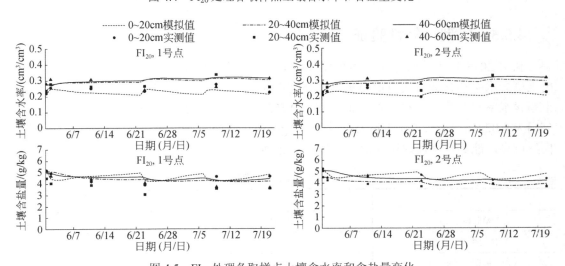

图 4.5　FI_{10} 处理各取样点土壤含水率和含盐量变化

化幅度维持在较小范围内。可以得出滴灌对 0～20cm 土层盐分淋洗效果明显，对 20～60cm 土层盐分有抑制作用。

图 4.6 为 1 号取样点和 2 号取样点各深度土壤含盐量变化，对比 1、2 号取样点各深度土壤含盐量可知不同深度高灌水定额 FI_{20} 处理的土壤含盐量均小于低灌水定额 FI_{10} 处理，在 0～20cm、20～40cm、40～60cm 的土层中，FI_{20} 处理对土壤盐分的抑制作用分别比 FI_{10} 处理高 26%、11%、19%。从图 4.4、图 4.5 可以看出，整个模拟期内 FI_{20} 处理 40～60cm 土层土壤含盐量相对较低，而 FI_{10} 处理 40～60cm 土层土壤含盐量相对较高，说明高灌水定额 FI_{20} 处理将土壤盐分淋洗到 60cm 土层以下，而低灌水定额的 FI_{10} 处理未能将盐分淋洗到 60cm 以下，在 40～60cm 土层出现盐分累积现象，结果表明高灌水定额 FI_{20} 处理对土壤盐分淋洗效果好于低灌水定额 FI_{10} 处理。

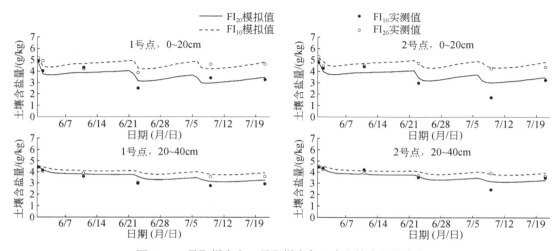

图 4.6　1 号取样点和 2 号取样点各深度土壤含盐量变化

4.5.5　模型可靠性验证

利用 2018 年土壤水分盐分实测数据对模型可靠性进行验证，由图 4.4、图 4.5 可以看出土壤含水率和含盐量模拟值与实测值个别点存在一定的偏差，但总体上拟合效果较好。土壤含水率和含盐量 T 检验的 p 值分别为 0.592 和 0.752，均大于 0.05，RMSE 与 MAE 值分别为 0.022cm³/cm³、0.014cm³/cm³ 和 0.357g/kg、0.288g/kg 相对较小，结果如表 4.3 所示，模型可靠，能够准确反映滴灌前后土壤水盐运动规律，可用于田间土壤水盐运移模拟。

表 4.3　HYDRUS-2D 模型统计量

指标	土壤含水率	土壤含盐量
T 检验概率（p）	0.592	0.752
决定系数（R^2）	0.868	0.857
均方根误差（RMSE）	0.022cm³/cm³	0.357g/kg
平均绝对误差（MAE）	0.014cm³/cm³	0.288g/kg

对滨海地下水浅埋区不同灌水定额下土壤中的水盐运移过程进行模拟研究，结果表明，滴灌使土壤水分含量发生变化从而导致盐分再分布，土壤中的水分将表层盐分带到下层，使表层土壤含盐量明显下降，而下层土壤出现盐分累积现象；植物蒸腾耗水使得土壤盐分随水分向上运动并在地表聚集。

距离滴头的深度及灌水量的大小都会影响土壤盐分的分布，灌溉水将土壤表层盐分淋洗到下层，0～20cm 土层土壤淋洗效果明显，20～60cm 土层淋洗效果一般；距滴头距离越近淋洗效果越好，灌溉水形成的湿润区将玉米根区的盐分带到膜边。水分重分布过程中，由于覆膜原因，降雨少量进入土壤，地表蒸发较小，土壤含水率的变化主要取决于植物蒸腾耗水量，植物蒸腾作用与根系分布密度呈正相关，玉米根系主要吸水部分分布在 0～20cm 土层，所以在土壤水分重分布过程中 0～20cm 土层相比其他土层含水率和含盐量变化幅度较大。高灌水定额的 FI_{20} 处理将盐分淋洗到 60cm 土层以下，而 FI_{10} 处理未能将土壤盐分淋洗到 60cm 土层以下。

HYDRUS-2D 模型能够准确模拟滨海地区土壤水盐运移情况，灌水量的多少决定淋洗效果，谭军利等（2018）研究认为盐碱地滴灌灌水量较小会影响压盐效果。对于地下水埋深浅的干旱地区，朱文东和杨帆（2019）研究认为大量灌水提高地下水位，棵间蒸发和根系吸水作用使地下水向上运动，加剧土地盐碱化，这使得灌水量的多少成为滨海地下水浅埋区研究的关键。本试验采用的灌溉方式为小灌水定额滴灌，对土壤中盐分有较好的抑制作用且没有抬高地下水位，试验地 80～100cm 土层是黏土，土壤致密，并且设置有排水暗管能够将地下水位控制在 100cm 处，使得高矿化度的地下水对 0～60cm 土层土壤含盐量影响较小。

由上述分析可得出如下结论。

1）灌溉过程中，不同取样点不同深度土壤含水率和含盐量沿水平、竖直方向变化趋势基本一致。滴灌使土壤盐分发生重分布，土壤水分将表层盐分带到下层，使土壤表层含盐量明显下降，而土壤下层出现盐分累积现象；作物生长、蒸腾耗水使得土壤盐分出现向上运动并在地表聚集现象。0～20cm 土层较其他土层淋洗效果明显，灌水对下层土壤影响较小；距滴头距离越近淋洗效果越好。水分重分布过程中，0～20cm 土层相比其他土层土壤含水率和含盐量变化幅度最大。这对于滨海地区盐碱地预防与治理具有一定的指导意义。

2）灌水定额对土壤盐分分布影响显著，高灌水定额 FI_{20} 处理对土壤盐分的淋洗效果明显好于低灌水定额 FI_{10} 处理，FI_{20} 处理将土壤盐分淋洗到 60cm 土层以下，而 FI_{10} 处理由于灌水量小，未能将土壤盐分淋洗到 60cm 土层以下。

3）利用 HYDRUS-2D 对滨海地区不同灌水定额处理下土壤水盐运移过程进行模拟，将模拟值与田间实测数据对比分析，结果表明，HYDRUS-2D 模型可靠，能够很好地模拟滨海地下水浅埋区土壤中的水盐运移过程。

4.6 土壤氮素运移转化动力学模拟

随着人们对施用无机肥料的增产效果的认识，化肥施用量在持续增加。尽管化肥施用已有 150 多年的历史，但由于化肥种类的多样性、不同作物需求量的不同、土壤供应能力以及田间供水状况均影响施肥的效果，导致化肥施用技术的复杂性，施肥仍存在很多的不合理性。其中一个普遍的问题是由于过度追求高产而导致的过量施肥，不仅降低了肥料的利用率，而且对环境造成了威胁。本书对土壤氮素（铵态氮和硝态氮）的田间变化动态进行模拟，以期分析给出养分亏缺对作物生长和产量影响的养分胁迫系数，分析给出不同施肥量造成的氮素淋滤损失，为制定合理的施肥计划和评价施肥对环境的影响提供依据。

4.6.1　农田氮素动态

农田氮素的运移转化过程十分复杂，包括有机氮的矿化与生物固持、硝化作用、反硝化作用、铵态氮的黏土矿物固定与释放、铵的吸附与解吸及铵-氨平衡和氨的挥发损失等。各种形态氮的转化，在一定条件下相互影响、相互制约。转化过程的方向与速率直接影响着土壤的供氮能力及土壤氮-作物系统中氮的损失。土壤氮素循环属于土壤溶质循环范畴，其定量化研究主要依据土壤溶质循环的基本原理和模型。19 世纪 80 年代以来，有关科学家根据自己的研究目的，提出了多个土壤氮素循环数学模型。这些模型大致可分为两大类，即收支模型和动态模型。收支模型主要以物质平衡方程为基础，而动态模型则以速度方程（即微分方程）来描述系统的各个过程。作物生长模拟模型中所采用的土壤氮循环模型基本上以收支模型为主。但是这些收支模型中加入了很多经验参数，需要依据不同的土壤质地进行修正，不便于推广引用。采用微分方程的机理性的动态模型方法，其参数的物理意义非常明确，便于与土壤质地、作物等环境条件建立联系，而且国内外对此都进行了大量研究，便于参考引用。故本书采用机理性的动态模型描述铵态氮和硝态氮在土壤中的转化和运移过程，以及作物对氮素的吸收过程。

4.6.2　土壤氮素运移转化模拟

1. 基本方程

土壤铵态氮运移方程为

$$(1+\rho R)\frac{\partial(\theta C_{\mathrm{NH_4}})}{\partial t} = \frac{\partial}{\partial z}\left[D(\theta,v)\frac{\partial(q C_{\mathrm{NH_4}})}{\partial z}\right] - \frac{\partial(q C_{\mathrm{NH_4}})}{\partial z} + U_{\mathrm{NH_4}}(z,t) \tag{4.73}$$

土壤硝态氮的运移方程为

$$\frac{\partial(\theta C_{\mathrm{NO_3}})}{\partial t} = \frac{\partial}{\partial z}\left[D(\theta,v)\frac{\partial C_{\mathrm{NO_3}}}{\partial z}\right] - \frac{\partial(q C_{\mathrm{NO_3}})}{\partial z} + U_{\mathrm{NO_3}}(z,t) \tag{4.74}$$

式中，$C_{\mathrm{NH_4}}$ 和 $C_{\mathrm{NO_3}}$ 分别为土壤溶液中铵态氮和硝态氮的浓度，$\mu g/cm^3$；$D(\theta,v)$ 为水动力弥散系数，cm^2/min；q 为土壤水分通量，cm/min；t 为时间坐标；z 为空间坐标（向下为正）；θ 为土壤体积含水率，cm^3/cm^3；$U_{\mathrm{NH_4}}(z,t)$ 和 $U_{\mathrm{NO_3}}(z,t)$ 分别为铵态氮运移方程和硝态氮运移方程中的源汇项；ρ 为土壤容重，g/cm^3；R 为土壤对铵态氮的吸附阻滞因子，cm^3/g。

2. 初始条件

初始条件用式（4.75）表示：

$$C(z,t)\big|_{t=0} = C_0(z,t_0) \tag{4.75}$$

式中，$C_0(z,t_0)$ 为初始时刻的土壤剖面铵态氮或硝态氮的分布。若有底肥，还应该在 $C_0(z,t_0)$ 上加底肥，假设施底肥的数量为 X_N，其含氮量为 β_N，底肥施加深度一般为 5cm，但考虑氮素的快速扩散，本书中施肥增加初始浓度的深度假定为 10cm。而且在没有明确说明是硝态氮的情况下，施加的无机氮均加入铵态氮中，如六国二铵中的氮和尿素中的氮均加入铵态氮中。这样，0～10cm 深度内的铵态氮的初始浓度就变为

$$C_{NH_4}(z,t)\big|_{t=0} = C_{NH_4}(z,t_0) + \frac{10 \cdot X_N \cdot \beta_N}{10 \cdot \overline{\theta}} \tag{4.76}$$

式中，分子中的 10 为单位换算系数；分母中的 10 为土层深度，cm；$\overline{\theta}$ 为 0～10cm 土层的平均土壤体积含水率，cm^3/cm^3；X_N 的单位为 kg/hm^2；β_N 为施肥中的无机氮含量，%；$C_{NH_4}(z,t_0)$ 为土层深度 z 处的铵态氮含量，是土壤溶液的浓度，$\mu g/cm^3$。

对于尿素等无机肥的追肥，一般是撒施后立即灌水，可以假定在 0～10cm 土层内均匀地增加铵态氮的浓度，这样，0～10cm 土层铵态氮的浓度为

$$C_{NH_4}(z,t) = C_{NH_4}(z,t-1) + \frac{10 \cdot X_N \cdot \beta_N}{10 \cdot \overline{\theta}} \tag{4.77}$$

式中，$C_{NH_4}(z,t)$ 为时刻 t、深度 z 处的铵态氮浓度，$\mu g/cm^3$；$C_{NH_4}(z,t-1)$ 为时刻 $(t-1)$，即时段初始时，深度 z 处的铵态氮含量，$\mu g/cm^3$；分子中的 10 为单位换算系数；分母中的 10 为土层深度，cm；其余符号意义同前。

3. 边界条件

（1）追肥的处理

追肥问题实际上是边界条件问题，可按式（4.78）方法处理。

（2）上边界条件

在蒸发条件下，上边界条件属于三类边界条件，即

$$\left[D(\theta,v)\frac{\partial C}{\partial z} - qC \right]\bigg|_{z=0} = 0 \tag{4.78}$$

式中，C 为 $C_{NH_4}(z,t)$ 或 $C_{NO_3}(z,t)$；q 为地表垂直水流通量，cm/min，这里是指土壤表面蒸发强度。

（3）下边界条件

下边界条件选用一类边界条件，即

$$C(z,t)\big|_{z=L} = C(L,t) \tag{4.79}$$

式中，$C(L,t)$ 为一类边界上的铵态氮或硝态氮浓度，$\mu g/cm^3$；该浓度值在模拟计算的作物全生育期近似为常数。

4. 土氮素扩散-弥散系数

氮素的扩散-弥散系数有多种表示形式，本书采用张富仓等（1998）针对黄壤土的土壤氮素水动力弥散系数研究结果，如下所示：

$$D_{sh}(\theta, v) = aG^b \tag{4.80}$$

式中，$D_{sh}(\theta, v)$ 为水动力弥散系数，cm^2/min；a、b 为经验系数；G 为土壤饱和度，即：

$$G = \frac{\theta}{\theta_s} \tag{4.81}$$

式中，θ_s 为土壤饱和容积含水量。

对于系数 a、b，张富仓等（1998）分耕作层（0～30cm）和黏土层（30cm 以下）两层给出。其中，耕作层（0～30cm）的 $a = 0.424$，$b = 4.984$；黏土层（30cm 以下）的 $a = 0.404$，$b = 4.960$。

5. 土壤对铵态氮吸附系数（R）的计算

R 也称为阻滞因子，反映了溶质与土壤的相互作用，采用式（4.82）（Leij and Dane，1990）计算：

$$R = 1 + \frac{\gamma_d}{\theta} \cdot \frac{\partial S}{\partial C} \tag{4.82}$$

式中，γ_d 为土壤容重，g/cm^3；θ 为土壤容积含水量；S 为固相吸附或交换量；C 为液相溶质浓度，在此为铵态氮浓度。这里采用张富仓等（1998）对黄壤土测试的土壤铵氮吸附方程求取：

$$S = 4.65C - 157.75 \tag{4.83}$$

由此可得

$$\frac{\partial S}{\partial C} = 4.65 \tag{4.84}$$

对当地土壤，$\gamma_d = 1.46$，则得

$$R = 1 + \frac{1.46}{\theta} \times 4.65 \tag{4.85}$$

6. 土壤氮素运移方程源汇项的计算

铵态氮的源汇项包括有机氮的矿化作用、铵态氮的挥发作用、铵态氮的硝化作用和作物对铵态氮吸收所增加或减少的铵态氮量，硝态氮的源汇项包括铵态氮的硝化作用、硝态氮的反硝化作用以及作物对硝态氮的吸收所增加或减少的硝态氮量。

（1）有机氮的矿化和铵态氮的硝化

这里采用一级动力学方程描述有机氮的矿化作用和铵态氮的硝化作用：

$$\theta \frac{\partial C_{NH_4}}{\partial t} = K_m \cdot f_m(\theta) \cdot g_m(T_s) \cdot \rho_s \cdot C_{om} \tag{4.86}$$

$$\frac{\partial C_{NO_3}}{\partial t} = K_n \cdot f_n(\theta) \cdot g_n(T_s) \cdot C_{NH_4} \tag{4.87}$$

式中，C_{om}、C_{NH_4} 和 C_{NO_3} 分别为有机氮、铵态氮和硝态氮的浓度；K_m 为适宜温度、水分条件下的净矿化速率常数；K_n 为适宜温度水分条件下的硝化速率常数；$f_m(\theta)$ 和 $f_n(\theta)$ 分别为土壤水分对矿化速率常数和硝化速率常数的修正系数；$g_m(T_s)$ 和 $g_n(T_s)$ 分别为土壤温

度对矿化速率常数和硝化速率常数的修正系数。土壤水分和温度修正系数一般采用经验公式计算。本书采用式（4.88）（李韵珠和李保国，1998）计算土壤水分修正系数：

$$f_{n,n}(\theta) = \begin{cases} \dfrac{\theta}{\theta_{opt}} & \theta \leqslant \theta_{opt} \\ 1 - \dfrac{\theta - \theta_{opt}}{\theta_s - \theta_{opt}} & \theta > \theta_{opt} \end{cases} \tag{4.88}$$

式中，θ_{opt} 为土壤矿化（硝化）作用最大速率所对应的土壤含水量，一般取田间最大持水率；θ_s 为土壤饱和含水量。

一般认为，35℃为土壤矿化或硝化的最优温度，因此本书采用式（4.89）计算温度修正系数：

$$g_{m,n}(T_s) = 1.071^{T_s - 35} \tag{4.89}$$

对有机氮矿化系数 K_m 的取值，参考了刘培斌等（2000）（$K_m = 0.1 \sim 5 \times 10^{-7}\,min^{-1}$）、王红旗等（1998）（$K_m = 3.76 \times 10^{-6}\,min^{-1}$）的研究成果。结合本书试验区潇河灌区灌溉试验站的土壤肥力变化情况（播种和收获时 0～20cm、20～50cm 深度土壤铵态氮和硝态氮等的实测数据），并在模型运行中采用冯绍元等（1996）的参数结果进行了调试，调试结果为 $K_m = 2 \times 10^{-7}\,min^{-1}$。

对于硝化速率常数的取值，本书参考了刘培斌等（2000）（$K_n = 0.4 \sim 1 \times 10^{-4}\,min^{-1}$）、王红旗和鞠建华（1998）（$K_n = 3.68 \times 10^{-5}\,min^{-1}$，硝化第一阶段；$K_n = 2.82 \times 10^{-4}\,min^{-1}$，硝化第二阶段）、张富仓等（1998）（$K_n = 1.94 \times 10^{-5}\,min^{-1}$）的研究成果。选择 $K_n = 3.68 \times 10^{-5}\,min^{-1}$ 为初始值，经过模型运行调试，调试结果为 $K_n = 6 \times 10^{-5}\,min^{-1}$。

（2）土壤铵氮挥发量的计算

土壤铵氮挥发量计算如下：

$$\frac{\partial C_{NH_4}}{\partial t} = K_v \cdot C_{NH_4} \cdot f_v(\theta) \cdot g_v(T_s) \tag{4.90}$$

式中，K_v 为铵氮挥发速率常数；$f_v(\theta)$ 和 $g_v(T_s)$ 分别为土壤水分和土壤温度修正系数，计算方法同矿化（硝化）修正系数，计算深度取 30cm，认为 30cm 土层以下没有铵氮的挥发损失。

挥发速率常数 K_v 的取值，参考了潘学标（2003）（$K_v = 0.01\,min^{-1}$）、刘培斌（2000）（$K_v = 5 \times 10^{-3}\,min^{-1}$）、王康（2002）（$K_v = 1.73 \times 10^{-5}\,min^{-1}$）。经模型运行调试，取值 $K_v = 5 \times 10^{-3}\,/min^{-1}$。

（3）反硝化计算

反硝化用一级动力学模式表示：

$$\frac{\partial C_{NO_3}}{\partial t} = K_d \cdot f_d(\theta) \cdot g_d(T_s) \cdot C_{NO_3} \tag{4.91}$$

式中，K_d 为反硝化速率常数；$f_d(\theta)$ 为土壤水分对反硝化速率的修正系数；$g_d(T_s)$ 为土壤温度对反硝化速率的修正系数。其中，

$$f_{\mathrm{d}}(\theta) = \begin{cases} 0 & \theta < \theta_{\mathrm{dmin}} \\ \left(\dfrac{\theta - \theta_{\mathrm{dmin}}}{\theta_{\mathrm{ds}} - \theta_{\mathrm{dmin}}} \right)^{\mathrm{md}} & \theta_{\mathrm{dmin}} \leqslant \theta \leqslant \theta_{\mathrm{ds}} \end{cases} \tag{4.92}$$

式中，θ_{dmin} 为反硝化作用发生的含水量下限；θ_{ds} 可以假设为饱和含水率。在 CERES 模型中，$\theta_{\mathrm{dmin}} = \theta_{\mathrm{F}} + 0.003$，$cm^3/cm^3$。其中，$\theta_{\mathrm{F}}$ 为田间持水量，即 θ_{dmin} 应大于田间持水量。根据李韵珠和李保国（1998）分析，本书取 $\theta_{\mathrm{dmin}} = \theta_{\mathrm{F}}$。

温度修正系数采用式（4.93）计算：

$$g_{\mathrm{d}}(T_{\mathrm{s}}) = 1.071^{T_{\mathrm{s}} - 45} \tag{4.93}$$

式中，45 为反硝化作用的最适温度，℃。

旱田反硝化作物时间很短，以王红旗和鞠建华（1998）测试的反硝化系数 $K_{\mathrm{d}} = 3.64 \times 10^{-5}/min$ 为初始值，经模拟运算，反硝化系数变化对土壤氮素变化影响较小，故未予调试，取值 $K_{\mathrm{d}} = 3.64 \times 10^{-5}/min$。

（4）根系吸氮量的计算

根系吸氮量的计算有多种方法，本书采用式（4.94），

$$\frac{\partial C}{\partial t} = K_{\mathrm{r}} \cdot S_{\mathrm{r}}(z,t) \cdot C \tag{4.94}$$

式中，C 为铵态氮或硝态氮浓度，$\mu g/cm^3$；$S_{\mathrm{r}}(z,t)$ 为根系吸水率，min^{-1}；K_{r} 为根系对氮的吸收系数，对土壤速效氮（铵态氮和硝态氮），K_{r} 一般取值为 1。

4.6.3 水分养分胁迫对作物生长影响的动态模拟

研究表明，氮素亏缺对不同的作物生长过程的影响程度是不同的，相应氮效应因子的数值也不一样。但是本书目的是探讨水分、养分胁迫对作物生长的影响，进而研究合理的灌水与施肥决策。因此，没有分别考虑水分胁迫和氮素胁迫对根、茎、叶和籽粒（果实）的影响，而是通过对整株干物质积累和光合产物分配系数的影响进行模拟。

在水分、养分胁迫条件下对作物光合产物积累过程的模拟，首先需要求取在无水分、养分胁迫条件下的潜在作物光合产物量，再乘以水分、养分胁迫因子，求得作物在某一天的实际生长量，用该生长量乘以根、茎、叶、籽粒（果实）的光合产物分配系数，求得当日各器官的生长量，然后累加得到相应器官一天的光合产物量。如此逐日进行累计可求得最终光合产物积累量及作物产量。详细计算见第 5 章 5.1 节。

4.6.4 土壤溶质运移模拟概述

土壤溶质运移模拟有较多的研究，如许迪等（2017）基于试验观测与理论分析相结合的思路，将地面灌水技术优化与水氮动力学模拟有机耦合，丰富了畦田施肥灌溉地表水流溶质运动理论与模拟方法，创建了基于全水动力学方程数学类型改型的地表非恒定流运动模拟技术与方法，构建了畦田撒施/液施肥料灌溉地表水流溶质运动全耦合模型，开展了畦田撒施/液施肥料灌溉性能模拟评价与技术要素优化组合分析。李久生等（2015）、李久生（2020）围绕农田水肥高效安全利用方面的科学与技术问题，探索喷灌、滴灌技术参数和水

氮管理对农田水分、氮素、盐分及作物生长、品质的影响机理与调控方法；聚焦再生水滴灌的环境效应，选择指示性病原体——大肠杆菌（*Escherichia coli*）为研究对象，紧扣滴灌的非饱和入渗特征，阐释大肠杆菌在不同土壤以及土壤-作物系统中的运移、分布、淋失和衰减规律，分析再生水地表和地下滴灌农田酶活性的时空变化规律及其调控效果，提出降低污染风险的再生水滴灌优化管理措施。杨金忠等（2016）系统地阐述了求解一维、二维、三维饱和-非饱和水流运动、溶质运移和氮磷迁移转化的确定性与随机性数值方法和数值模型。邵东国等（2012）围绕农业生产条件变化下农田水分养分运移及其产量环境效应，以节水、省肥、高产、减排、控污为目标，阐述了南方灌区水肥高效利用及环境效应试验与理论研究成果，提出了集田间节灌控排-沟渠塘堰湿地生态处理-排水再利用于一体的水肥高效利用与减排控污技术体系及其多目标适应调控方法、农业面源污染物控制与排水再利用技术。发展了农业水资源高效利用理论，为现代灌区规划设计与水肥管理提供了依据。王建东等（2020）针对覆盖滴灌模式下作物耗水过程和水氮利用高效调控机制等科学问题，系统定量揭示了覆盖滴灌下田间小气候、蒸发蒸腾、作物光合生理及产量的响应特征，构建了覆盖滴灌下考虑田间复杂微气象条件改变的水碳耦合模型，量化了覆盖滴灌下"农田微气候-作物耗水-光合生理-作物生长"之间的互馈效应。这些研究成果结合国内生产具体情况系统介绍了土壤溶质运移转化模拟的国外典型的、成熟的研究成果并进行了创新性的研发与改进。它们在模型形式或模型参数方面有所差异，这里以水热耦合模型（SHAW 模型）中采用的溶质运移模型和李久生等（2015）的二维水氮运移转化模拟模型为例对溶质运移模型的形式和模型参数两个方面做简要介绍。

1. SHAW 模型中的溶质运移模型

SHAW 模型中考虑了土壤基质的溶质吸收，以及溶质迁移的 3 个过程：分子扩散、对流和动力弥散（史海滨等，2011）。瞬时溶质平衡方程为

$$\rho_b \frac{\partial S}{\partial t} = \rho_l \frac{\partial}{\partial z}\left[(D_H + D_m)\frac{\partial c}{\partial z}\right] - \rho_l \frac{\partial(q_l c)}{\partial z} - \rho_b V \tag{4.95}$$

式中，$\rho_b \dfrac{\partial S}{\partial t}$ 为某层土壤所有溶质的变化速率，$mol/(m^3 \cdot s)$；$\rho_l \dfrac{\partial}{\partial z}\left[(D_H + D_m)\dfrac{\partial c}{\partial z}\right]$ 为扩散和弥散综合影响引起的净溶质通量，$mol/(m^3 \cdot s)$；$\rho_l \dfrac{\partial(q_l c)}{\partial z}$ 为对流引起的净溶质通量，$mol/(m^3 \cdot s)$；$\rho_b V$ 为降解和根系吸收引起的溶质流失项，$mol/(m^3 \cdot s)$；ρ_b 为土壤容重，kg/m^3；S 为单位质量土壤中的总溶质量，mol/kg；D_H 为水动力弥散系数，m^2/s；D_m 为分子扩散系数，m^2/s；q_l 为液态水通量，m/s；c 为土壤溶液的溶质浓度，mol/kg；V 为土壤降解和根吸收的项。

SHAW 模型能同时模拟几种溶质，模型中假设溶质间无相互作用。

（1）分子扩散系数 D_m 的计算

土壤溶液中的溶质扩散系数受土壤含水率和孔隙曲度的影响，与溶质在自由水中的扩散有关（史海滨等，2011）：

$$D_m = D_0 \tau \theta_l^3 (T_k / 273.16) \tag{4.96}$$

式中，D_0 为给定的 0℃ 条件下溶质在自由水中的扩散系数，m^2/s；τ 为反映土壤孔隙曲度的常数。

（2）水动力弥散系数 D_H 的计算

水动力弥散是土壤孔隙中水流速度差异造成的。水在曲度小的孔隙及孔隙中部流速快，所以溶质运移较快，这种作用在数学上处理为扩散过程。弥散系数的大小取决于平均流速，可由式（4.97）计算（史海滨等，2011）：

$$D_H = \kappa q_1 / \theta_1 \tag{4.97}$$

式中，κ 为与土壤性质有关的常数，m，如内蒙古河套灌区土壤 $\kappa = 0.005$（史海滨等，2011）。

（3）溶质吸附的计算

在土壤溶液中，给定的溶质与土壤基质吸附的溶质，二者浓度之间的关系取决于是否存在其他类型的溶质，以及土壤本身的交换特性，表达式为

$$S = \left(K_d + \frac{\rho_1 \theta_1}{\rho_b} \right) c \tag{4.98}$$

式中，K_d 为土壤基质和土壤溶液之间的分离系数，对于完全不被吸附的溶质来说，$K_d = 0$；对于被强烈吸附的溶质来说，如磷和铁，$K_d \approx 60 kg/kg$（Campbell，1985）。

2. 二维水氮运移转化模拟模型

关红杰等（2015）基于 HYDRUS-2D 软件建立干旱区（新疆）棉花膜下滴灌水氮运移的数学模型。该研究假定在灌水器间距较小（如 20～40cm）的情形下，滴灌过程中灌水器形成的湿润体会很快重叠，沿毛管方向土壤含水率基本一致，故可将田间尺度膜下滴灌条件下的土壤水氮运动简化成线源在垂直剖面上的二维运动。根据田间试验棉花种植和滴灌带布置模式（图 4.7），地表线源土壤水氮运移模拟计算区域宽度取为毛管间距 145cm 的一半（72.5cm）、深度取 150cm（图 4.8）。滴灌带长度为 50m。考虑到 HYDRUS-2D 模拟只能在根系分布固定的条件下进行，故该研究仅选取需水需肥多的花期进行模型的验证和应用。该研究在溶质运移模型构建和定解条件的概化处理方面有典型性和代表性，以下做简要介绍。

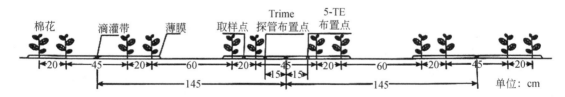

图 4.7　棉花种植和滴灌带布置模式（关红杰等，2015）

（1）土壤水分运动基本方程

假设各层土壤为均质、各向同性的刚性多孔介质，不考虑气相及温度对水分运动的影响，滴灌二维水分运动的控制方程同式（4.55）。

（2）土壤氮素运移基本方程

用对流-弥散型方程描述氮素的运移过程。无机态氮之间的转化过程包括尿素水解、

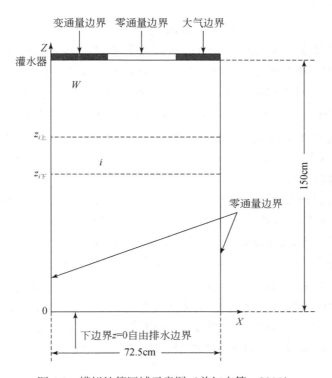

图 4.8　模拟计算区域示意图（关红杰等，2015）

注：i 为土层编号，$z_{i\perp}$，$z_{i\top}$ 分别为第 i 土层的上边界和下边界纵坐标，W 为土壤储水量。

NH_4^+-N 硝化作用和 NO_3^--N 反硝化作用，均用一阶反应动力学方程描述，有机氮的矿化用零阶反应动力学方程描述。另外，还需考虑土壤对 NH_4^+-N 的吸附和根系对 NO_3^--N 和 NH_4^+-N 的吸收。滴灌线源二维溶质运移方程为

$$\frac{\partial \theta c_1}{\partial t} = \frac{\partial}{\partial x}\left(\theta D_{xx}\frac{\partial c_1}{\partial x} + \theta D_{xz}\frac{\partial c_1}{\partial z} \right) + \frac{1}{x}\left(\theta D_{xx}\frac{\partial c_1}{\partial x} + \theta D_{xz}\frac{\partial c_1}{\partial z} \right)$$
$$+ \frac{\partial}{\partial z}\left(\theta D_{zz}\frac{\partial c_1}{\partial x} + \theta D_{xz}\frac{\partial c_1}{\partial z} \right) - \left(\frac{\partial q_x c_1}{\partial x} + \frac{q_x c_1}{x} + \frac{\partial q_z c_1}{\partial z} \right) - k_1 \theta c_1$$

$$(4.99a)$$

$$\frac{\partial \left(\rho_b + \theta c_2 \right)}{\partial t} = \frac{\partial}{\partial x}\left(\theta D_{xx}\frac{\partial c_2}{\partial x} + \theta D_{xz}\frac{\partial c_2}{\partial z} \right) + \frac{1}{x}\left(\theta D_{xx}\frac{\partial c_2}{\partial x} + \theta D_{xz}\frac{\partial c_2}{\partial z} \right)$$
$$+ \frac{\partial}{\partial z}\left(\theta D_{zz}\frac{\partial c_2}{\partial x} + \theta D_{xz}\frac{\partial c_2}{\partial z} \right) - \left(\frac{\partial q_x c_2}{\partial x} + \frac{q_x c_2}{x} + \frac{\partial q_z c_2}{\partial z} \right)$$
$$+ k_0 \rho_b + k_1 \theta c_1 - k_2 \theta c_2 - k_2 \rho_b - S_{c2}$$

$$(4.99b)$$

$$\frac{\partial \theta c_3}{\partial t} = \frac{\partial}{\partial x}\left(\theta D_{xx}\frac{\partial c_3}{\partial x} + \theta D_{xz}\frac{\partial c_3}{\partial z} \right) + \frac{1}{x}\left(\theta D_{xx}\frac{\partial c_3}{\partial x} + \theta D_{xz}\frac{\partial c_3}{\partial z} \right)$$
$$+ \frac{\partial}{\partial z}\left(\theta D_{zz}\frac{\partial c_3}{\partial x} + \theta D_{xz}\frac{\partial c_3}{\partial z} \right) - \left(\frac{\partial q_x c_3}{\partial x} + \frac{q_x c_3}{x} + \frac{\partial q_z c_3}{\partial z} \right)$$

$$+k_2\theta c_2 + k_2\rho_b - k_3\theta c_3 - S_{c3} \qquad (4.99c)$$

式中，c_1、c_2 和 c_3 分别为尿素态氮、NH_4^+-N 和 NO_3^--N 的浓度，mg/cm^3；q_x、q_z 分别为 x 方向和 z 方向上的土壤水通量，cm/h；S_c 为作物根系吸氮源汇项，$mg/(cm^3 \cdot h)$；k_0 为有机质矿化速率，取值为 $0.00003h^{-1}$（刘培斌等，2000）；$s=k_d c_2$，k_d 为 NH_4^+-N 的吸附速率，取值为 $0.0035cm^3/mg$（Ling and EI-Kadi，1998）；k_1、k_2 和 k_3 分别为尿素水解速率、NH_4^+-N 的硝化速率和 NO_3^--N 反硝化速率，取值分别为 0.023、0.005 和 $0.0002h^{-1}$（Ling and EI-Kadi，1998）；ρ_b 为土壤容重，mg/cm^3；D_{xx}、D_{xz} 和 D_{zz} 为水动力弥散系数张量的分量，cm^2/h。

（3）初始和边界条件

假设各层土壤初始水氮含量沿水平方向均匀分布，则土壤水氮运移的初始条件为

$$\theta_i(x,z) = \theta_{0i}, \quad c_i(x,z) = c_{0i}, \quad 对应的 0 \leqslant x \leqslant X, z_{i\text{下}} \leqslant z \leqslant z_{i\text{上}}, \quad t=0，这里，i 为土壤层数；$$

θ_{0i} 为第 i 层土壤含水率，cm^3/cm^3；c_i 为第 i 层土壤 NH_4^+-N 或 NO_3^--N 的浓度，mg/cm^3；θ_{0i} 和 c_{0i} 分别为 θ_i 和 c_i 的初始值；$z_{i\text{上}}$ 和 $z_{i\text{下}}$ 分别为第 i 层土壤上下边界的垂向坐标，cm。

灌水器处（$x=0cm$，$z=150cm$）采用定流量边界，由于模拟时段较长，研究中忽略灌水过程中饱和区宽度随时间的变化，假设饱和区宽度为定值 W，根据田间试验观测取为 20cm。饱和区在灌水过程中为不随时间变化的定流量边界，不灌水时为零通量边界。上边界其余部分覆膜区域为零通量边界，而未覆膜区域为大气边界。饱和区内流量和溶质浓度边界条件为

$$\begin{cases} -K(h)\dfrac{\partial h}{\partial x} - K(h) = \sigma(t) & 0 \leqslant x \leqslant W, z=150 \quad 0 < t < T \\[2mm] -\left(\theta D_{xx}\dfrac{\partial c_1}{\partial x} + \theta D_{xz}\dfrac{\partial c_1}{\partial z}\right) + q_x c_1 = q_x c_a & 0 \leqslant x \leqslant W, z=150 \quad 0 < t < T \\[2mm] -\left(\theta D_{zz}\dfrac{\partial c_1}{\partial z} + \theta D_{xz}\dfrac{\partial c_1}{\partial x}\right) + q_z c_1 = q_z c_a & 0 \leqslant x \leqslant W, z=150 \quad 0 < t < T \end{cases} \qquad (4.100)$$

式中，c_1 为土壤溶液的尿素态氮浓度，mg/cm^3；c_a 为肥料溶液的尿素态氮浓度，mg/cm^3；T 为灌水历时，h；W 为模拟区域饱和区宽度，cm；$\sigma(t)$ 为在灌水期间灌水器处定流量边界的通量，cm/h，可根据灌水器流量、饱和区宽度和灌水器间距进行计算，

$$\sigma(t) = \frac{Q}{2WL_e} \qquad (4.101)$$

式中，Q 为灌水器流量，cm^3/h；L_e 为沿滴灌带的灌水器间距，cm；$t > T$ 时 $\sigma(t)=0$。

模拟计算区域的左、右边界（$x=0$ 和 $x=72.5cm$）为零通量边界；下边界（$z=0cm$）为自由排水边界。

（4）作物根系吸水函数

根系吸水函数 $S(x,z,h)$ 利用 Feddes 模型计算：

$$\begin{cases} S(x,z,h) = \alpha(h)b(x,z_1)L_t T_p \\ z_1 = 150 - z \end{cases} \qquad (4.102)$$

式中，$\alpha(h)$ 为土壤水分胁迫函数，可以采用式（2.46）计算；$b(x,z_1)$ 为相对根系密度分布函数；L_t 为根区宽度，$L_t=72.5cm$；T_p 为作物潜在蒸腾量。其余符号意义同前。

新疆棉花为密植，可假设 $b(x, z_1)$ 沿水平方向均匀分布，因此根系密度分布函数 $b(x, z_1)$ 可以简化为 $b(z_1)$，计算公式如式（4.103）（Vrugt et al.，2001）：

$$b(z_1) = \begin{cases} \left[1 - \dfrac{z_1}{z_{1m}}\right] e^{-\frac{p_z}{z_{1m}}|z_1^* - z_1|} & 0 \leqslant z_1 \leqslant 50 \\ 0 & 50 \leqslant z_1 \leqslant 150 \end{cases} \qquad (4.103)$$

式中，z_{1m} 为垂向根系分布最大距离，取 50cm；z_1^* 为垂向根系密度最大处对应的垂向坐标，取值为 5；p_z 为经验参数，通常可取值 1.6。

（5）参数率定结果

主要包括土壤水力特性参数，有土壤水分特征曲线参数、非饱和土壤导水率，率定结果见表 4.4。

溶质运移参数，主要包括纵向弥散系数（D_L）、横向弥散系数（D_T）及自由水中的分子扩散系数（D_W）。纵向弥散度初始值取 $D_L=0.3$cm，横向弥散度初始值取 $D_T=D_L/10$，即 0.03cm；尿素态氮、NH_4^+-N 和 NO_3^--N 在自由水中的分子扩散系数分别取 0.03cm^2/h、0.06cm^2/h 和 0.06cm^2/h。

表 4.4　试验用土壤水力特性参数初始和率定结果

深度 /cm	θ_r /(cm^3/cm^3)		θ_s /(cm^3/cm^3)		α/cm^{-1}		n		K_s /(cm/h)	
	初始	率定	初始	率定	初始	率定	初始	率定	初始	率定
0~20	0.046	0.047	0.383	0.402	0.004	0.004	1.547	1.527	0.523	0.963
20~40	0.049	0.050	0.385	0.403	0.003	0.004	1.562	1.546	0.501	0.948
40~60	0.050	0.051	0.384	0.418	0.003	0.005	1.568	1.536	0.444	1.540
60~80	0.051	0.052	0.382	0.145	0.003	0.004	1.571	1.547	0.412	1.453
80~150	0.052	0.052	0.391	0.407	0.004	0.004	1.567	1.554	0.619	1.146

率定后土壤的纵向弥散度取 $D_L=5$cm，横向弥散度取 $D_T=D_L/10$，即 0.5cm；有机质矿化速率 k_0 取值为 0.00003h^{-1}；尿素水解速率 k_1、NH_4^+-N 硝化速率 k_2 和 NO_3^--N 反硝化速率 k_3，分别取值为 0.019h^{-1}、0.008h^{-1} 和 0.003h^{-1}。

第5章　作物水肥模型的研究

作物水肥模型是指作物产量与水分、养分等的关系，狭义地讲，主要指作物产量与水分胁迫状况的关系，包括干旱胁迫和涝胁迫；由于土壤养分（如氮、磷、钾等）状况、土壤含盐量、土壤温度及光照等因素显著地或者不同程度地影响了作物产量与水分关系。因而，广义上，作物水肥模型包括了作物产量与水分、养分、盐分、光照、温度等多个因素的关系。作物水肥模型是定量评价灌溉、排水、施肥以及光温调控增产增收效益的核心依据，是农田水土环境调控理论的重要内容。随着人们生活水平的提高，作物产品品质也成为影响农业种植效益的重要因素，所以广义上的作物水肥模型还应该包括作物产品品质对水分、养分、盐分、光照、温度等多因素响应的关系。

影响作物生长的因素是多种多样的，有光照、气温等不可人为调控的因素，有水分、施肥、病虫害，以及作物自身品种特性等可调控的因素。研究的目的是充分认识可控因素，通过可控因素的合理调节，使之最大限度地适合于不可调控的因素，从而实现资源的持续高效利用和可持续发展。在可控因素中，首先是作物自身特性，如作物生产潜力，也称为作物最大产量，指所有影响作物生长的外部环境因素都达到最适宜作物生长状况时作物的产量，由作物自身生物学特性所决定，提高作物生产潜力的措施主要是品种改良；其次，影响作物生产潜力的是环境因素，在实际情况下，影响作物生长的各种因素不可能全部都达到最适宜作物生长的适宜值，因此作物实际产量都小于作物的最大产量。农业生产管理的目的之一就是通过对各种可控因素的合理调控，使之与当地自然资源达到最佳的耦合、匹配，以最大限度地满足作物生长需求。为此，人们对影响作物生长的各种因素与作物产量及其产品品质之间的关系进行了广泛的研究，并根据不同研究目的和生产要求建立了多种类型的作物生长、产量与其影响因素之间的关系。研究作物水肥模型的目的是为合理利用有限水资源，达到最大的作物产量或产值；为合理确定作物优化灌溉制度，实现有限供水在作物生长期、作物间，以及在时间和空间上的合理配置提供定量依据。

土壤盐分是影响作物生长的另一个较为普遍的环境因子，它包括土壤中盐分和灌溉水中盐分。土壤养分，包括土壤自身的矿物质养分和施肥，以及土壤盐分都与水分密切相关，都以水分为介质，通过水分来对作物生长发挥作用。为此，以作物水分生产函数为基础，引入盐分、养分，建立水盐生产函数和水肥生产函数。从这一观点出发，可以把水盐生产函数、水肥生产函数，包括污水灌溉中某些溶质对作物生长的影响，都归入水分生产函数，统称为作物水肥模型。

作物水肥模型，通过数学模型的方法把作物生长和其外部环境因素对作物生长影响的复杂客观联系，进行抽象、概化地描述，从而使问题简化，使人们能够有重点地考察、分析某些环境因素对作物生长和产量的影响。根据不同分类方法，或从不同认识角度出发，可以划分为若干类型。对国内外目前主要的作物产量与水分关系模型的考察分析，大致可分为三类：第一类为产量与水分的单因子模型，第二类为产量与水和肥或产量与水和盐分等多因子模型，第三类是以作物生长模型为基础的产量与水分关系模型。其中第一种类型和第二种类型的作物水肥模型已有较多的研究和介绍（王仰仁和孙小平，2003）。本章仅对第三类作物水模型做介绍。

5.1　作物水肥模型的改进

以作物生长模型为基础，引入作物器官生长相关性对现状作物生长模型中光合产物分配模型加以改进，引入土壤水、热、溶质（氮素和盐分）运移转化动力学方法对现状作物生长模型中水、热、肥、盐动态变化过程进行更细的描述，并由此构建作物水肥模型，得到一个改进型作物水肥模型，由此提高水分、养分、盐分胁迫对作物生长动态和产量影响模拟机理性和模拟精度。

5.1.1　作物生长模型的选择与作物水肥模型的改进

作物生长模型有多种，本书选择了用于定量化土地生产力评价的普适模型，即 PS123 模型（Driessen and Konijn，1997）。该模型依据 4 级生产水平理论，从作物器官生理过程出发，分别模拟出作物 PS1（仅有光、温限制）、PS2（光、温、水限制）、PS3（光、温、水、养分限制）和 PS4（光、温、水、养分、除草剂及病虫害等限制）层次上的生产潜力，模拟层次清晰，有利于理论分析。本书以 PS123 作物生长模型为基础，以强化机理性和便于使用为目标对其进行改进，由此构建了作物水肥模型。改进的主要内容分三个方面。

1）采用土壤水分溶质动力学模拟方法（雷志栋等，1988），代替 PS123 模型中基于水量平衡原理的概念模型。提高了土壤水、肥、盐、热模拟的机理性和模拟精度，实现了水、热、溶质（氮素和盐分）的动态耦合模拟（李泳霖，2019；范欣瑞，2019；王铁英，2022）。

2）改进水分、养分胁迫对光合产物积累过程影响的描述。与其他作物生长模型类似，PS123 模型也仅仅在 PS1 和 PS2 层次上对作物生长动态模拟较完善，在 PS3 层次上还处于静态描述阶段，仅利用施肥数量对作物收获时的产量进行了修正，没有考虑养分胁迫对作物生长过程的影响。本书利用土壤水分溶质动力学模拟，获得不同灌水施肥条件下作物的逐日蒸散量和根系吸氮量（王铁英，2022），据此模拟作物在水分、养分双重胁迫下光合产物的积累过程，实现养分胁迫下光合产物积累过程由静态描述到动态模拟的改进。

3）对光合产物分配过程描述的改进。引入作物生长的相关性参数（根冠比、穗茎比和茎叶比），以植株生长平衡理论为依据，建立了光合产物分配系数计算模型（王仰仁，2004）；通过水分胁迫对生长相关性参数的影响（Shi et al.，2021；Zhang and Wang，2021），描述光合产物分配系数随作物生长环境因素的变化；以该光合产物分配系数模型代替 PS123 模型中采用固定值的分配系数法。

土壤水分溶质动力学模型与作物生长模型的耦合。土壤水分溶质动力学模型模拟给出土壤水分、热流、溶质的动态变化，结合 PS123 模型，按照隐式差分方法在 Excel 表格中编制了完整土壤水分、温度和溶质动态模拟计算程序，然后与作物生长模型耦合计算，求得作物生长过程。模拟过程中土壤水动力学方法差分计算时段较小，一般小于 60min，而作物生长动态模拟时段一般为一昼夜，即 1440min，模拟计算过程中的主要驱动因素包括降水量、气温、湿度、光照等，采用日值，日平均值或者日累计值。所谓的耦合，是将一昼夜（1440min）按照土壤水动力学模拟计算要求的时间步长划分为若干个时段，其中，第一个时段分层初始土壤含水率（或者土壤水势）、土壤温度值等于该日的初始值，据此逐时段计算，直到该日的最后一个时段，以最后一个时段末的土壤含水率、土壤温度值作为该日的求解值；将各时段的棵间土壤蒸发量、根系吸水量、根系吸氮量等进行累计，即可求得日棵间土壤蒸发量、日蒸腾量和作物日根系吸氮量。

模拟程序主要包括以下几部分：①气象数据输入；②作物生长过程模拟；③密闭参照作物的总 CO_2 吸收速率（光合产物）；④土壤水-热-肥耦合动态模拟；⑤水分、养分胁迫下光合产物的积累模拟；⑥水分、养分胁迫下光合产物的分配模拟。

5.1.2 光合产物积累的模拟及其对水肥盐胁迫的反应

本书以 PS123 模型为基础，引入光合产物转化效率（CVF），由此避免作物生长呼吸消耗过程的模拟，简化了作物生长过程的模拟计算。作物生长过程模拟中，时段长度为天，即逐日计算作物各器官干物质增加量：

$$DWI(org)_t = GAA(org)_t \times CVF \tag{5.1}$$

式中，$DWI(org)_t$ 为第 t 天作物器官［根、茎、叶和籽粒（果实）］干物质增加量，$kg/(hm^2·d)$；$GAA(org)_t$ 为第 t 天作物总同化产物分配给植物各器官的数量，$kg/(hm^2·d)$；CVF 为光合产物转化效率（罗卫红，2008），依作物种类和作物品种特性而变化，是需要利用试验资料率定的参数。

植物总同化物分配给植物各器官的数量用式（5.2）计算：

$$GAA(org)_t = Fgass_t \times f_r(org)_t \tag{5.2}$$

式中，$Fgass_t$ 为大田作物的总同化率，$kg/(hm^2·d)$，由式（5.3）计算；$f_r(org)_t$ 为同化物分配系数，即光合产物分配系数：

$$Fgass_t = Fgc_t \times 30/44 \times FW_t \times FN_t \times FS_t \tag{5.3}$$

式中，Fgc_t 为密闭参照作物的总 CO_2 吸收率，根据日长、温度、叶面积指数、消光系数、光能利用效率、冠层顶部截获的光合有效辐射计算，$kg/(hm^2·d)$；30/44 为 CH_2O 和 CO_2 的分子量之比；FW_t 为水分胁迫因子，FN_t 为养分（氮素）胁迫因子，FS_t 为盐分胁迫因子，数值均在 0 和 1 之间。这里分别用式（5.4）、式（5.5）、式（5.6）计算，用于描述供水不足、施肥不足和土壤含盐量过大对作物生长及产量的影响：

$$FW_t = \begin{cases} 1 & \dfrac{ET_{at}}{ET_{pt}} > 1 \\ \left(\dfrac{ET_{at}}{ET_{pt}}\right)^{\lambda_1} & K_W \dfrac{ET_{at}}{ET_{pt}} \leqslant 1 \\ 0 & 0 < \dfrac{ET_{at}}{ET_{pt}} \leqslant K_W \end{cases} \tag{5.4}$$

$$
\mathrm{FN}_t =
\begin{cases}
1 & \dfrac{N_{rt}}{N_{mt}} > 1 \\[2ex]
\left(\dfrac{N_{rt}}{N_{mt}}\right)^{\lambda_2} & 0 \leqslant \dfrac{N_{rt}}{N_{mt}} \leqslant 1
\end{cases}
\tag{5.5}
$$

$$
\mathrm{FS}_t =
\begin{cases}
1 & \dfrac{S_{rt}}{S_{mt}} > 1 \\[2ex]
\left(\dfrac{S_{rt}}{S_{mt}}\right)^{\lambda_3} & 0 \leqslant \dfrac{S_{rt}}{S_{mt}} \leqslant 1
\end{cases}
\tag{5.6}
$$

式中，ET_{at} 为水分胁迫下的作物实际蒸散量，mm/d；ET_{pt} 为作物潜在蒸散量，mm/d，K_W 为使水分胁迫系数 FW_t 为零的临界相对蒸发蒸腾量，对于小麦、玉米等大田作物，K_W=0.2～0.4；N_{rt} 为根系吸氮量，kg/(hm²·d)，根据实际根系吸水量与土壤水溶液氮素浓度的乘积计算；N_{mt} 为植株最低限度含氮量，kg/(hm²·d)；S_{rt} 为土壤含盐量，kg/(hm²·d)；S_{mt} 为植株正常生长允许的最大土壤含盐量，kg/(hm²·d)；λ_1、λ_2 和 λ_3 和 K_W 分别为水分亏缺敏感指数、养分亏缺敏感指数、盐分胁迫指数和临界相对蒸发蒸腾量，均通过参数反演得到。

密闭参照作物的总 CO_2 吸收率 Fgc_t 的计算涉及日照时数、气温、光合有效辐射、叶面积指数以及与作物生理特性密切相关的最大同化率等参数。

作物根、茎、叶和果实（籽粒）干物质重累积值，可用下式计算：

$$
W_{r,t} = W_{r,t-1} + \mathrm{DWI}(根)_t \tag{5.7a}
$$

$$
W_{s,t} = W_{s,t-1} + \mathrm{DWI}(茎)_t \tag{5.7b}
$$

$$
W_{1,t} = W_{1,t-1} + \mathrm{DWI}(叶)_t \tag{5.7c}
$$

$$
W_{f,t} = W_{f,t-1} + \mathrm{DWI}(果实)_t \tag{5.7d}
$$

式中，$W_{r,t}$、$W_{s,t}$、$W_{1,t}$ 和 $W_{f,t}$ 分别为 t 时刻作物根、茎、叶和果实（籽粒）干物质重累积值，$W_{r,t-1}$、$W_{s,t-1}$、$W_{1,t-1}$ 和 $W_{f,t-1}$ 分别为 $t-1$（即上一时段）时刻作物根、茎、叶和果实（籽粒）的干物质重累积值，kg/hm²。

由式（5.7）～式（5.10）可求得果实干物质重的变化过程，收获时的果实干物质重即为作物产量。茎、叶和果实干物质重的和，即为地上部分干物质重。

式（5.7）中光合产物分配系数通常要用实测资料确定，如 Driessen 和 Konijn（1997）按照几个关键生长点给出的光合产物分配系数，这样给出的光合产物分配系数是比较粗糙的。但是，若希望按照实际测试资料获得更准确的（时段足够短）光合产物分配系数，需要较短时段测试的光合产物测试资料，当测试的时段较短时，则要求更高的测试精度，如更小感量的测试仪器（天平）。同时，测试时段短，光合产物增加量较小，测试误差会严重影响光合产物分配系数的计算结果。为此王仰仁（2004）利用作物生长相关性特征（茎叶比、根冠比和粒茎比）推导给出了光合产物分配系数与根、茎、叶和籽粒（果实）干物质重的关系，据此可以获得实时的光合产物分配系数。

5.1.3　作物生长相关性及其对水肥盐胁迫的反应

1. 作物生长相关性的定义

这里以茎叶比、根冠比和粒茎比随作物生长时间的变化过程表示作物生长相关性。茎叶比是指在某一时刻（t）茎干重和叶干重的比值［式（5.8）］，粒茎比是指在某一时刻茎干重和穗干重的比值［式（5.9）］，根冠比是指在某一时刻地下部分干重和地上部分的干重的比值［式（5.10）］：

$$K_{sl}(t) = \frac{W_s(t)}{W_l(t)} \tag{5.8}$$

$$K_{se}(t) = \frac{W_e(t)}{W_s(t)} \tag{5.9}$$

$$A(t) = \frac{W_r(t)}{W_s(t) + W_l(t) + W_e(t)} \tag{5.10}$$

式中，$K_{sl}(t)$ 为茎叶比；$K_{se}(t)$ 为粒茎比；$A(t)$ 为根冠比；$W_s(t)$ 为作物茎秆干物质重，g/株；$W_l(t)$ 为作物叶片干物质重，g/株；$W_e(t)$ 为作物籽粒（果实）干物质重，g/株；$W_r(t)$ 为植物地下部分（即根重）干物质总重，g/株；t 为作物生长发育时间。

2. 茎叶比、根冠比和粒茎比随时间变化规律及其对水分胁迫的反应

首先分析充分供水条件下作物生长相关性随时间的变化规律，通过分析考察，发现玉米（包括春玉米和夏玉米）茎叶比、粒茎比、根冠比随时间变化分别呈"S"形曲线、指数函数曲线、幂函数曲线，见式（5.11）～式（5.12）：

$$K_{slmi} = \frac{k}{a + be - cRDS_i} \tag{5.11}$$

$$K_{semi} = ae^{bRDS_i} \tag{5.12}$$

$$A_{mi} = aRDS_i^b + c \tag{5.13}$$

式中，K_{slmi}、K_{semi}、A_{mi} 分别为无水分养分胁迫条件下的茎叶比、粒茎比、根冠比；RDS 为生长速率，采用 RDS 表示作物生长发育时间有助于提高模型的通用性；a、b、c、k 为待定参数，不同的生长相关性有不同的参数值。

作物生长期内，任一时期作物的生长速率（relative development stage，RDS）可以简单地用从开始生长到该时的累积有效积温除以该品种作物生长所需的有效积温来表示。例如，某一作物 A 经过 10d 平均温度为 20℃的生长期和另外 10d 平均温度为 25℃的生长时期，作物 A 的临界温度为 10℃，生长所需有效积温为 1500℃，则作物 A 的生长速率（RDS）为 [10d×(20℃−10℃)+10d×(25℃−10℃)]/1500℃·d=0.17，这里生长速率为无量纲数。

冬小麦茎叶比、粒茎比、根冠比随时间变化分别呈"S"形曲线和幂函数曲线，见式（5.14）～式（5.15）：

$$K_{\text{slm}i} = d_1 + \frac{1}{(a_1 + b_1 \times \mathrm{e}^{-c_1 \cdot \mathrm{RDS}_i})} \tag{5.14}$$

$$K_{\text{sem}i} = c_2 + a_2 \times \mathrm{RDS}_i^{b_2} \tag{5.15}$$

$$A_{\mathrm{m}i} = c_3 + a_3 \times \mathrm{RDS}_i^{b_3} \tag{5.16}$$

式中，a_1、a_2、a_3、b_1、b_2、b_3、c_1、c_2、c_3、d_1 为待定参数；其他符号意义同上。

水分养分胁迫对生长相关性影响的表达式见式（5.17）~式（5.19）：

$$K_{\text{sl}i} = K_{\text{slm}i} \times K_{\text{s}i} \tag{5.17}$$

$$K_{\text{se}i} = K_{\text{sem}i} \times K_{\text{s}i} \tag{5.18}$$

$$A_i = A_{\mathrm{m}i} \times K_{\text{s}i} \tag{5.19}$$

式中，$K_{\text{sl}i}$、$K_{\text{se}i}$、A_i 分别为有水分养分胁迫条件下的茎叶比、粒茎比、根冠比；$K_{\text{s}i}$ 为水分胁迫对作物生长相关性的影响系数，简称为水分胁迫系数，可用式（5.20）表示：

$$K_{\text{s}i} = \begin{cases} 1 & \dfrac{\sum_{i=0}^{i}\mathrm{ET}_i}{\sum_{i=0}^{i}\mathrm{ET}_{\mathrm{p}i}} > 1 \\[3mm] \left(\dfrac{\sum_{i=0}^{i}\mathrm{ET}_i}{\sum_{i=0}^{i}\mathrm{ET}_{\mathrm{p}i}}\right)^{\sigma} & \dfrac{\sum_{i=0}^{i}\mathrm{ET}_i}{\sum_{i=0}^{i}\mathrm{ET}_{\mathrm{p}i}} \leqslant 1 \end{cases} \tag{5.20}$$

式中，$K_{\text{s}i}$ 为第 i 时段的水分养分胁迫系数；σ 为水分养分胁迫指数；$\sum_{i=0}^{i}\mathrm{ET}_i$ 为有水分胁迫时自播种日算起的累计蒸散量，mm；$\sum_{i=0}^{i}\mathrm{ET}_{\mathrm{p}i}$ 为无水分胁迫条件下自播种日算起的累计蒸散量，mm。

这里的水分养分胁迫指数 σ，当用于粒茎比时，写为 σ_{se}，当用于根冠比时，写为 σ_{m}。采用山西省文峪河灌溉试验站春玉米试验资料（时晴晴，2023）和山西省霍泉灌溉试验站冬小麦和夏玉米试验资料（王铁英，2022）作为初步研究，以模拟值与实测值的误差平方和最小原则［式（5.21）］，求得春玉米、冬小麦和夏玉米三种作物茎叶比、根冠比和粒茎比随时间变化规律及其对水分胁迫反应的指数，见表 5.1 和表 5.2。

$$\min \delta_l = \min \sum_{j=1}^{N} (\hat{g}_j - g_j)^2 \tag{5.21}$$

式中，δ_l 为生长相关性拟合误差平方和，其中 $l=1$，2，3，分别表示茎叶比、穗茎比和根冠比；$\hat{g}_j$ 为模拟值；g_j 为实测值；j 为实测干物质点数编号；N 为实测点数总和。

表 5.1　玉米（春玉米和夏玉米）水分养分胁迫指数及参数

试验站	项目	N	σ	k	a	b	c	R^2	$\varepsilon/\%$
霍泉（夏玉米）	茎叶比	42	趋于 0	4.204	1.066	167.2	14.9	0.8737	17.5
	粒茎比	24	0.065	—	0.035	5.0		0.8663	34.5
文峪河（春玉米）	茎叶比	28	0.051	7.981	3.499	15.0	4.2	0.1648	16.5
	粒茎比	20	趋于 0		0.094	3.9		0.6630	49.3
	根冠比	34	0.166	—	0.473	-0.4	-0.4	0.8899	29.9

注：ε 为平均相对误差。

表 5.2　冬小麦生长相关性模型参数率定结果

茎叶比	a_1	b_1	c_1	d_1	R^2	样本数
	0.332	57.783	9.918	趋近于0	0.9795	24
穗茎比	a_2	b_2	c_2	σ_1	R^2	样本数
	0.332	57.783	9.918	0.51	0.9795	14
根冠比	a_3	b_3	c_3	σ_2	R^2	样本数
	0.001	−3.437	0.003	3.1	0.9341	12

5.1.4　光合产物分配模型的构建

1. 光合产物分配模拟存在问题

光合产物分配是指供生长的光合产物分配到叶、茎、根和储藏器官的过程。在作物的生长过程中，植株积累的光合产物或生物量一部分及时分配到不同的器官中去，供器官生长用；另一部分作为暂时的储存物，可用于生长后期同化量不能满足需求时的再分配。植株器官间分配的主要光合产物类型包括糖类和含氮化合物，其中糖类的分配与再分配决定作物产品器官的形成，含氮化合物的分配与再分配决定产品器官的品质。

同化产物的分配有两种方法，一种是基于分配中心的概念，即在任何时期供作物生长利用的糖类根据植物生长中心的优先性分配到各器官中，据此确定植物各器官的光合产物分配系数。采用分配中心的方法，首先通过田间观测试验确定没有环境胁迫条件下作物各器官的分配系数。当发生环境胁迫时，采用环境因子修正方法计算（刘铁梅和谢国生，2010）。这是目前各类作物生长模拟模型中普遍采用的方法，属于经验模型。该类模型较为典型的有 Penning de Vries 等（1989）的 SUCROS 模型，它把光合产物在各器官的分配系数看成是作物生长发育时间的函数。而且，一般都采用非连续的阶段性分配系数来计算各器官间的物质分配。分配系数定义为单位时间内植株各器官干重的增量除以生物量的增量。然而，由于大田试验的取样误差，试验获得的分配系数结果往往误差较大。此外，由于分配系数随不同水肥条件有所变化，田间取样获得的分配系数只能代表当时的品种和水、肥情况。因此，很难靠田间试验来确定分配系数以模拟不同品种在不同状况下的器官生长过程。为此，乔玉辉等（2002）结合前人的研究，建立了小麦同化物分配系数与相对发育期的关系，连续地、动态地来模拟干物质在各器官间的分配和转化规律。这一改进，避免了现有光合产物分配系数的阶段性和不连续性。刘铁梅和谢国生（2010）对干物质分配给予了新的定义，将地上部分与地下部分的物质分配以分配指数定义，即植株地上部分或地下部分干重占整株干重的比例；将地上部分中绿叶、茎鞘（包括黄叶）、穗的分配指数定义为叶、茎鞘、穗干重占地上部分干重的比例。这一概念避免了以往分配系数计算中两次取样时间长短和两次取样样本大小不同所造成的误差，使得干物质分配指数易于利用常规试验资料确定，且误差较小，简便可靠。因而，使作物器官变化动态的模拟更具有科学性和确定性。但是该分配指数同现状的分配系数一样，处于相同水平的经验模型阶段，而且前期干重对计算日光合产物分配影响权重较大，难以反映当日及近期水分胁迫或养分胁迫对光合产物分配的影响。

另一种是机理模型。Thornley（1990）根据光合产物在植株体内的运输途径，依据光合产物在各器官中的浓度差确定光合产物在各器官内的分配情况，Stutzel 等（1988）根据 Bierhuizen 和 Slatyer（1965）得出的准则关系，即全株蒸腾速率的增量与干物质的增量之比和空气的水汽饱和差成正比，确定了根生长与全株生长的相互关系。对机理模型，国内施建忠和王天铎（1994）进行了探索性研究。本书在此研究基础上，引入作物生长相关性，推导得出了一个动态化的光合产物分配系数。

2. 光合产物分配系数模型的建立

虽然已有较多光合产物的分配模型，但在完善作物生长模型时，该部分仍然是一个薄弱环节，因为光合产物的分配涉及源汇关系及有机物的运输等植物生理学中的难题。经验模型缺乏生理基础，又不能反映环境因子对光合产物分配的影响；而现有的机理模型则需要很多参数，比如底物浓度、各器官的活性大小、光合产物的运输阻力等田间试验一般得不到的数据，因而难于实际应用。

鉴于上述原因，本书基于作物生长相关性和植株体生长动态平衡原理，建立了一个对作物全生育期通用的光合产物分配的机理模型。该模型既适用于作物营养生长期的光合产物在根、茎、叶之间的分配，如图 5.1 所示；也适合于作物生殖生长期光合产物在根、茎、叶和籽粒（果实）之间的分配和再分配过程（即根、茎、叶光合产物向籽粒（果实）的转移过程），如图 5.2 所示。

根据作物生长相关性，及茎叶比、粒径比和根冠比的概念，可得到式（5.22）～式（5.24）：

$$W_s = K_{sl} \cdot W_l \tag{5.22}$$

$$W_e = K_{se} \cdot W_s \tag{5.23}$$

$$W_r = A \times (W_l + W_s + W_e) \tag{5.24}$$

式中，W_l 为叶干重；W_s 为茎干重；W_e 为籽粒（果实）干重；W_r 为根干重；K_{sl} 为茎叶比；K_{se} 为粒径比；A 为根冠比，如前所述，它们随作物生长时间变化，与作物品种有关，一定程度上反映了作物遗传特性，可称为作物遗传特性参数。

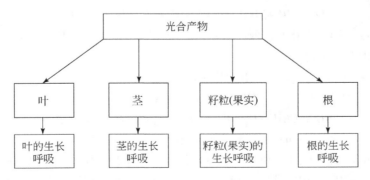

图 5.1　营养生长期光合产物在植株各器官中分配示意图

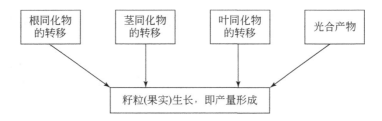

图 5.2　生殖生长期光合产物分配示意图

假定根、茎、叶和籽粒（果实）在成分上没有显著的差异，用于生长的底物以转换效率 Y_g 转化为干物质，其余的（$1-Y_g$）则被呼吸消耗了（施建忠和王天铎，1994）。

这样，经过一天的光合产物积累，植株根、茎、叶和籽粒（果实）的干物重的增加量（dW_r、dW_s、dW_1、dW_e）分别为

$$dW_r = f_r \cdot P_d \cdot Y_g \tag{5.25}$$

$$dW_s = f_s \cdot P_d \cdot Y_g \tag{5.26}$$

$$dW_1 = f_1 \cdot P_d \cdot Y_g \tag{5.27}$$

$$dW_e = f_e \cdot P_d \cdot Y_g \tag{5.28}$$

全株干物质的增加量（dW）为

$$dW = dW_r + dW_s + dW_1 + dW_e = Y_g \cdot P_d \tag{5.29}$$

式中，P_d 为一天的光合产物总量（同化产物和植株结构物质都以 CH_2O 的来量度）。

设 t 时刻植株各部分的干重为 W_1，W_s，W_r，W_e。此时植株处于生长平衡状态，则有

$$W_e = K_{se} \cdot W_s \tag{5.30}$$

$$W_s = K_{sl} \cdot W_1 \tag{5.31}$$

$$W_r = A \cdot (W_1 + W_s + W_e) \tag{5.32}$$

设 $t + \Delta t$ 时刻植株的状态为 $W_1 + dW_1$，$W_s + dW_s$，$W_r + dW_r$，$W_e + dW_e$。此时植株各部分仍处于功能平衡状态，则：

$$W_e + dW_e = (K_{se} + dK_{se}) \cdot (W_s + dW_s) \tag{5.33}$$

$$W_s + dW_s = (K_{sl} + dK_{sl}) \cdot (W_1 + dW_1) \tag{5.34}$$

$$W_r + dW_r = (A + dA) \times (W_1 + dW_1 + W_s + dW_s + W_e + dW_e) \tag{5.35}$$

对式（5.33）～式（5.35）整理，并略去高级无穷小量 $dK_{se} \cdot dW_s$、$dK_{sl} \cdot dW_1$、$dA \cdot dW_s$、$dA \cdot dW_1$ 和 $dA \cdot dW_e$，可得

$$dW_e = W_s \cdot dK_{se} + K_{se} \cdot dW_s \tag{5.36}$$

$$dW_s = W_1 \cdot dK_{sl} + K_{sl} \cdot dW_1 \tag{5.37}$$

$$dW_r = dA(W_s + W_1 + W_e) + A[W_s \cdot K_{se} + (1 + K_{se}) \cdot W_1 \cdot dK_{sl}] \\ + A(1 + K_{sl} + K_{se} \cdot K_{sl}) \cdot dW_1 \tag{5.38}$$

将式（5.36）、式（5.37）和式（5.38）代入式（5.29）中，可求得 dW_1，然后求得叶片的分配系数 $f_1 = dW_1 / dW$，进而可得出茎、籽粒（果实）和根的光合产物分配系数的机理模型，其中，

叶片的分配系数为

$$f_1 = \frac{-\mathrm{d}A \cdot (W_s + W_1 + W_e)}{(1 + K_{sl} + K_{se} \cdot K_{sl}) \cdot (1 + A) \cdot P_d \cdot Y_g} - \frac{W_s \cdot \mathrm{d}K_{se} + (1 + K_{se}) \cdot W_1 \cdot \mathrm{d}K_{sl}}{(1 + K_{sl} + K_{se} \cdot K_{sl}) \cdot P_d \cdot Y_g} \quad (5.39)$$

茎的分配系数为

$$f_s = K_{sl} \cdot f_1 + \frac{W_1 \mathrm{d}K_{sl}}{P_d \cdot Y_g} \quad (5.40)$$

籽粒（果实）的分配系数为

$$f_e = K_{se} \cdot f_s + \frac{W_s \mathrm{d}K_{se}}{P_d \cdot Y_g} \quad (5.41)$$

根的分配系数为

$$f_r = \frac{A}{1 + A}\left(1 + \frac{\mathrm{d}A}{A} \cdot \frac{W_s + W_1 + W_e}{P_d \cdot Y_g}\right) \quad (5.42)$$

式中，W_s、W_1、W_e 分别为计算时段初始的茎、叶、籽粒（果实）干物质重；$Y_g \cdot P_d$ 则是时段内的光合产物量。由式（5.39）、式（5.40）、式（5.41）和式（5.42）可见，式中不仅包含了当时植株累积的干重，还通过水分胁迫对作物生长相关性的影响包含了水分胁迫因素，也就是水分的供给状况。因此，这一机理性的光合产物分配系数，对于作物生长后期的影响也包含了器官之间光合产物量的转移，因而，后期该光合产物分配系数也可以称为转移系数，该分配系数不仅可以模拟和描述当时水分胁迫和养分胁迫对光合产物分配的影响，而且同时反映了前期光、热、水、肥条件对当前作物生长和产量形成的影响。此外，由上述推导过程以及根、茎、叶和籽粒（果实）的分配系数可看出，这一机理模型还具有如下三个特点：

1）根、茎、叶和籽粒（果实）的分配系数之和等于 1，

$$f_r + f_s + f_1 + f_e = 1 \quad (5.43)$$

2）根、茎、叶和籽粒（果实）的分配系数中均不涉及根重；

3）根分配系数只与根冠比有关，与茎、叶生长平衡系数和粒茎生长平衡系数无关。这一特点可能为根冠生长平衡系数的田间测试提供了便利条件。

3. 作物器官质量及经济产量的确定

根据上述光合产物分配系数的概念，根、茎、叶和籽粒（果实）干物重可计算如下：

$$W_{r,i} = W_{r,i-1} + f_{r,i} \cdot P_{d,i} \cdot Y_{g,i} \quad (5.44)$$

$$W_{s,i} = W_{s,i-1} + f_{s,i} \cdot P_{d,i} \cdot Y_{g,i} \quad (5.45)$$

$$W_{1,i} = W_{1,i-1} + f_{1,i} \cdot P_{d,i} \cdot Y_{g,i} \quad (5.46)$$

$$W_{e,i} = W_{e,i-1} + f_{e,i} P_{d,i} \cdot Y_{g,i} \quad (5.47)$$

式中，$W_{r,i}$，$W_{s,i}$，$W_{1,i}$，$W_{e,i}$ 分别为第 i 天的根、茎、叶和籽粒（果实）干物质重，kg/hm²；$P_{d,i}$，$Y_{g,i}$ 分别为第 i 天的光合产物量（kg/hm²）和光合产物的转化效率；$W_{r,i-1}$，$W_{s,i-1}$，$W_{1,i-1}$，$W_{e,i-1}$ 分别为第 $i-1$ 天的根、茎、叶和籽粒（果实）干物质重，kg/hm²；$f_{r,i}$，$f_{s,i}$，$f_{1,i}$ 和 $f_{e,i}$ 分别为第 i 天同化产物向根、茎、叶和籽粒（果实）的分配系数。

5.2　作物形态学模拟

5.2.1　叶面积指数动态模拟

叶面积指数是指叶面积与所覆盖农田面积的比值，随作物种类和生长期的变化而变化，对作物的产量模拟影响较大。本书采用了 2017～2020 年霍泉灌区灌溉试验站冬小麦复播夏玉米和文峪河灌区灌溉试验站春玉米叶面积实测数据（LAI），拟合经验模型。叶面积的变化在不同年际间影响因素较多，年际之间有一定差异，为了更好地描述叶面积指数随时间的变化规律，本书采用归一化的方法拟合归一化叶面积指数（叶面积实测值与最大叶面积实测值的比值）与生长速率（RDS）间的关系。

（1）冬小麦叶面积指数

冬小麦生育期较长，实测叶面积指数主要在越冬期后测得，不同年份冬小麦的叶面积指数数值变化较大，但变化趋势基本相同（图 5.3），因而采用同一模型拟合叶面积指数的变化过程［式（5.48）］，在不同年份选用不同经验参数值（表 5.3）。

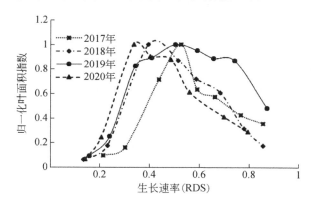

图 5.3　不同年份冬小麦归一化叶面积指数变化过程

$$LAI_t = LAI_m \times \begin{cases} 0 & RDS_t < 0.1 \\ (0.08a_1 + 0.4b_1 + 0.2c_1 + 10d_1) \times (RDS_t - 0.1) & 0.1 \leqslant RDS_t < 0.2 \\ a_1RDS_t^2 + b_1RDS_t^2 + c_1RDS_t + d_1 & 0.2 \leqslant RDS_t < RDS_0 \\ a_2RDS_t + b_2 & RDS_0 \leqslant RDS_t < 0.9 \\ a_2RDS_0 + b_2 & RDS_t \geqslant 0.9 \end{cases} \quad (5.48)$$

式中，LAI_t 为自小麦播种后，第 t 天的叶面积指数；LAI_m 为叶面积指数最大值，本书中每年实测叶面积指数最大值（LAI_m）见表 5.3，综合考察类似地区的冬小麦叶面积指数值，在模拟中统一取 6；RDS_0、a_1、b_1、c_1、d_1、a_2、b_2 为拟合经验参数，表 5.3 给出了利用山西省霍泉灌区灌溉试验站不同年参数值，由表 5.3 可看出不同年拟合的经验方程，决定系数均在 0.89 以上。

表 5.3　冬小麦生育期叶面积指数经验模型参数

年份	LAI_m	a_1	b_1	c_1	d_1	RDS_0	a_2	b_2	R^2
2017	10.72	−104.72	116.89	−39.41	4.20	0.53	−1.71	1.76	0.9303
2018	7.15	−103.58	94.29	−21.77	1.57	0.45	−4.06	1.95	0.9926
2019	5.71	−57.66	57.68	−15.86	1.34	0.53	−4.14	1.97	0.8977
2020	6.47	−95.17	73.28	−13.69	0.82	0.41	−1.84	1.71	0.9635

（2）夏玉米叶面积指数

夏玉米生育期较短，不同年实测值变化情况基本一致，采用山西省霍泉灌区灌溉试验站 2017～2019 年实测数据进行归一化处理，拟合得出了叶面积指数的经验方程，决定系数达到 0.9127（图 5.4）。在此基础上，给出了夏玉米全生育期叶面积指数分段模拟模型，见式（5.49）。作为检验，采用确定的模型模拟 2020 年夏玉米生育期内叶面积指数变化情况，表明实测值与模拟值较为接近（图 5.5）。

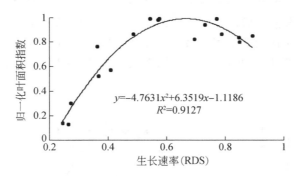

图 5.4　2017～2019 年夏玉米归一化叶面积指数变化过程

$$LAI_t = LAI_m \times \begin{cases} 0 & RDS_t < 0.1 \\ 5.0266RDS_t - 0.5026 & 0.1 \leqslant RDS_t < 0.25 \\ -4.7631RDS_t^2 + 6.3519RDS_t - 1.1186 & 0.25 \leqslant RDS_t < 0.9 \\ 0.7340 & 0.9 \leqslant RDS_t \end{cases} \quad (5.49)$$

式中，LAI_t 为自夏玉米播种后，第 t 天叶面积指数；LAI_m 为叶面积指数最大值，本书中 2017～2020 年叶面积指数最大值依次为 3.96、4.42、3.74 和 4.22，在模拟中取用了 2017～2019 年叶面积指数最大值的均值，取 4.04；其余符号意义同前。

（3）春玉米叶面积指数

春玉米生育期较夏玉米长，不同年实测值变化趋势基本一致，采用山西省文峪河灌区灌溉试验站 2017～2019 年实测数据进行归一化处理，拟合得出了叶面积指数的经验方程，并且与实测值进行了比较，见图 5.6，其决定系数达到了 0.9286。在此基础上，给出了春玉米全生育期叶面积指数分段模拟模型，见式（5.50）：

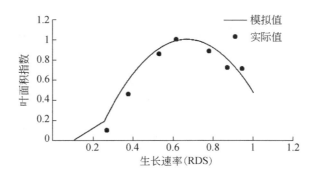

图 5.5　2020 年夏玉米叶面积指数变化模拟值与实测值

$$LAI_t = LAI_m \times \begin{cases} 0 & RDS < 0.15 \\ -19.409RDS^3 + 21.169RDS^2 - 4.457RDS + 0.241 & 0.15 \leqslant RDS < 0.566 \\ 0.9804 & 0.566 \leqslant RDS < 0.733 \\ -10.415RDS^2 + 15.276RDS - 4.621 & RDS \geqslant 0.733 \end{cases} \quad (5.50)$$

式中，LAI_t 为自春玉米播种后，对应生长速率 RDS 的叶面积指数；LAI_m 为叶面积指数最大值，本书中 2017～2019 年叶面积指数最大值依次为 5.853、5.600、4.020，平均为 5.158。本书在模拟中取用了 2017～2019 年叶面积指数最大值的均值，为 5.158；其余符号意义同前。

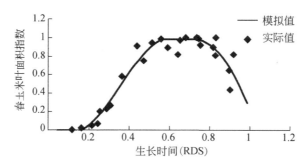

图 5.6　2017～2019 年春玉米归一化叶面积指数变化过程

5.2.2　籽粒重与穗重的关系

干物质重测试过程中，早期的籽粒处于非常稀的乳状，难以测定籽粒干物质重，穗重相对容易测试。因此，本书在作物生长模拟过程中用穗重代替籽粒重建立了作物生长相关性模型，这样，相当于可以增加籽粒干物质重的测试次数，因而作物生长模拟结果是穗重。为了获取籽粒干物质重，即作物产量，需要分析建立收获时籽粒干物质重与穗重之间的关系。

（1）冬小麦和夏玉米籽粒干重与穗干重的关系

根据山西省霍泉灌区灌溉试验站数据确定了冬小麦与夏玉米收获时由穗重向籽粒重转换的经验关系式（5.51）与式（5.52），由图 5.7 和图 5.8 可知，拟合过程中系数均达到了

0.977 以上。

冬小麦：

$$y_1 = 0.317e^{0.7786x_1} \tag{5.51}$$

夏玉米：

$$y_2 = 0.0002x_2{}^2 + 0.7473x_2 - 19.479 \tag{5.52}$$

式中，x_1 为冬小麦单穗重，g，y_1 为冬小麦单穗籽粒重，g；x_2 为夏玉米单穗重，g，y_2 为夏玉米单穗籽粒重，g。

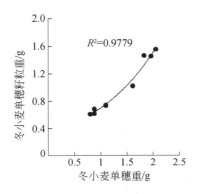 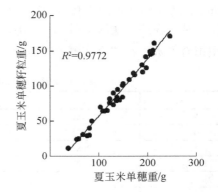

图 5.7　冬小麦单穗重向单穗籽粒重的转换关系　　图 5.8　夏玉米单穗重向单穗籽粒重的转换关系

（2）春玉米单穗籽粒干重与单穗干重的关系

根据文峪河灌区灌溉试验站资料，回归分析求得春玉米单穗籽粒干重与单穗干重的关系，散点图见图 5.9。

$$y=0.9418x-17.346 \qquad R^2=0.9860$$

式中，x 为春玉米单穗干重，g；y 为春玉米单穗籽粒干重，g。

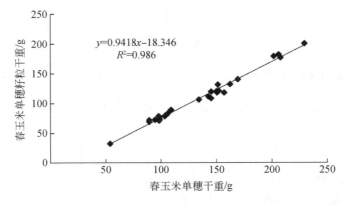

图 5.9　春玉米单穗籽粒干重与单穗干重的关系

5.2.3　冬小麦株数随时间变化动态及其对水分胁迫的反应

冬小麦存在分蘖的过程，因而其群体动态是随时间变化的，水分胁迫影响群体动态变化，进而影响作物干物质积累过程。本书根据山西省霍泉灌区灌溉试验站 2017~2020 年 4 年小麦苗数实测值拟合群体动态随时间变化规律，见式（5.53），不同年份拟合参数见表 5.4，由表可见不同年份模拟株数和实测株数的决定系数均在 0.95 以上：

$$J_t = N_1 J_0 \begin{cases} a_3 e^{b_3 \text{RDS}_t} & 0 < \text{RDS}_t \leqslant \text{RDS}_{r2} \\ a_4 \text{RDS}_t{}^3 - b_4 \text{RDS}_t{}^2 + c_4 \text{RDS}_t - d_4 & \text{RDS}_{r2} < \text{RDS}_t \leqslant \text{RDS}_{r3} \\ a_5 \text{RDS}_t{}^{b_5} & \text{RDS}_{r3} < \text{RDS}_t \leqslant 1 \end{cases} \quad (5.53)$$

式中，J_t 为自播种冬小麦起第 t 天的株数，万株/hm²；J_0 为基本苗数，本次模拟中取 $J_0 = 450$ 万株/hm²，考虑到在不同年基本苗数受小麦品种和气候影响有所差异，引入 N_1 作为基本苗的修正参数，在拟合实测值时确定；a_3、b_3、RDS_{r2}、a_4、b_4、c_4、b_4、RDS_{r3}、a_5、b_5 为模拟模型拟合参数，在拟合实测值时确定。

表 5.4 2017~2020 年冬小麦生长苗数拟合参数

经验参数	2017 年	2018 年	2019 年	2020 年
N_1	0.9481	0.9520	0.9207	0.9882
a_3	0.6575	0.6052	0.4921	0.3247
b_3	7.2086	7.5260	9.0857	11.8086
RDS_{r2}	0.2307	0.2181	0.2150	0.1918
a_4	224.599	741.909	865.177	1975.067
b_4	−330.935	−879.834	−976.828	−1914.048
c_4	147.392	321.379	344.027	587.058
d_4	−15.679	−34.196	−33.944	−53.167
RDS_{r3}	0.6601	0.5176	0.4923	0.4145
a_5	1.6532	1.6411	1.5572	1.1117
b_5	0.4779	−0.3874	−0.2867	−0.6491
R^2	0.9999	0.9993	0.9935	0.9597

水分胁迫影响小麦株数变化过程如式（5.54）和式（5.55）：

$$J'_t = J_t \text{ER}^{0.2258} \quad (5.54)$$

$$\text{ER} = \sum_{t=0}^{t} \text{ET}_{at} / \sum_{t=0}^{t} \text{ET}_{pt} \quad (5.55)$$

式中，J'_t 为水分胁迫条件下第 t 天的株数，万株/hm²；ER 为第 t 天累计实际蒸散量与同期累计潜在蒸散量的比值，反映了水分胁迫程度大小；$\sum_{t=0}^{t} \text{ET}_{at}$ 为从播种日至第 t 天的实际蒸散量累计值，mm；$\sum_{t=0}^{t} \text{ET}_{pt}$ 为从播种日至第 t 天的潜在蒸散量累计值，mm；0.2258 为水分胁迫指数，以模拟的株数与实测株数误差平方和最小为目标，通过模拟山西省霍泉灌区灌溉试验站 2017~2020 年高水高肥和零水零肥处理（共 8 个处理）的水分胁迫过程确定；其余符号意义同前。

图 5.10 至图 5.13 给出了 2017~2020 年冬小麦株数随时间的变化过程。从图可以看出，处理 1（灌水多）冬小麦群体密度较处理 4（灌水少）和处理 6（灌水少）的群体密度普遍偏大，说明灌溉水量的多少对冬小麦的群体密度有明显的影响。

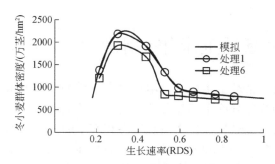

图 5.10　2017 年冬小麦群体密度随生长速率（RDS）变化过程

处理 1 为高水高肥，处理 6 为零水零肥

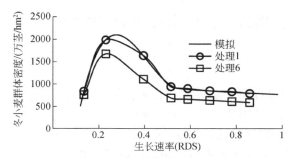

图 5.11　2018 年冬小麦群体密度随生长速率（RDS）变化过程

处理 1 为高水高肥，处理 6 为零水零肥

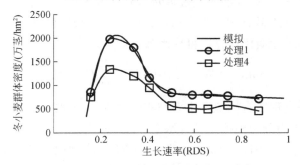

图 5.12　2019 年冬小麦群体密度随生长速率（RDS）变化过程

处理 1 为高水高肥，处理 4 为零水零肥

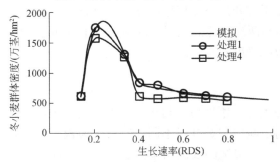

图 5.13　2020 年冬小麦群体密度随生长速率（RDS）变化过程

处理 1 为高水高肥，处理 4 为零水零肥

5.3 冬小麦复播玉米作物水肥模型参数率定与检验

作物水肥模型主要包括基于土壤水分溶质动力学模型的土壤水分、土壤温度、土壤溶质（土壤中氮、磷、钾等养分或土壤盐分和农药等）的动态模拟，以及基于作物根、茎、叶、穗干物质重积累与分配过程的作物生长动态和产量的模拟。本书以山西省霍泉灌区灌溉试验站资料率定和检验冬小麦和夏玉米（也称为复播玉米）土壤水分运动参数、作物根系吸水胁迫响应函数参数，在此基础上率定并检验冬小麦和夏玉米生长模型有关参数；以山西省文峪河灌区灌溉试验站资料率定和检验春玉米有关参数。

5.3.1 冬小麦复播玉米土壤水分运动参数的反演与检验

1. 反演方法

土壤水分动态模拟过程中主要是对于土壤水分特性参数（θ_s、θ_r、α、n、K_s）以及根系吸水过程中的水分胁迫响应参数（h_{50}，P）进行反演确定。这些参数主要反映当地的土壤特征以及作物种类对吸水过程的影响，可通过试验测得，但是测试过程较为繁琐，存在较大误差。因而研究过程中采用了山西省霍泉灌区灌溉试验站 2017～2019 年冬小麦复播夏玉米的高水高肥、中水中肥及零水零肥 3 个处理的土壤水分实测数据对这些参数进行了反演确定，并采用 2020 年所有处理的实测数据对这些参数进行了验证。

参数反演采用 Excel 软件中规划求解的演化算法，以实测含水率及模拟含水率误差平方和最小为目标函数进行演化计算，目标函数式如下：

$$\min \sum_{j=1}^{m} SW_j，\text{ 其中 } SW_j = \sum_{i=1}^{p_j} (\theta_{ij} - \theta'_{ij})^2 \tag{5.56}$$

式中，SW_j 为第 j 个处理所有模拟含水率与实测含水率的误差平方和；θ_{ij} 为分层实测土壤含水率，cm^3/cm^3；θ'_{ij} 为分层模拟土壤含水率，cm^3/cm^3；p_j 为 j 处理中分层实测土壤含水率的个数，$i=1$，$2\cdots p_j$；$j=1$，$2\cdots m$，m 为规划求解所用到处理个数，$m=9$。

根据试验站土壤质地及作物种类取用 3 组经验参数（王康，2010）作为初始值，将经验参数分别乘以 1.2、0.7 作为反演参数的变化上下限。

以土壤含水率误差平方和最小为依据，选定 3 次演化中最优参数结果，将其作为初始值重复演化过程，当相邻两次计算的土壤含水率误差平方和之差的相对误差小于 0.01 时停止演化计算，获得参数准确度较高。

2. 反演结果

土壤水分特性参数表征土壤性质，与作物种类无关，因而在冬小麦和夏玉米生育期内采用一组参数，水分胁迫响应参数针对不同作物时，参数值有所差异，因而对于两种作物确定了不同的参数值，以上参数的反演结果在表 5.5、表 5.6 中给出。由表 5.5 和表 5.6 可见，反演确定的参数值与类似地区文献（王康，2010）给出的值基本一致。2017～2019 年共 9 个处理用于参数反演，每年 0～100cm 土层平均含水率实测值与模拟值对比情况见图 5.14～图 5.16，由图可见，土壤含水率实测值与模拟值比值系数接近于 1，表明模拟值与实测值较为接近；冬小麦复播玉米模式中冬小麦生育期测试土壤含水率 18 次以上，夏玉米生育期内测量土壤含水率 14 次以上，冬小麦与夏玉米生育期内平均土壤含水率实测值与模拟值决定系数均在 0.6 以上，相关性较高。

表 5.5 土壤水分特性参数反演结果

模型	θ_s/(cm³/cm³)	θ_r/(cm³/cm³)	α/cm⁻¹	n	K_s/(cm/d)
初始值	0.4460	0.0033	0.0245	1.6078	5.5227
优化后	0.4435	0.0058	0.0072	1.3880	7.8311

表 5.6 根系水分胁迫响应函数参数反演结果

VG 函数参数	冬小麦		夏玉米	
	P	h_{50}/cm	P	h_{50}/cm
初始值	1.65	1437.21	1.98	1437.21
优化后	4.49	1137.6	3.27	1056.7

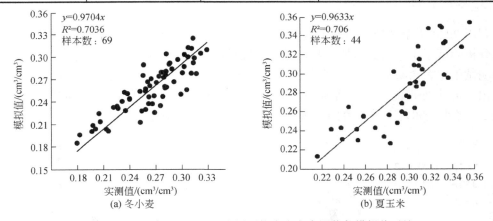

(a) 冬小麦   (b) 夏玉米

图 5.14 2017 年 0～100cm 土层平均含水率实测值与模拟值对比

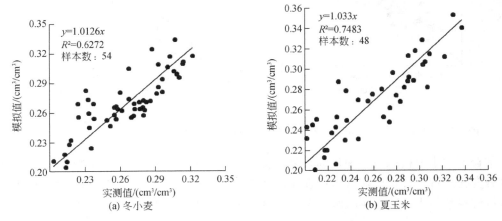

(a) 冬小麦   (b) 夏玉米

图 5.15 2018 年 0～100cm 土层平均含水率实测值与模拟值对比

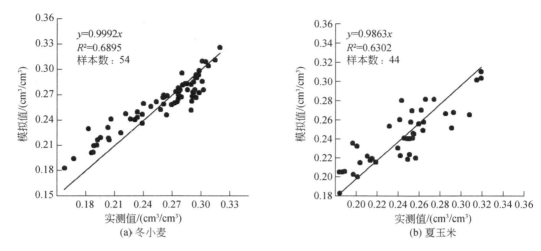

图 5.16　2019 年 0~100cm 土层平均含水率实测值与模拟值对比

3. 参数验证

利用 2020 年全部处理实测土壤含水率，以 0~100cm 土层平均含水率模拟值与实测值对比分析验证了土壤水分特性参数，对比情况见图 5.17。由图可见，冬小麦生育期，4 个处理测试土壤含水率 96 次，土壤含水率的实测值与模拟值的决定系数为 0.6542；夏玉米生育期内，4 个处理测试土壤含水率 60 次，土壤含水率的实测值与模拟值的决定系数为 0.8052。冬小麦和夏玉米生育期土壤含水率决定系数均达到了 0.6 以上。

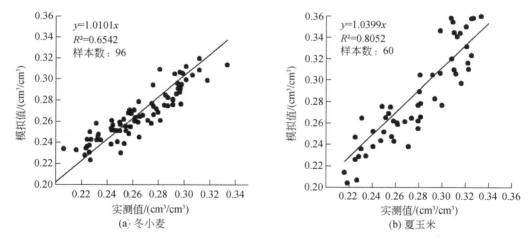

图 5.17　2020 年冬小麦和夏玉米生育期 0~100cm 土层平均含水率实测值与模拟值对比

综合土壤水分模拟时参演反演与参数验证结果表明：所构建的模型能够很好地模拟土壤水分变化过程，体现土壤含水率在年际间与不同处理间的差异；参数反演所确定的土壤水分特性参数与水分胁迫响应函数参数具有很好的代表性，可以应用于试验地的其他研究。

5.3.2　冬小麦复播玉米水分养分胁迫系数模型参数的反演与检验

1. 反演方法

水分胁迫系数与养分胁迫系数用于描述水分胁迫与养分胁迫对光合产物积累与分配的影响，其参数均属于作物生长动态模型参数，包括水分亏缺敏感指数（λ_1）、养分亏缺敏感指数（λ_2）。此外，作物生长动态模型参数还包括光合产物转化效率（CVF）［式（5.1）］，以及影响干物质分配的水分胁迫指数（σ_m、σ_{se}）［式（5.20）］。这些参数综合反映水分与养分胁迫对作物光合产物积累与分配过程的影响，参数的代表性体现在极端情况（不受旱和严重受旱）下确定的参数能够应用于一般情况。因而，研究过程中采用了 2017～2020 年冬小麦复播夏玉米的高水高肥和零水零肥两个典型处理进行了参数反演确定，测试数据包括叶、茎、穗和籽粒的干物质重变化过程，采用 4 年中的中水中肥处理对反演的参数进行验证。

以茎、叶、穗模拟值与实测值误差平方和最小为目标函数，该问题属于多变量非线性规划问题，本书采用规划求解工具进行优化求解，由此反演确定模型参数。规划求解目标函数见式（5.57）：

$$\min\sum_{j=1}^{m}\mathrm{SY}_j \tag{5.57}$$

其中

$$\mathrm{SY}_j = \sum_{o=1}^{e_j}(\mathrm{YE}_{o,j}-\mathrm{YE}'_{o,j})^2 + \sum_{q=1}^{g_j}(\mathrm{YJ}_{q,j}-\mathrm{YJ}'_{q,j})^2 + \sum_{v=1}^{l_j}(\mathrm{YL}_{v,j}-\mathrm{YL}'_{v,j})^2$$

式中，SY_j 为第 j 个处理中实测干物质重与模拟干物质重的误差平方和；YE、YJ、YL 分别代表叶、茎、穗干重的实测值，kg/hm²；YE′、YJ′、YL′分别为叶、茎、穗干重的模拟值，kg/hm²；e_j、g_j、l_j 分别为 j 处理中叶、茎、穗实测干重样本的个数，$o=1,2\cdots e_j$，$q=1,2\cdots g_j$，$v=1,2\cdots l_j$；其余符号意义同前。

以王铁英（2022）与 Zhang 和 Wang（2021）研究中确定的参数值作为初始值，同样将初始值乘上 1.2 与 0.7 作为演化求解中参数变化的上下限。若参数演化结果达到了上限或下限值时，则扩大上限值或缩小下限值，重复演化过程；当茎、叶、穗模拟值与实测值误差平方和不再减小时停止演化计算。

2. 反演结果

作物干物质积累及分配模拟过程主要反演水分与养分胁迫参数和光合产物转化效率，冬小麦与夏玉米单独进行，每种作物选用 4 年 8 个处理（每年 2 个处理，包括高水高肥和零水零肥）进行参数反演，反演参数结果见表 5.7。由表可见，冬小麦 CVF 变化范围为 0.63～0.87，夏玉米 CVF 变化范围为 0.75～0.81，冬小麦干物质积累过程中的 λ_2 值较小，与玉米接近，干物质分配过程中的 σ_m 与 σ_{se} 参数值相对玉米较大，表明夏玉米光合产物在各器官间分配时，水分胁迫相对冬小麦较小；夏玉米的 λ_1 值大于 λ_2 值，表明在干物质积累过程中，夏玉米对水分胁迫更敏感。

冬小麦 2017~2020 年地上干物质重模拟值与实测值对比以及叶、茎、穗模拟值与实测值的对比情况见图 5.18。由图可知，冬小麦地上干物质重、茎干物质重、穗干物质重的模拟值与实测值具有很好的相关关系，决定系数值在 0.87 以上；穗干物质重的模拟值与实测值的直线斜率较贴近于 1，茎干物质重的模拟值相对于实测值较大；叶干物质重模拟情况相对较差，散点图较为散乱，其主要原因为冬小麦叶干物质重测量误差较大，生长期后期，叶片脱落现象较为严重。

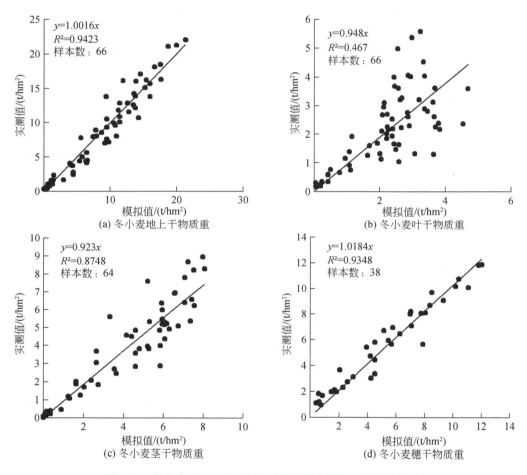

图 5.18　冬小麦 2017~2020 年干物质重实测值与模拟值对比

夏玉米 2017~2020 年地上干物质重模拟值与实测值对比以及叶、茎、穗模拟值与实测值的对比情况见图 5.19。由图可知，夏玉米地上干物质重、叶干物质重、茎干物质重、穗干物质重的模拟值与实测值均具有很好的相关关系，决定系数值在 0.85 以上；地上干物质重、叶干物质重、茎干物质重、穗干物质重的模拟值与实测值较为接近，模拟效果较好。

冬小麦与夏玉米产量模拟结果与实测值对比情况见表 5.8（2017 年雨水充足，模拟玉米产量较大，与实测值相差较多，因而未计算 2017 年处理 6 中夏玉米产量的相对误差）。

由表可见，冬小麦产量实测值与模拟值相对误差范围为 0.18%～10.89%，平均相对误差为 2.87%；夏玉米产量实测值与模拟值相对误差范围为 0.85%～15.73%，平均相对误差为 6.13%。冬小麦及夏玉米产量模拟精度较高，其中冬小麦产量模拟平均效果相对于夏玉米较好。

表 5.7　冬小麦和夏玉米产量模拟参数反演结果

作物	参数	λ_1	试验年的 CVF				λ_2	σ_m	σ_{se}
			2017	2018	2019	2020			
冬小麦	初始值	—	0.6300	0.6300	0.6300	0.6300	0.6803	0.7092	0.2340
	优化后	—	0.7841	0.7016	0.8738	0.6337	0.2673	4.2600	0.5813
夏玉米	初始值	0.6860	0.6300	0.6300	0.6300	0.6300	0.4803	0.6092	0.3840
	优化后	0.7806	0.7590	0.8118	0.7684	0.7540	0.2299	0.6092	0.3840

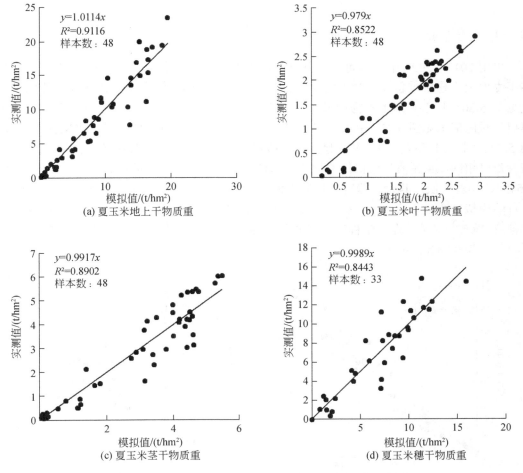

图 5.19　夏玉米 2017～2020 年干物质重实测值与模拟值对比

表 5.8 冬小麦与夏玉米的产量实测值与模拟值对比（参数率定）

年份	处理编号	冬小麦产量/(kg/hm²)			夏玉米产量/(kg/hm²)		
		实测值	模拟值	相对误差/%	实测值	模拟值	相对误差/%
2017	1	7.42	7.58	1.90	9.15	7.93	4.41
	6	5.46	5.43	0.62	4.07	7.16	—
2018	1	6.10	6.30	3.36	10.55	11.60	9.96
	6	4.44	3.95	10.89	5.66	5.52	4.55
2019	1	7.75	7.74	0.18	7.96	7.39	5.52
	4	4.34	4.58	5.46	4.57	5.29	15.73
2020	1	7.06	7.08	0.29	7.69	7.61	0.85
	4	4.94	4.93	0.29	7.20	7.07	1.88
平均				2.87			6.13

3. 参数验证

采用 2017～2020 年 4 年间中水中肥共 4 个处理的干物质测试值对反演参数进行验证。冬小麦地上干物质重总和、叶干物质重、茎干物质重、穗干物质重实测值与模拟值对比情况见图 5.20。夏玉米地上干物质重总和、叶干物质重、茎干物质重、穗干物质重实测值与模拟值对比情况见图 5.21。中水中肥处理冬小麦及夏玉米产量模拟结果对比见表 5.9。结合图 5.20、图 5.21 和表 5.9，参数验证时各器官干物质重实测值与模拟值对比情况基本与反演参数时相同，实测值与模拟值的相关关系较高；冬小麦的叶干重实测值与模拟值的 R^2 为 0.5494，相对较低，其余各器官干物质重模拟时的 R^2 均在 0.8 以上。冬小麦叶、茎和穗等器官的模拟值略大于实测值，但是产量模拟相对误差较小，最大为 4.03%，其原因为所确定穗-籽粒转换关系，在一定程度上降低了最终的籽粒模拟值。夏玉米产量模拟相对误差较大，最大为 9.74%，小于 10%。

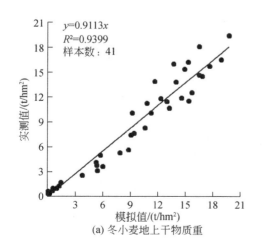

(a) 冬小麦地上干物质重

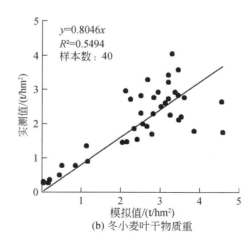

(b) 冬小麦叶干物质重

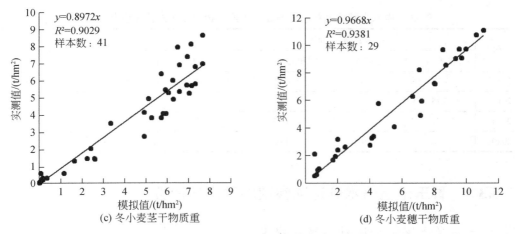

图 5.20　2017～2020 年中水中肥处理冬小麦干物质重实测值与模拟值对比

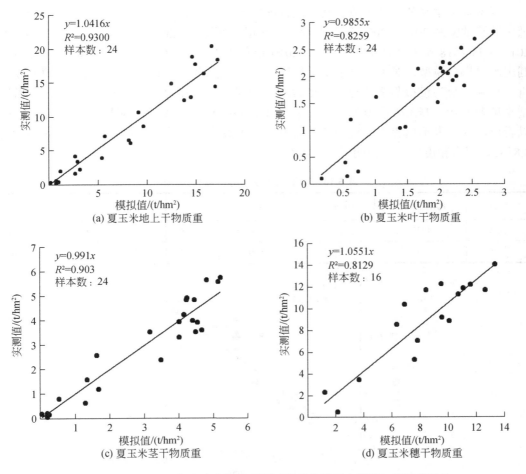

图 5.21　2017～2020 年中水中肥处理夏玉米干物质重实测值与模拟值对比

表 5.9　中水中肥处理冬小麦与夏玉米产量模拟结果对比（参数验证）

年份	冬小麦产量/(t/hm²)			夏玉米产量/(t/hm²)		
	实测值	模拟值	相对误差/%	实测值	模拟值	相对误差/%
2017	7.77	7.73	0.55	7.15	7.80	7.93
2018	5.75	5.86	1.88	10.22	9.38	7.26
2019	7.73	7.59	1.93	7.29	7.48	9.74
2020	7.20	7.49	4.03	7.57	7.91	7.67

5.3.3　春玉米土壤水分运动参数的率定与检验

1. 春玉米土壤水分运动参数的率定

春玉米土壤水分运动参数及其率定方法同冬小麦复播玉米，主要依据是山西省文峪河灌区灌溉试验站 2017～2020 年春玉米试验数据。选取其中灌水差异较大的两个处理，其中 2017 年和 2018 年为处理 1 和处理 6，2019 年和 2020 年为处理 1 和处理 4，共 8 个处理。利用水热耦合模型，对土壤含水率进行逐日模拟，将模拟含水率与实测含水率进行误差分析，目标函数为模拟与实测分层土壤含水率的误差平方和为最小 [式（5.56）]。参数率定结果见表 5.10。春玉米模拟和实测土壤含水率（0～60cm）散点图见图 5.22。从图 5.22 可以看出，春玉米土壤含水率模拟值与实测值点大致均匀分布在 45°线两侧，决定系数达到 0.8133，拟合精度较高，说明所率定参数合理。

表 5.10　春玉米土壤水分参数率定结果

参数	θ_s/(cm³/cm³)	θ_r/(cm³/cm³)	α/cm⁻¹	n	K_s/cm⁻¹	P	h_{50}/cm
初始值	0.25	0.134 5	0.004 5	0.988	4.346	4.05	1.077
率定值	0.37	0.010 0	0.005 8	1.478	7.336	3.05	4.674

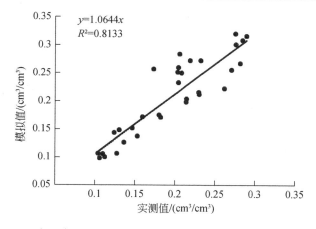

图 5.22　春玉米 0～60cm 土层土壤含水率实测值和模拟值散点图

2. 春玉米土壤水分运动参数的检验

利用山西省文峪河灌区灌溉试验站 2017 年处理 3 和处理 5、2018 年处理 3、处理 5、2019 年和 2020 年的处理 2 和处理 3，对表 5.10 中土壤水分参数率定结果进行验证。其模拟与实测的含水率散点图见图 5.23。从图 5.23 可看出，春玉米土壤含水率模拟值与实测值点均匀分布在 45°线两侧，决定系数达到 0.5413，拟合精度较高，说明所率定参数合理。

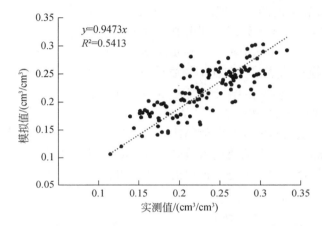

图 5.23　春玉米 0～60cm 土层土壤含水率实测值和模拟值散点图

5.3.4　春玉米作物生长模型参数的率定与检验

对于春玉米，大田作物总同化率（Fgass）仍采用式（5.3）计算，只是水分胁迫系数（F_W）和养分胁迫系数（F_N）的计算不同于冬小麦和夏玉米，应采用式（5.58）和式（5.59）计算：

$$F_w = \begin{cases} 1 & \dfrac{ET_a}{ET_p} \geqslant K_1 \\[2mm] \left(\dfrac{ET_a}{ET_p}\right)^{\lambda} & K_2 \leqslant \dfrac{ET_a}{ET_p} < K_1 \\[2mm] 0 & \dfrac{ET_a}{ET_p} < K_2 \end{cases} \tag{5.58}$$

式中，ET_a 为作物实际蒸散量，mm/d；ET_p 为充分供水条件下作物的蒸发蒸腾量，mm/d；λ、K_1 和 K_2 为待率定参数。

$$F_N = \begin{cases} 1 & \dfrac{S_{rt}}{S_{mt}} > 1 \\[2mm] \left(\dfrac{S_{rt}}{S_{mt}}\right)^{K_4} & K_3 \leqslant \dfrac{S_{rt}}{S_{mt}} \leqslant 1 \end{cases} \tag{5.59}$$

式中，K_3、K_4 为待定参数。其余符号意义同前。

　　水分胁迫系数反映了供水（包括降雨和灌溉）不足对作物生长的影响。水分胁迫系数有多种表示形式。本书认为水分胁迫对作物蒸发蒸腾的影响与对作物生长的影响不同步，只有当相对蒸发蒸腾量 ET_a/ET_p 小于某一值 K_1 时水分胁迫才会影响作物干物质的积累，水分胁迫对作物干物质积累过程的影响符合幂函数变化。而且当 ET_a/ET_p 小于某一值 K_2 时，作物干物质积累过程即停止，因此本书采用式（5.58）计算水分胁迫系数。

　　根据山西省文峪河灌溉试验站 2017~2020 年春玉米试验测试的茎、叶和穗的干物质重数据，选取灌水差异较大的两个处理，2017 年和 2018 年的处理 1 和处理 6，2019 年和 2020 年的处理 1 和处理 4，共 8 个处理。利用 PS123 作物生长模型对冬小麦的生长动态进行逐日模拟，将模拟的茎、叶和穗干物质重与实测茎、叶和穗干物质重进行误差分析。目标函数为 4 年所选处理模拟的茎、叶和穗干物质重与实测茎、叶和穗干物质重的总误差平方和为最小［式（5.57）］。参数率定结果见表表 5.11。穗干物质重和地上部分干物质重实测值和模拟值散点图，见图 5.24 和图 5.25。从图 5.24 和图 5.25 可看出，数据点均匀地分布在直线两侧，穗干物质重模拟值与实测值的决定系数为 0.8708，地上干物质重模拟值与实测值的决定系数为 0.8831，二者的决定系数均达到 0.87 以上，拟合效果较好，表明率定的作物生长模型参数值是合理的。但是，模拟值小于实测值，尚有待进一步分析研究。

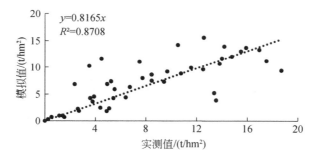

图 5.24　2017~2020 年春玉米穗干物质重模拟值实测值散点图

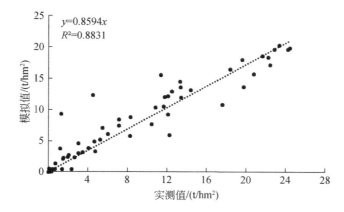

图 5.25　2017~2020 年春玉米地上部分干物质重模拟值实测值散点图

表 5.11　春玉米生长模型参数率定结果

参数	K_1	K_2	λ	CVF	K_3	K_4	σ_m	σ_{se}
初始值	0.897	0.099 6	1.466	0.727	0.567	0.648	0.085	0.241
率定值	0.751	0.075 1	4.028	0.472	0.614	0.870	-0.982	0.143

5.4　作物产品品质对水分胁迫的反应及模拟简介

　　灌溉是北方旱区和设施农业中最为频繁的管理措施之一，直接影响农产品产量和品质。目前，很多地区特色经济作物生产仍片面追求产量，仅仅依靠水、肥等资源的大量投入追求高产，不仅水的利用效率不高，而且形成了过度依赖灌溉和施肥获得"高水、高肥、高产"，导致"低品质、低价格、低效益"的恶性循环（康绍忠，2019）。对这些特色经济作物进行科学、合理地灌溉以达到节水、丰产、优质、高效的目的，是现代农业生产中迫切需要解决的科学问题。康绍忠等（2020）提出了通过灌溉调控提高作物品质的理论设想，杜太生和康绍忠（2020）具体阐述了节水调质高效灌溉的生理学、生物学和工程学基础，并探讨了水分-品质响应关系的研究进展与存在的问题。

第6章 山西省分区分类典型作物精准灌溉需水量研究

作物需水量受多种因素的影响，包括气温、光照、湿度、风速等天气因素，下垫面和栽培管理等环境因素，以及作物生理生态等自身特征等因素。加之作物需水量测试周期长，费时费力，更为准确地测试需要专门的设施，如称重式蒸渗仪或非称重式蒸渗仪。因此，在灌溉工程规划设计和灌溉用水管理中普遍采用时间和空间上的平均值，由此导致作物需水量和灌溉需水量计算值在时间和空间双向纬度上过度均值化和经验化。鉴于此，本书利用作物需水量研究新理论（作物系数法），依据近 20 年来多站点多作物灌溉试验资料，通过分析、检验和修正，获得适合当地条件的作物系数；利用长序列气象资料和利用作物系数法逐年计算所得的作物潜在需水量和灌溉需水量；考虑地理位置和气候因素，尽量采用就近原则选取试验站点的作物系数，据此计算无试验站点作物的灌溉需水量。在此基础上分析山西省农业灌溉供水紧缺状况，分区（地市）给出农业灌溉供需比，以期为灌溉工程规划设计和灌溉用水管理提供更为准确的依据。

6.1 基于 P-M 法的典型作物潜在需水量计算

6.1.1 分类典型作物系数的确定

按照农业生产习惯，将山西省主要作物分为粮食作物、油料作物、瓜果类作物、蔬菜作物、药材类作物和棉花等。参照《山西统计年鉴》（2019～2021 年），粮食作物包括谷物类作物，其典型作物有春玉米、复播玉米、冬小麦、春小麦、黍子等；豆类典型作物有黄豆、黑豆、红小豆等；薯类典型作物有马铃薯；油料类典型作物有油葵、胡麻子等；瓜果类典型作物有西瓜、香瓜、花生、红枣、核桃、苹果、梨、桃、葡萄等；蔬菜典型作物有茴子白（卷心菜）、尖椒、西葫芦、南瓜、辣椒、青椒、茄子、番茄、黄瓜、黄花等；经济类典型作物有棉花、黄花等。

1. 阶段平均作物系数的确定

本书基于大田试验条件下测试的土壤含水率、灌水量和降水量资料，通过农田水量平衡方程［式（6.1）］分析计算作物实际蒸散量。由此确定的作物蒸散量只是作物实际蒸散量的近似值，因为大田试验条件下无法获取准确的根系层下界面的水分通量（从根系层下界面向下运移的水量，或者向上运移的水量）：

$$ET_i = \gamma \times H \times (\theta_i - \theta_{i-1}) + P_i + M_i \tag{6.1}$$

式中，i 为计算时段编号；γ 为 0～100cm 平均土壤容重，g/cm^3；H 为土壤含水率测试深度，

mm；θ_{i-1}、θ_i 分别为第 i 时段始末的土壤质量含水率，g/g；P_i 为 i 时段内降水量，mm；M_i 为 i 时段内的灌溉水量，mm。研究过程中时段长度常取为日。

参照联合国粮食及农业组织（FAO）推荐的四阶段法（初始生长期、快速发育期、发育中期和成熟期）统计分析 2000 年以来的全省 16 个灌溉试验站的试验资料，按照作物系数法 [式（2-57）]，或考虑土壤水分胁迫 [式（2-65）]，分析给出了 24 种典型作物的阶段作物系数，见附录 A。

2. 日作物系数的推求

作物系数反映了作物生长特性对蒸散量的影响，随生育阶段不同而变化。应用过程中常需要日作物系数。这里参照 FAO 推荐的分段单值作物系数四阶段法（初始生长期、快速发育期、生育中期、成熟期），给出根据附录 A 中推荐作物系数求取日作物系数的方法。首先将最大值对应阶段作为生育中期，采用线性插值的方法，从生育中期开始，向后逐阶段推求日作物系数，直到收获日；向前逐阶段推求，可得到每个阶段的日作物系数。从紧邻生育中期的阶段开始，如向后推求，则该阶段起始点的作物系数已知，结束点的作物系数未知，现假定为 K_c，对该阶段做线性插值，可得到包含未知变量 K_c 的日作物系数，据此求该阶段的平均作物系数，并令其等于附录 A 表中阶段作物系数，可求得未知变量 K_c。同样计算，可求得全部阶段的日作物系数。

3. 基于土壤含水率动态模拟精准分析作物系数

（1）基于四阶段法模拟作物系数并考虑深层渗漏损失

FAO 提供了几十种主要作物的作物系数值，国内段爱旺等（2004）对 FAO 提供的作物系数进行了分析验证，并在此基础上按照作物系数四阶段法（初始生长期、快速发育期、发育中期和成熟期）给出了分区主要作物系数。本书以此为依据，利用限量供水灌溉预报项目试验中土壤含水率、作物产量与水分关系等资料，分析、检验、率定天津冬小麦复播玉米作物系数。

1）试验设计：每年试验设置 4 个处理（处理 1：高水高肥；处理 2：中水中肥，经验灌溉；处理 3：低水低肥，经验灌溉；处理 4：零水零肥），每个处理设 3 个重复，共分 12 个试验小区，每个小区长 17.6m，宽 3.78m，面积为 66.5m^2，随机排列。处理设置及实际灌水情况见表 6.1，全部处理每次灌溉的灌水定额均为 75mm。

其中，高水高肥处理为灌水 6 次，其中冬小麦生长期灌水 4 次：越冬、拔节、抽穗、灌浆，复播玉米生长期 2 次：拔节、灌浆，施肥高于常规数量的 50%，即 1.5N（N 为常规施肥数量，包括底肥和追肥）；中水中肥处理为 4 次灌水，其中冬小麦生长期灌水 3 次：越冬、拔节、灌浆，复播玉米生长期 1 次：拔节，施肥为常规数量 N（包括底肥和追肥）；低水低肥处理为 3 次灌水，其中冬小麦生长期灌水 2 次：越冬、拔节，复播玉米生长期 1 次：拔节，施肥为常规数量的 50%，即 0.5N，包括底肥和追肥；零水零肥处理作物全生育期不灌水不施肥（包括底肥和追肥）。

表 6.1 2021 年冬小麦与复播玉米生长期灌溉水量及灌水时间

灌水序号	生长期	处理编号及灌水时间/（月-日）					
		2021 年			2022 年		
		处理 1	处理 2	处理 3	处理 1	处理 2	处理 3
1	小麦越冬	11-02	11-02	11-02	3-15	3-15	3-15
2	小麦拔节	3-22	3-22	3-22	4-18	4-18	4-18
3	小麦抽穗	5-08			5-12	5-12	5-12
4	小麦灌浆	5-22	5-22		5-31		
5	玉米拔节	6-16	6-16	6-16	8-3	8-3	8-3
6	玉米灌浆	7-24			9-3		
	灌水次数	6	4	3	6	4	3
	灌水定额/mm	450	300	225	450	300	225

注：管道输水灌溉，水表量水。

2）基于作物系数法的农田土壤水分动态模拟计算：所谓农田土壤水分动态模拟计算是指利用作物根区水量平衡方程［式（6.1）］，以日为时段，逐日计算每日末的土壤储水量［式（6.2）］，然后与实测的土壤储水量（利用实测的质量土壤含水率计算求得）比较，以土壤储水量实测值与模拟值误差平方和最小为目标函数［式（6.3）］，反求作物系数和其他相关参数：

$$W_2 = W_1 + P + M - \text{ET} - D_p \tag{6.2}$$

式中，P 为作物生长期日降水量，mm；ET 为作物蒸散量，mm；D_p 深层渗漏损失水量，mm，在土壤水分动态模拟计算过程中，当计算的时段末土壤储水量大于田间持水量（降雨或灌水量）时，即 $W_2 > W_f$，超出根区田间持水量的部分将以深层渗漏的方式渗漏到根区以下，不能被作物使用，$D_p = W_2 - W_f$。作物蒸散量与深层渗漏损失水量一样，需要在土壤水分动态模拟计算过程中计算求得；其余符号意义同前。

3）作物系数及其他相关参数反求模型：该模型是以土壤水分动态模拟计算的土壤储水量与实测值误差平方和最小为目标函数，由于该问题属于非线性规划，故利用 Excel 电子表格中提供的规划求解法反求参数。其中待求参数包括作物系数、土壤水分修正系数计算有关参数 β，由于凋萎点含水率一般没有实测值，因而本书将凋萎点含水率也作为一个待求参数：

$$\text{SS} = \min \sum_{i=1}^{N} (W_{2i} - \hat{W}_{2i})^2 \tag{6.3}$$

式中，W_{2i} 为由第 i 次实测的土壤含水率计算的土壤储水量，mm；$\hat{W}_{2i}$ 为与 W_{2i} 对应日模拟计算的土壤储水量，mm；N 为作物全生长期测定土壤含水率的次数。

4）参数反求及其结果：本书的待求参数问题属于非线性规划，需要确定待求参数的初始值。待求参数初始值及其优化结果见表 6.2 和表 6.3，其中作物系数采用四阶段法确定，因冬小麦有越冬期，待求参数有 4 个值，K_1、K_2、K_3、K_4，对应的时间为播种到越冬日：$t_0 \sim t_1(t_1 = t_0 + 42)$；越冬至返青：$t_1 \sim t_2$ $(t_2 = t_2 + 90)$；返青到拔节期开始，属于快速生长期：$t_2 \sim t_3$ $(t_3 = t_2 + 40)$；生长中期，接近于拔节到灌浆期末：$t_3 \sim t_4$ $(t_4 = t_3 + 46)$；成熟期，一般给予半个月：$t_4 \sim t_5$ $(t_5 = t_4 + 15)$。

对于复播玉米，可以按照常规的四阶段确定作物系数，有 3 个值，K_1、K_2、K_3，对应的时间为播种到三叶期：$t_0 \sim t_1(t_1 = t_0 + 15)$；快速生长期，即三叶至拔节期初：$t_1 \sim t_2$ $(t_2 = t_2 + 31)$；生长中期，即拔节期初到灌浆期末：$t_2 \sim t_3$ $(t_3 = t_2 + 60)$；成熟期一般给予半个月：$t_3 \sim t_4$ $(t_4 = t_3 + 15)$。

5）拟合精度分析：由表 6.2 和表 6.3 可见，冬小麦两个年度共计测试土壤含水率 184 次，复播玉米测试土壤含水率 120 余次。拟合精度较高，冬小麦决定系数（R^2）2021 年为 0.8086，2022 年为 0.7875；复播玉米决定系数（R^2）2021 年为 0.8125，2022 年为 0.8518。

表 6.2　冬小麦待求参数初始值及其优化结果

待求参数	对应的时间（播种日算起的天数）		初始值	优化值	拟合关系	
	时段初	时段末			2021 年	2022 年
K_1	1	54	0.6	0.5504		
K_2	55	144	0.4	0.4249		
$K_2 \sim K_3$	145	184	0.4～1.16		$y=0.9637x$ $R^2=0.8086$	$y=0.9981x$ $R^2=0.7875$
K_3	185	233	1.16	1.1668		
K_4	234	249	0.4	0.9213		
ε			0.3	0.5998		
β			0.85	0.9998		

注：误差平方和 SS=42410，样本数 n=184。

表 6.3　复播玉米待求参数初始值及其优化结果

待求参数	对应的时间（播种日算起的天数）		初始值	优化值	拟合关系	
	时段初	时段末			2021 年	2022 年
K_1	1	15	0.63	0.6676		
$K_1 \sim K_2$	16	45	0.4～1.16		$y=1.0022x$ $R^2=0.8125$	$y=0.9842x$ $R^2=0.8518$
K_2	46	104	1.14	1.1842		
K_3	105	119	0.57	0.7202		
ε			0.3	0.5668		
β			0.85	1.0000		

注：误差平方和 SS=28112，样本数 n=120。

（2）作物系数变化过程

图6.1和图6.2分别给出了利用试验资料规划求解后的天津市冬小麦和复播玉米生长期作物系数变化过程。不同年份，作物生长期略有差别，但是变化趋势是一致的，这里以2022年冬小麦和复播玉米为例给出作物系数变化过程。

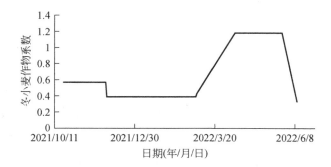

图 6.1　天津市冬小麦生长期作物系数变化过程

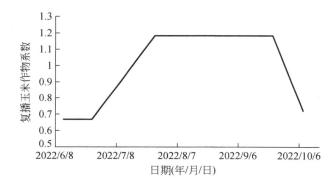

图 6.2　天津市复播玉米生长期作物系数变化过程

（3）利用连续函数描述作物系数

对快速发育期和成熟期作物系数的变化采用曲线表示，其他两个时期用常数表示，全生育期作物系数的变化过程用式（6.4）表示（王仰仁等，2010a，2010b）：

$$K_c = \begin{cases} K_{cmin} & 0 \leqslant t \leqslant t_1 \\ a_0 + a_1 t + a_2 t^2 + a_3 t^3 & t_1 \leqslant t \leqslant t_2 \\ K_{cmax} & t_2 \leqslant t \leqslant t_3 \\ b_0 + b_1 t + b_2 t^2 & t_3 \leqslant t \leqslant t_4 \end{cases} \quad （6.4）$$

式中，K_{cmin} 为初始生长期的作物系数；K_{cmax} 为生育中期的作物系数；t_1，t_2，t_3，t_4 为与作物系数变化相对应的累积天数，其中 t_4 为全生育期生长天数；a_0、a_1、a_2、a_3、b_0、b_1、b_2 为模型参数，其中 a_0、a_1、a_2、a_3 和 b_0、b_1、b_2 中的 6 个参数可利用作物生长连续性的特点由其他参数求得。

根据作物生长的连续性，在 $t = t_1$、t_2、t_3 处，作物系数分别为 $K_c = K_{cmin}$（$t = t_1$）、$K_c = K_{cmax}$（$t = t_2$）和 $K_c = K_{cmax}$（$t = t_3$）。且作物系数的曲线应该是光滑的，即，3 点处的导

数应该等于零，$\left.\dfrac{\partial K_{c}}{\partial t}\right|_{t=t_{1}}=0$，$\left.\dfrac{\partial K_{c}}{\partial t}\right|_{t=t_{2}}=0$，$\left.\dfrac{\partial K_{c}}{\partial t}\right|_{t=t_{3}}=0$。

由上述 6 个条件可获得确定待定参数的 6 个关系式：

$$a_{3}=\frac{K_{c\,max}-K_{c\,min}}{t_{2}^{3}-t_{1}^{3}+3t_{1}t_{2}(t_{2}-t_{1})-1.5(t_{2}-t_{1})(t_{2}+t_{1})^{2}}$$

$$a_{2}=-1.5a_{3}(t_{2}+t_{1})$$

$$a_{1}=3t_{1}t_{2}a_{3}$$

$$a_{0}=K_{c\,max}-a_{3}t_{2}^{3}-a_{2}t_{2}^{2}-a_{1}t_{2}$$

$$b_{0}=K_{c\,max}+b_{2}t_{3}^{2}$$

$$b_{1}=-2b_{2}t_{3}$$

由此可见，参数 a_{0}、a_{1}、a_{2}、a_{3} 和 b_{0}、b_{1} 可由参数 $K_{c\,min}$、$K_{c\,max}$、t_{1}、t_{2}、t_{3}、b_{2} 确定，从而减少了待定参数的个数。其中 t_{1}、t_{2}、t_{3} 根据 FAO 阶段划分方法确定。因此，作物系数模型的待定参数只有 $K_{c\,min}$、$K_{c\,max}$ 和 b_{2} 三个。

作为示例，这里以山西水利职业技术学院试点冬小麦（2007 年和 2008 年两个年度）和棉花（2006～2008 年 3 年）灌溉试验资料，以水量平衡方程为依据，基于概念性模型描述作物根区土壤水分动态变化过程，模拟过程中考虑了时段内进入根区的降水量、灌水量、根区下界面水分通量、时段初和时段末土壤储水量、作物蒸散量，在旱作农田条件下，时段内流出地表径流量一般较小，常忽略不计。时段 $[t_{0}, t_{1}]$ 内根区土体单元水量平衡方程见式（6.5）：

$$W_{1}-W_{0}=\sum P+\sum \mathrm{IR}-\int_{t_{0}}^{t_{1}}\mathrm{ET}\mathrm{d}t-\int_{t_{0}}^{t_{1}}q\mathrm{d}t \tag{6.5}$$

式中，W_{0} 和 W_{1} 分别为时段初（t_{0}）和时段末（t_{1}）的土壤储水量，mm；$\sum P$ 为时段内的降水量，mm；$\sum \mathrm{IR}$ 为时段内的灌水量，mm；ET 为作物蒸散量，$\mathrm{mm\cdot d^{-1}}$；q 为根区下界面水分通量，向下为正，$\mathrm{mm\cdot d^{-1}}$。

式（6.5）中作物蒸散量的计算采用如前所述的作物系数法，土壤水分修正系数采用幂函数模型，根区下界面水分通量采用式（6.6）（王仰仁等，2003，2009；尚松浩，2009）计算：

$$q=a\left(\frac{W}{W_{f}}\right)^{d}\left(W-W_{c}\right) \tag{6.6}$$

式中，a、d 为待定参数；W 为根区土壤储水量，mm；W_{f} 为根区土壤田间持水量，mm；W_{c} 为根区临界土壤储水量，mm；其中 $W=10\gamma H\theta$，$W_{f}=10\gamma H\theta_{f}$，$W_{c}=10\gamma H\theta_{c}$，$\theta$、$\theta_{f}$、$\theta_{c}$ 分别为与 W、W_{f}、W_{c} 相对应的土壤体积含水率，%；H 为根区深度，m，本书研究中取 $H=1\mathrm{m}$。其中 W_{c} 用式（6.7）计算：

$$W_{c}=a_{c}L_{\mathrm{W}}^{b_{c}} \tag{6.7}$$

式中，W_{c} 的单位为 mm；L_{W} 为地下水埋深，mm；a_{c}、b_{c} 为待定参数。考虑本试区土壤质地，取 $a_{c}=385.11$，$b_{c}=-0.1725$。若地下水埋深较深（$L_{\mathrm{W}}>5$），W_{c} 可取为常数。

以模拟土壤储水量与实测土壤储水量误差平方和最小为目标 [式（6.3）] 反求作物系

数等相关参数，结果如下：

冬小麦：t_1=177 天，t_2=198 天，t_3=213 天，$K_{c\min}$=0.6950，$K_{c\max}$=1.7178，a_0=1323.11、a_1=−21.258、a_2=0.1136、a_3=−0.000202 和 b_0=−152.74，b_1=1.45028，b_2=−0.0034，对应的决定系数 R^2=0.9130，$F_值$=62.96$>$$F_{0.001}$=2.83。

棉花：t_1=44 天，t_2=72 天，t_3=151 天，$K_{c\min}$=0.6690，$K_{c\max}$=2.0122，a_0=1.9099、a_1=6.2523×10^{-3}、a_2=−1.1447×10^{-4}、a_3=6.5786×10^{-7} 和 b_0=−19.4207、b_1=0.2839，b_2=−9.4×10^{-4}，对应的决定系数 R^2=0.8625，$F_值$=129.1$>$$F_{0.001}$=3.16。

图 6.3 为冬小麦和棉花根区模拟土壤储水量与实测土壤储水量散点图，该图表明模拟值与实测值拟合精度较高，确定的参数合理可靠。

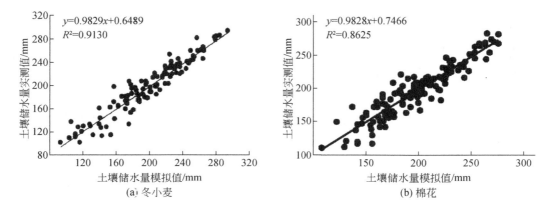

图 6.3　作物根区土壤储水量模拟计算值与实测值比较散点图

6.1.2　不同区域作物潜在蒸散量与降水量对比

为了考察分析干旱程度对作物潜在蒸散量、降水量和灌溉需水量的影响，本书跨区域选择了干旱区新疆维吾尔自治区阿克苏市、半干旱区宁夏回族自治区同心县、山西省吕梁市、河北省邢台市、黑龙江省哈尔滨市 5 个气象站历史资料（1951~2019 年），以春玉米为例，按照式（6.1）计算作物潜在蒸散量，据此分析作物潜在蒸散量的年际变化及其随干旱程度（如降水量）变化趋势。

表 6.4 给出了 5 个站点春玉米潜在蒸散量、降水量和灌溉需水量［计算方法见式（6.8）］年际间变化幅度、平均值和离均系数。

$$W = \mathrm{ET}_p - P_f \tag{6.8}$$

式中，W 为作物灌溉需水量，mm；P_f 为作物生长期有效降水量，mm；其余符号意义同前。

表 6.4　5 个站点春玉米潜在蒸散量、降水量和灌溉需水量变化　　（单位：mm）

气象站名	项目	最大值	最小值	变化幅度	平均值	离均系数/%
黑龙江省哈尔滨市	潜在蒸散量	565.1	367.1	197.0	447.2	7.6
	降水量	654.4	207.0	446.4	374.0	26.2
	灌溉需水量	323.5	−266.6	590.1	74.2	172.0

续表

气象站名	项目	最大值	最小值	变化幅度	平均值	离均系数/%
河北省邢台市	潜在蒸散量	445.1	295.0	150.1	357.0	9.4
	降水量	1181.6	160.8	1020.8	400.0	42.0
	灌溉需水量	223.6	−817.5	1042.1	−42.0	432.5
山西省吕梁市	潜在蒸散量	486.9	337.5	147.4	400.7	7.8
	降水量	571.3	173.0	397.3	347.1	29.3
	灌溉需水量	303.6	−203.8	507.4	52.7	236.9
宁夏回族自治区同心县	潜在蒸散量	707.4	537.3	169.1	623.1	6.9
	降水量	440.0	100.3	339.7	227.3	33.1
	灌溉需水量	603.5	97.3	505.2	394.4	27.9
新疆维吾尔自治区阿克苏市	潜在蒸散量	502.2	333.4	167.8	404.4	7.2
	降水量	149.1	7.3	140.8	47.1	61.4
	灌溉需水量	475.3	212.9	262.4	356.6	13.3

由表 6.4 可见，半干旱区春玉米降水量接近于潜在蒸散量，干旱区的降水量显著小于潜在蒸散量；降水量年际之间的变化幅度大于潜在蒸散量的变化幅度，随着降水量的减小，该变化幅度在减小；除宁夏回族自治区同心县站（623.1mm）外，其他 4 个站点的潜在蒸散量多年平均值较为接近，变化于 357.0~447.2mm；离均系数以灌溉需水量最大（13.3%~432.5%），降水量次之（26.2%~61.4%），潜在蒸散量的离均系数变化于 6.9%~9.4%，显著小于降水量和灌溉需水量的离均系数，这也是多年来灌溉工程规划设计和灌溉用水管理中普遍采用作物潜在蒸散量平均值计算灌溉需水量的原因。

6.2　分区典型年作物灌溉需水量的确定

6.2.1　山西省主要作物种植分布与灌溉需水量的确定

1. 粮食作物种植分布

以山西省 2020 年统计资料为依据，分析了县（市）级粮食作物种植情况，该统计资料覆盖了全省的县（市）。分析结果表明小麦和玉米仍然是山西省种植面积最大的两种作物，小麦包括冬小麦和春小麦，冬小麦种植面积远大于春小麦。冬小麦主要分布于山西省中南部，春小麦分布于山西省北部。玉米几乎分布于全省，适应性非常广。谷子和高粱是山西省的第二大粮食作物，豆类位居第三。习惯上，马铃薯也被归于粮食作物，适应性非常强，分布于全省各地。燕麦和荞麦是山西省的两种杂粮作物，喜凉，产量较低，主要分布于山西省的中北部和南部海拔较高的山区。详见附录表 B.1。

2. 蔬菜及水果等作物的种植分布

分析了山西省地、市级 2020 年度蔬菜、水果、油料等作物的种植情况。其中包括药材类作物，以果园面积最大，次之是蔬菜，油料作物种植面积位居第三，药材种植面积也较大，瓜果（如西瓜、香瓜等）类种植面积最小。详见附录表 B.2。

3. 分类代表作物的种植比例

由于缺少灌溉面积上不同作物种植面积统计数据，因此这里根据分区 [地（市）] 作物种植面积确定作物种植比例。据此确定分区灌溉面积中作物的种植面积，目的是根据作物灌溉需水量计算分区灌溉需水量。这里将粮食作物、蔬菜、水果、油料及瓜果类作物合并在一起，作为分区农作物总的播种面积，由此分类确定各区作物种植比例。考虑到粮食作物中小麦和玉米种植面积较大，将小麦和玉米作为粮食作物的代表性作物，并据此将粮食作物种植面积分为小麦和玉米两部分，分别求出小麦和玉米的种植比例，见附录表 B.3。其他类型作物均选择一种代表性作物，代表性作物的选取，不仅要考虑该作物种植面积足够大，能够代表该类作物，还要兼顾代表性作物有灌溉试验资料，可以确定作物灌溉需水量。各类作物的代表性作物及其种植比例见附录表 B.3。

4. 作物灌溉需水量的计算

根据上述作物的作物系数，以及 1951～2019 年度系列气象资料，分地（市）选择典型作物，采用式（6.8）计算作物灌溉需水量。

6.2.2　典型年及其作物灌溉需水量的确定

由于作物需水量随天气因素变化明显，年际间有较大变化，需要连续进行多年试验才能获得可靠的数值。但是，在半干旱地区，作物需水量年际间的变化要远小于降水量年际间的变化。因而，在灌溉工程规划设计中，通常的做法是忽略作物需水量年际间的变化，采用作物生长期降水量做频率分析，确定典型年，然后，采用多年平均的作物需水量按照式（6.8）计算典型年的作物灌溉需水量。

随着作物需水量的系统深入研究，发现作物需水量与天气因素变化具有密切而稳定的变化关系。同时，气象资料观测站点增加、观测资料系列长度变长，为作物需水量的准确计算提供了可靠依据。因此，本书改变传统的做法，逐年计算作物灌溉需水量，采用灌溉需水量做频率分析确定典型年。

按照式（6.8）求得各地市 50%、75% 和 95% 三种典型年作物灌溉需水量，共计 20 种作物，根据每种作物分区（地市）生长期降水量、有效降水量、作物潜在蒸散量和灌溉需水量，表 6.5 中计算的灌溉定额，即作物的灌溉需水量，其中没有包括播前灌水。

6.2.3　分区农业灌溉水量供需平衡分析

山西省是传统的农业大省，其行政分区在很大程度上表示了农业种植气候资源的变化。因此，本书以地市行政分区进行农业灌溉水量供需平衡分析。其中农业灌溉供水量采用 2018

年、2019 年和 2020 年水资源公报给出的农业灌溉用水量，这里灌溉用水量是指从灌溉水源引水口算起的毛灌溉用水量（见附录表 B.4）。农业灌溉需水量是指作物净灌溉需水量，分区灌溉需水量系利用前述的各区代表性作物的灌溉需水量（采用 75%典型年灌溉需水量）以及由种植比例（附录表 B.3）计算的灌溉面积（见附录表 B.4），考虑灌溉水利用系数用式（6.9）计算求得。分区农业灌溉需水量计算结果见附录表 B.5：

$$W_{gi} = \sum_{j=1}^{m} \left(\frac{W_{nij}}{\eta_i} \times S_{ij} \times 10^{-7} \right) \tag{6.9}$$

式中，W_{gi} 为 i 分区毛灌溉需水量，亿 m^3；$i=1$，2，3，…，11；W_{nij} 为第 i 分区第 j 种作物的净灌溉需水量，mm；S_{ij} 为第 i 分区第 j 种作物的灌溉面积，hm^2；η_i 为第 i 分区的灌溉水利用系数。

比较分区灌溉需水量和灌溉供水量，可以求得灌溉供需比，即灌溉供水量占灌溉需水量的比值，见表 6.5。由表 6.5 可见，全省总体而言农业灌溉供水量不能满足作物灌溉需水要求，灌溉供水量占灌溉需水量的比值只有 0.628。分区看，阳泉市、晋城市和长治市的灌溉供水量占灌溉需水量的比值均大于 1，表明 3 个市的灌溉供水量，就总量而言能够满足农业灌溉需水要求；其他地市的灌溉供需比均小于 1，表明灌溉供水量不能满足农业灌溉需水要求。其中大同市、朔州市和运城市较小，均小于 0.52，表明这 3 个地市缺水严重。灌溉供需平衡分析表明，山西省属于典型的限量供水灌溉。

另外，由表 6.5 可以看出，全省农业灌溉供水量约为 41 亿 m^3，占全省各行业供水总量（74 亿 m^3）的 55%，低于全国 63%的平均水平。

表 6.5　山西省农业灌溉水量供需平衡分析（基于 2020 年数据）

地（市）	灌溉需水量/万 m^3	农业灌溉供水量/万 m^3				灌溉供需比
		2018 年	2019 年	2020 年	平均	
太原市	16789	16106	15892	15362	15787	0.940
大同市	80560	36658	36186	35576	36140	0.449
阳泉市	2572	2613	2501	3561	2892	1.124
长治市	21777	23119	23510	21718	22782	1.046
晋城市	12229	13303	13170	14295	13589	1.111
朔州市	78697	32703	32233	33875	32937	0.419
晋中市	58729	41747	38863	39795	40135	0.683
运城市	212156	115007	125211	126855	122358	0.577
忻州市	63641	42541	41926	43922	42796	0.672
临汾市	61656	52656	51219	46785	50220	0.815
吕梁市	43016	30779	29329	28388	29499	0.686
全省	651822	407232	410040	410132	409135	0.628

第 7 章　限量供水条件下精准灌溉需水诊断与决策

灌水时间是影响作物产量的重要因素，灌水量一定时确定合理的灌水时间可以显著提高作物产量，如冬小麦某些年在抽穗期提前灌水，产量可增加 475.3kg/hm^2，产量增幅为 10.1%；玉米某些年在拔节期推后灌水产量可增加 734.6kg/hm^2，产量增幅为 9.5%（王仰仁和孙小平，2003）。但是由于年际间降雨量及其分布的不确定性，不同年份得出的试验结果是不相同的，为此，人们对作物合理灌水时间的确定进行了大量的研究。首先，利用作物水分生产函数，基于产量最大原则，对于给定的灌水量，通过优化方法确定作物某一典型年的灌水时间，即通过优化灌溉制度确定灌水时间（荣丰涛，1986）。考虑到年际间降雨量及其分布的随机特性，崔远来等（1999）基于水分敏感指数累积函数方法将作物生长期划分为更短的时段，以降雨量为随机变量，灌水定额和灌水时间为决策变量，以可供灌溉水量和田面蓄水深度为状态变量，采用随机动态规划的方法确定了水稻的优化灌溉制度。Raju 等（1983）将作物的干物质量及土壤含水率作为状态变量，灌水量作为决策变量，并用降水量作为随机变量来修正动态规划模型。采用随机动态规划方法确定的灌水时间，实际上给出了当地降雨及其分布条件下多年平均的优化灌水时间，是现在广泛采用的经验灌水方法中灌水时间确定的理论化方法。

由于年际间降水量和蒸发量的随机变化，经验灌水方法确定的灌水时间不同于某一具体年份的最优灌水时间。为了使得灌水时间尽可能地接近于具体年份的最优灌水时间，提出了实时灌溉预报的方法，其核心是充分利用降雨、气温、光照等气象信息，以及作物生长和土壤墒情等实时信息，对作物根系层土壤含水率做出精准预测，当土壤含水率小于给定的灌水下限值时做出灌水预报。实时灌溉预报有助于节水灌溉、增加作物产量、提高灌溉经济效益。但是，现状的灌溉预报仍然仅适用于灌溉供水能够满足作物需水要求的充分灌溉情况（茚智等，2002）。考虑到有限供水条件下，土壤含水率调控下限值应该是变化的，王仰仁等（2016）提出了动态灌水下限方法，按照该方法确定的灌水时间进行灌水，较经验灌水有明显的增产效果（杜娟娟等，2017）。但是，由于年际间降雨量强烈随机变化特性，在有限灌溉供水量条件下，干旱年份往往难以维持既定的灌水下限值。鉴于此，在分析利用多种方法求得实际蒸散量（Singh et al.，2020；Khan et al.，2021；Rezaei et al.，2021）的基础上，提出通过蒸散量确定灌水时间（赵颖等，2017；刘小飞等，2012；张伶鱼，2017；Thysen et al.，2006）。更为明确的是顾哲等（2018）基于蒸散量和水量平衡，设计当田间蒸发蒸腾总量大于土壤中可供作物利用水分时便启动灌溉的灌水决策方法，以及杜江涛等（2021）基于 DSSAT 模型，对新疆棉花膜下滴灌进行了分析，提出了当阶段实际蒸散量与同期降雨量之差达到 25mm 时灌溉的灌水决策方法。对于补充灌溉区（或半干旱区），由于降雨量较大时会产生深层渗漏，甚至径流，简单利用蒸散量与降雨量的日差值确定灌水时间会带来较大误差；另外，现在利用蒸散量确定灌水时间的方法仍然只适用于充分供水灌溉的情况。鉴于此，本书依据作物蒸散量随灌溉供水量变化规律，通过典型年灌溉制度优化，给出不同灌水定额、不同灌溉供水量条件下的优化灌水时间；以优化灌水时间为依据，分析确定相邻两次灌水之间（对于第 1 次灌水，是指播种日到第 1 次灌水日之间）的累计蒸散量、累计下界面水分通量和累计降雨量的关系。基于该关系构建确定灌水时间的方法，用于限量供水灌溉预报。并利用2009～2018 年的气象资料分析比较了限量供水灌溉预报方法、动态灌水下限法和经验灌水方法的增产增收效益。

7.1　灌溉预报方法概述与限量供水灌溉预报方法的构建

7.1.1　灌溉预报方法概述

合理确定灌水时间是提高有限灌溉供水量利用效率的重要措施。依据作物生长过程和实时天气因素的变化，实时地、动态地确定灌水定额和灌水时间，称为实时灌溉预报，是确定灌水时间的重要方法。其中灌水定额主要依赖于灌水方法和田间灌水技术，可以预先确定。灌水时间则更多地依赖于作物生长过程和实时天气变化，以及土壤含水率的预报，在充分灌溉条件下，灌水时间确定的依据是通过大量试验和生产实践确定的以土壤含水率（或土壤水势）表示的适宜灌水下限值，当作物根系层土壤含水率低于灌水下限值时即预报灌水。但是，在有限供水条件下，仍然采用传统的适宜灌水下限确定灌水时间，可能使有限灌溉水量过多地集中于作物生长前期，导致作物生长后期因缺水而严重减产。为此提出了动态灌水下限的概念，认为灌水下限值不仅随作物生长发育时间变化，还随可供灌溉水量变化，据此建立了灌水下限值与作物生长时间和可供灌溉水量的关系（王仰仁等，2016）。分析研究结果表明，采用动态灌水下限确定灌水时间较采用经验灌水时间有明显的增产增收效果，平均增加产量8%以上，增加效益12%以上。

以土壤含水率为指标的适宜灌水下限法和动态灌水下限法，均隐含了一个前提条件，即针对不同的降水量，可以通过补充灌水，使作物生长期在给定供水量条件下保持一个适宜作物生长的土壤含水率下限值。对于某一种作物，该下限值不随降水量变化，当降水量较小时可以补给较多的灌水量，当降水量较大时可以补给较少的灌水量，目标是维持一个既定的土壤含水率（灌水下限值），以满足作物生长的需水要求。在有限供水条件下，每年的灌溉供水量是一定的，降水量多的年份作物生长期可利用的水量（降水量+灌溉水量）多，在优化灌溉条件下，相应的土壤含水率就大；反之，降水量小的年份作物生长期可利用的水量少，相应的土壤含水率就小。因此，在有限供水条件下，无法维持每年作物生长期都具有一个相同的土壤含水率（灌水下限值），即使采用以土壤含水率为指标的动态灌水下限确定灌水时间，理论上仍然存在缺陷。

7.1.2　限量供水灌溉预报方法的构建

相对于以土壤含水率为指标的灌水下限，作物蒸散量是一个随供水量（降水量+灌溉水量）变化的值。以某一给定的灌水定额灌水，使得农田水量平衡方程［式 7.1（a）］中时段末的土壤储水量 W_1 等于时段初的土壤储水量 W_0，则该时段内作物累计蒸散量 $\sum ET_i$、

累计降水量 $\sum P_i$ 和累计根区下界面水分通量 $\sum Q_i$ （向下为正）之间存在如式（7.1b）所示的关系：

$$W_1 = W_0 - \sum \mathrm{ET}_i + \sum P_i - \sum Q_i + M \qquad (7.1\mathrm{a})$$

$$\sum \mathrm{ET}_i - \sum P_i + \sum Q_i = M \qquad (7.1\mathrm{b})$$

为了使有限灌溉水量的增产量最大，应该确定合理的灌水时间。这里合理的灌水时间应该与有限灌溉水量有关，为此，本书在式（7.1b）中引入可供灌溉水次数 J 的幂函数（ kJ^c ），并且把 M 也作为一个参数，由此可以得到一个直线方程 [式（7.2）]：

$$kJ^c \sum \mathrm{ET}_i - \sum (P_i - Q_i) = M \qquad (7.2)$$

式中，k、M、c 均为待定参数。

令 $K = kJ^c$，并将式（7.2）中的"="改写为">"，可得

$$K \sum \mathrm{ET}_i - \sum (P_i - Q_i) > M \qquad (7.3)$$

式中，$\sum \mathrm{ET}_i$ 为相邻两次灌水期间（对于第 1 次灌水，是指播种日到第 1 次灌水）作物累计蒸散量；$\sum P_i$ 为与 $\sum \mathrm{ET}_i$ 同期的累计降水量；$\sum Q_i$ 为与 $\sum \mathrm{ET}_i$ 同期的累计根区下界面水分通量，向下为正，这里根区下界面水分通量包括了较大降水和灌水产生的深层渗漏损失水量。

本书将式（7.2）称为限量供水灌溉预报模型，将式（7.3）称为限量供水灌溉预报方法，由式（7.2）可确定限量供水灌溉预报模型参数。式（7.3）表明，当累计蒸散量 $\sum \mathrm{ET}_i$ 的 K 倍减去同期累计降水量 $\sum (P_i - Q_i)$ 之差大于某一数值 M 时，需要灌水。若令 $\sum \mathrm{ET}_i$ 为某次灌水日（或者是播种日）算起的累计蒸散量，$\sum P_i$ 为同期累计降水量，由此可以由式（7.3）确定可供灌溉水次数 J 条件下每次灌水的灌水时间。由于式 7.3 是包含累计蒸散量、累计根区下界面水分通量、累计降水量和可供灌溉水量（某一给定灌水定额条件下的 J）等多个变量的数学关系式，显著地不同于传统的以土壤含水率为指标的灌水下限。K 和 M 为式（7.3）的两个核心参数，因此，本书也将这一确定灌水时间的方法简称为 K-M 法。

7.2　限量供水灌溉预报模型参数的确定

本书构建的限量供水灌溉预报模型，主要依据是农田水量平衡方程和作物水肥模型，具有较为严密的理论基础。而且，模型参数是通过理论计算方法确定的，由此避免了传统的以土壤含水率为灌水下限指标只能依赖于田间试验确定的缺陷。

根据优化方法确定灌水时间，以该灌水时间确定相邻两次灌水期间的蒸散量、根区下界面水分通量、降水量，并结合可供灌溉水量，建立四者之间的关系。反过来，若作物生长期某一灌水日算起的时段内的蒸散量、根区下界面水分通量、降水量和可供灌溉水量满足该关系，则该时段末即为相邻的优化灌水时间。这是一个假定，本书期望据此确定的限量供水灌溉预报方法，能够用于实时灌溉预报，且能够获得足够大的增产增收效果；并可据此验证限量供水灌溉预报方法的合理性和预报精度，即预报增产量越大，表示该方法越合理、预报精度越高。

7.2.1　典型年确定与灌溉制度优化

1. 冬小麦复播玉米典型年的确定与灌溉制度优化

（1）冬小麦复播玉米典型年确定

本书以山西省临汾市 1956～2018 年的气象数据为依据，采用作物系数的方法（式 2.57）计算了冬小麦复播夏玉米生育期内（冬小麦生育期为 10 月 1 日至次年 6 月 10 日，复播玉米生育期为 6 月 11 日至 9 月 30 日）的潜在作物蒸散量，以此逐年计算了灌溉需水量，公式如下：

$$W = \sum ET_p - \sum P \tag{7.4}$$

式中，W 为作物灌溉需水量，mm；$\sum ET_p$ 为作物全生长期的潜在蒸散量，mm；$\sum P$ 为作物全生长期的降雨量，mm。

以灌溉需水量为选择依据，计算了灌溉用水量在多年间能够充分满足作物灌溉需水量的频率，采用计划灌溉需水量全部满足的年份占计算总年数的百分比表示［式 (7.5)］，由此确定了频率分别为 5%、25%、50%、75%、95% 的 5 个典型年，冬小麦复播夏玉米典型年及其水文信息见表 7.1。由表 7.1 可见，随着频率的增加，冬小麦及夏玉米生育期的灌溉需水量 W(mm)、参考作物蒸散量 $\sum ET_0$(mm) 和潜在蒸散量 $\sum ET_p$(mm) 均呈逐渐增加趋势，日照时数变化趋势相同，不同典型年间的平均温度变化较小。但降雨量（P）的变化表明，不同典型年时冬小麦和夏玉米生育期内的降雨情况存在一定的随机性，可能会影响作物生育期内水量的分配：

$$p = \frac{m_p}{n+1} \times 100\% \tag{7.5}$$

式中，p 为典型年频率，本书中取 5%、25%、50%、75%、95%；m_p 为计算年数中灌溉供水量大于或等于灌溉需水量的年数；n 为系列总年数，对于大中型灌区，时间系列不应少于 30 年，本书中 $n=62$ 年。

表 7.1　冬小麦复播夏玉米典型年及其水文信息

频率	5%		25%		50%		75%		95%	
典型年份	1976～1975		1989～1990		1991～1992		1979～1980		1959～1960	
作物	冬小麦	夏玉米	冬小麦	夏玉米	冬小麦	夏玉米	冬小麦	夏玉米	冬小麦	夏玉米
$\sum ET_0$/mm	457.7	323.1	449.4	350.2	511.2	356.1	539.1	356.1	612.8	422.7
$\sum ET_p$/mm	372.0	302.9	370.6	337.4	419.3	333.1	439.0	336.4	499.3	387.1
$\sum P$/mm	187.8	436.0	225.2	287.3	145.3	297.0	139.9	240.4	72.0	235.8
W/mm	183.2	-131.0	145.4	50.0	276.1	36.1	299.2	96.0	425.0	151.3
有效积温/℃	7.5	26.1	7.9	26.0	7.5	23.4	7.1	23.0	7.8	26.1
日照时数/h	1293	653	1338	806	1573	723	1628	782	1604	791
	1946		2144		2296		2410		2395	

（2）灌溉制度优化方法

灌溉制度优化是指在空间和时间上将有限的水量进行合理分配，以实现最大的灌溉效益，从而在有限供水条件下，提高水资源的利用效率，使农作物的产量最大化（张硕硕 2020）。作物水模型是灌溉制度优化的核心，本书主要对灌溉时间进行优化，因而针对不同的典型年给定了灌水次数与灌水定额，采用规划求解的方法优化灌水时间。给定的灌水定额参照了田间经验，选定 45mm、75mm 和 105mm 三种，规划求解时对于一种灌水定额分别在每一种典型年下逐次增加灌水次数，当作物效益不再增大时，停止优化计算。

目标函数，这里目标函数的建立以山西省霍泉灌溉试验站确定的作物水模型和该试验站当地作物种植生长期和作物产品价格为依据，见式（7.6）：

$$\max B = p_{c1} y_1 + p_{c2} y_2 - \frac{10 p_w m J}{\eta} - p_3 z_1 - p_4 z_2 - p_5 z_3 - C_1 \tag{7.6}$$

式中，B 为冬小麦复播玉米纯收益，元/hm²；p_{c1} 为冬小麦价格，取 2.26 元/kg；p_{c2} 为夏玉米价格，取 1.7 元/kg；y_1 为冬小麦产量，t/hm²；y_2 为夏玉米产量，t/hm²；J 为全生育期灌水次数；m 为灌水定额，mm；η 为灌溉水利用系数，取 0.5；p_w 为灌溉水价格，取 0.6 元/m³；p_3 为冬小麦底肥的价格，取 3.45 元/kg；p_4 为冬小麦追肥的价格，取 2.97 元/kg；p_5 为夏玉米底肥的价格，取 3.5 元/kg；z_1 为冬小麦生育期施底肥的数量，施底肥 1050kg/hm²；z_2 为冬小麦生育期追肥的数量，追肥 300kg/hm²；z_3 为夏玉米生育期底肥的数量，施底肥 600kg/hm²。C_1 为冬小麦复播玉米整个生育期内其他成本包括机械费、种子费、投工费、收打费，取 5550 元/hm²。

规划求解可变参数为灌水时间，这里灌水时间以播种日算起的天数表示，优化灌水时间选定了 7 组初始值，包括经验灌水时间，以及较经验灌水时间分别提前 10 天、20 天、30 天和推后 10 天、20 天、30 天灌水。

约束条件：灌水时间变化上限为冬小麦复播夏玉米的生长天数之和（取 355 天），变化下限为在冬小麦种植后 15 天，即

$$15 \leqslant t \leqslant 355 \tag{7.7}$$

本书确定了 5 种典型年，依典型年频率的增大，灌溉需水量依次增大（表 7.1），不同典型年的灌溉定额不同，灌溉制度优化不仅可以分析确定有限供水条件下（给定灌水定额和灌水次数）的灌水时间，还可以确定每种典型年条件下的适宜灌溉定额。

（3）灌溉制度优化结果

对于给定的 3 种灌水定额（45mm、75mm 和 105mm），在不同典型年（5%、25%、50%、75% 和 95%）依次进行了灌溉制度优化，得到最优灌水时间结果，包括不同可供灌溉供水量条件下的灌水时间、每次灌水前 0~60cm 土层土壤含水率的平均值、产量、效益，以及相邻两次灌水（对于第 1 次灌水，是指从播种日到第 1 次灌水）期间的蒸散量、地表下 4 种深度（40cm、60cm、80cm 和 100cm）处根区下界面水分通量、降水量等（表 7.2~表 7.4）。分析这些结果可以发现，不同典型年优化灌水时间有明显的差异，主要因为是典型年不同，灌水的关键期不同；同一典型年不同灌水定额优化的灌水时间较为接近，表明灌水定额改变，灌水时间有所变化，但是仍然会接近于灌水关键期；25%典型年最大的产量与效益明显高于其他典型年，这是因为 25%典型年时灌溉需水量虽然高于 5%典型年，但在冬小麦

生育期内降雨量会高于 5%典型年，表明准确地确定灌水时间对增产增效具有重要作用，灌溉需水量的分布是确定灌水时间的主要因素。

表 7.2　冬小麦复播玉米典型年灌溉制度优化结果（灌水定额 45mm）

频率	灌水次数	灌水时间/d	灌溉定额/mm	降水量/mm	土壤含水率/(cm³/cm³)	不同深度处水分通量累积值/mm				ET/mm	产量/(kg/hm²)	
						40cm	60cm	80cm	100cm		小麦	玉米
5%	0	—	0	—	—	—	—	—	—	—	5194	11323
	1	181	45	119.9	0.2462	14.50	18.92	34.57	34.87	118.8	5918	11399
	2	181	90	119.9	0.2462	14.50	18.92	34.57	34.87	118.8	5918	12235
		319		353.9	0.2778	91.81	73.44	56.10	45.84	338.6		
	3	181	135	119.9	0.2462	14.50	18.92	34.57	34.87	118.8	6290	12191
		232		67.6	0.2274	17.11	8.71	5.28	5.00	133.2		
		321		286.3	0.2733	83.57	75.80	62.51	52.18	252.5		
25%	0	—	0	—	—	—	—	—	—	—	5751	11438
	1	288	45	330.1	0.2497	47.48	28.66	21.84	19.40	354.9	5751	13130
	2	219	90	184.7	0.2395	23.54	20.60	22.97	23.63	206.1	6290	13394
		309		191.1	0.2487	33.02	17.71	10.16	6.83	243.6		
	3	216	135	184.7	0.2504	24.22	21.13	23.46	23.88	194.4	6279	13905
		288		145.4	0.2572	36.40	19.40	8.58	3.57	191.6		
		300		32.4	0.2830	21.65	20.54	14.31	9.43	45.2		
	4	210	180	161.5	0.2340	22.21	21.73	24.33	24.21	181.3	6579	13927
		236		42.9	0.2400	16.68	7.87	4.04	2.85	86.1		
		289		125.9	0.2647	41.80	30.29	20.63	14.28	148.4		
		302		32.3	0.2945	22.71	21.13	16.39	12.55	45.5		
50%	0	—	—	—	—	—	—	—	—	—	4693	10328
	1	276	45	183.2	0.2035	-4.91	-12.91	-3.67	1.42	260.7	4693	12261
	2	269	90	181.6	0.2104	-4.61	-12.91	-3.06	2.33	249.8	4693	13537
		277		1.6	0.2342	17.03	6.41	1.38	-0.50	29.0		
	3	192	135	87.8	0.2393	-4.00	-3.09	9.78	14.10	115.5	5967	12607
		206		0.0	0.2336	9.81	4.71	1.61	0.30	54.4		
		276		95.4	0.2153	12.02	1.34	-3.06	-3.89	166.1		
	4	177	180	72.8	0.2449	-2.88	-2.34	10.24	14.31	93.6	6025	13393
		204		15.0	0.2329	14.00	9.32	5.84	3.61	72.4		
		274		95.4	0.2170	8.84	-2.37	-6.18	-5.64	165.8		
		293		36.3	0.2505	17.36	9.91	4.59	1.42	60.1		
	5	178	225	72.8	0.2432	-2.86	-2.31	10.25	14.32	95.3	6343	13687
		204		15.0	0.2335	13.97	9.14	5.60	3.38	70.8		
		235		50.8	0.2283	9.97	2.13	-0.77	-0.78	109.3		
		273		44.5	0.2321	11.47	4.68	0.90	-0.85	87.3		
		280		0.2	0.2541	13.32	7.61	3.42	1.28	31.9		

频率	灌水次数	灌水时间/d	灌溉定额/mm	降水量/mm	土壤含水率/(cm³/cm³)	不同深度处水分通量累积值/mm				ET/mm	产量/(kg/hm²)	
						40cm	60cm	80cm	100cm		小麦	玉米
75%	0	—	—	—	—	—	—	—	—	—	4249	10442
	1	290	45	203.4	0.2316	-4.20	-19.17	-15.13	-13.10	273.6	4249	12561
	2	179	90	28.2	0.2271	-21.92	-20.00	-6.20	-0.71	83.2	4942	12726
		290		175.3	0.2357	30.49	9.94	-1.66	-6.38	227.6		
	3	166	135	21.5	0.2317	-21.53	-19.48	-5.73	-0.30	70.3	5471	12731
		206		32.9	0.2193	15.73	9.35	5.31	2.94	87.9		
		290		149.0	0.2402	25.37	9.02	-0.38	-4.16	190.2		
	4	177	180	28.2	0.2298	-21.86	-19.90	-6.11	-0.64	79.9	5518	13646
		210		26.2	0.2175	13.47	7.08	3.24	1.28	85.6		
		286		149.0	0.2536	27.82	9.96	-0.09	-4.06	173.2		
		294		0.2	0.2596	12.85	9.92	6.18	3.11	36.6		
	5	40	225	4.5	0.2322	-3.36	1.48	4.09	5.18	42.2	608817	1368619
		180		23.6	0.2409	-4.11	-8.81	2.86	5.03	63.8		
		206		26.2	0.2321	15.96	10.11	6.31	4.18	76.1		
		290		149.0	0.2435	24.44	9.35	1.25	-1.42	198.1		
		336		140.9	0.2611	34.46	28.56	24.58	21.26	164.1		
	6	40	270	4.5	0.2322	-3.36	1.48	4.09	5.18	42.2	5853	14349
		170		17.0	0.2452	-3.70	-8.74	2.59	4.58	57.7		
		227		58.1	0.2240	11.50	5.74	4.04	4.26	164.8		
		266		64.2	0.2288	19.21	7.60	0.50	-2.61	115.5		
		291		59.6	0.2626	32.76	26.03	18.80	12.24	77.0		
		336		140.9	0.2705	32.70	32.56	31.77	31.32	168.3		
95%	0	—	—	—	—	—	—	—	—	—	3881	7895
	1	278	45	96.0	0.1812	-27.32	-35.21	-22.81	-16.26	198.4	3881	9953
	2	271	90	80.9	0.1787	-27.77	-34.38	-21.64	-15.05	198.9	3881	11409
		281		17.2	0.2171	9.13	1.27	-1.09	-1.65	31.0		
	3	152	135	18.0	0.2199	-17.43	-18.10	-3.53	1.36	72.9	4682	11724
		279		80.0	0.1966	2.34	-8.88	-12.95	-12.28	167.5		
		344		199.9	0.2425	53.45	30.95	18.12	10.51	209.0		
	4	131	180	18.0	0.2334	-14.81	-18.66	-3.45	2.09	59.4	5342	11507
		197		22.8	0.2223	9.26	7.76	5.73	4.18	86.1		
		271		40.1	0.1845	-2.17	-10.09	-13.22	-12.11	133.8		
		281		17.2	0.2231	9.89	1.71	-0.90	-1.52	31.9		
	5	35	225	8.2	0.2410	-1.52	2.08	4.15	4.95	37.7	5634	11867
		183		26.2	0.2270	-0.81	-9.91	5.26	8.64	83.5		
		235		37.5	0.1960	3.43	-3.46	-5.96	-5.13	124.0		
		275		13.5	0.1898	1.01	-3.54	-6.21	-6.82	61.4		
		345		212.4	0.2414	52.43	31.91	20.39	13.30	219.1		

续表

频率	灌水次数	灌水时间/d	灌溉定额/mm	降水量/mm	土壤含水率/(cm³/cm³)	不同深度处水分通量累积值/mm				ET/mm	产量/(kg/hm²)	
---	---	---	---	---	---	40cm	60cm	80cm	100cm		小麦	玉米
95%	6	195	270	40.8	0.2108	−22.42	−23.06	−7.39	−1.29	112.8	5352	13377
		218		16.0	0.1945	3.10	−0.96	−3.02	−3.10	68.9		
		234		15.2	0.2204	14.66	4.77	0.18	−1.67	54.1		
		271		8.9	0.1987	1.76	−0.39	−1.79	−3.01	72.6		
		284		24.3	0.2368	13.14	5.27	1.32	−0.37	45.7		
		345		192.7	0.2530	58.21	48.71	39.84	32.72	211.8		
	7	153	315	18.0	0.2192	−17.58	−18.16	−3.56	1.34	73.5	6082	13511
		197		22.7	0.2267	9.96	5.55	3.28	1.99	70.7		
		229		31.2	0.2122	3.42	−2.31	−4.22	−3.51	96.6		
		236		0.0	0.2267	6.87	1.26	−0.68	−1.09	35.6		
		268		8.9	0.2002	5.32	2.09	−0.61	−2.54	68.7		
		281		17.2	0.2415	13.91	6.42	2.26	0.26	43.1		
		345		199.8	0.2542	57.19	48.81	41.24	35.08	223.7		

表 7.3　冬小麦复播玉米典型年灌溉制度优化结果（灌水定额 75mm）

频率	灌水次数	灌水时间/d	灌溉定额/mm	降水量/mm	土壤含水率/(cm³/cm³)	不同深度处水分通量累积值/mm				ET/mm	产量/(kg/hm²)	
---	---	---	---	---	---	40cm	60cm	80cm	100cm		小麦	玉米
5%	0	—	—	—	—	—	—	—	—	—	5194	11323
	1	181	75	119.9	0.2462	33.72	33.72	34.96	33.72	118.8	6037	11370
	2	181	150	119.9	0.2462	34.29	34.29	34.96	34.29	118.8	6037	12154
		318		353.9	0.2851	50.06	50.06	75.56	50.06	346.6		
25%	0	—	—	—	—	—	—	—	—	—	5751	11438
	1	307	75	375.9	0.2521	22.69	22.69	25.33	22.69	400.8	5751	13348
	2	199	150	150.3	0.2489	22.17	22.17	26.13	22.17	157.1	6456	13610
		308		225.5	0.2554	21.81	21.81	24.44	21.81	292.9		
50%	0	—	—	—	—	—	—	—	—	—	4693	10328
	1	210	75	87.8	0.2014	16.46	16.46	7.24	16.46	157.5	5642	10912
	2	183	150	73.8	0.2357	17.27	17.27	10.52	17.27	103.8	6248	11203
		210		14.0	0.2321	5.79	5.79	12.42	5.79	84.7		
	3	201	225	87.8	0.2765	16.99	16.99	8.88	16.99	141.1	6035	13225
		235		50.8	0.2744	−0.46	−0.46	2.03	−0.46	118.6		
		274		44.5	0.2348	2.63	2.63	8.95	2.63	98.0		
	4	25	300	38.1	0.2633	9.69	9.69	9.69	9.69	37.4	6572	13297
		203		49.7	0.2214	36.54	36.54	36.54	36.54	137.3		
		235		50.8	0.2324	0.77	0.77	0.77	0.77	117.3		
		274		44.5	0.2411	4.62	4.62	4.62	4.62	102.3		

频率	灌水次数	灌水时间/d	灌溉定额/mm	降水量/mm	土壤含水率/(cm³/cm³)	不同深度处水分通量累积值/mm				ET/mm	产量/(kg/hm²)	
						40cm	60cm	80cm	100cm		小麦	玉米
75%	0	—	—	—	—	—	—	—	—	—	4249	10442
	1	210	75	45.3	0.2003	1.47	1.47	1.47	1.47	141.0	5188	11020
	2	81	150	7.4	0.2293	6.73	6.73	6.73	6.73	49.6	5908	11272
		210		47.1	0.2169	10.40	10.40	10.40	10.40	120.5		
	3	34	225	4.5	0.2356	5.07	5.07	5.07	5.07	38.4	5947	13130
		206		49.9	0.2129	17.67	17.67	17.67	17.67	134.4		
		290		149.0	0.2435	-1.49	-1.49	-1.49	-1.49	204.6		
	4	21	300	3.5	0.2449	3.61	3.61	3.61	3.61	28.4	6369	13222
		203		49.9	0.2152	20.92	20.92	20.92	20.92	146.2		
		228		26.2	0.2395	0.22	0.22	0.22	0.22	78.8		
		290		123.8	0.2573	11.38	11.38	11.38	11.38	168.3		
	5	21	375	3.5	0.2449	3.61	3.61	3.61	3.61	28.4	6293	14029
		210		50.9	0.2077	20.60	20.60	20.60	20.60	155.2		
		228		25.2	0.2476	-0.68	-0.68	-0.68	-0.68	62.8		
		290		123.8	0.2590	14.46	14.46	14.46	14.46	170.9		
		336		140.9	0.2737	35.33	35.33	35.33	35.33	172.4		
95%	0	—	—	—	—	—	—	—	—	—	3881	7895
	1	210	75	43.3	0.1921	1.89	1.89	1.89	1.89	138.2	4849	8341
	2	157	150	18.0	0.2171	4.91	4.91	4.91	4.91	76.0	4887	10718
		272		52.6	0.1846	-2.22	-2.22	-2.22	-2.22	176.3		
	3	160	225	22.6	0.2217	4.83	4.83	4.83	4.83	77.4	5709	11063
		210		20.6	0.2112	5.43	5.43	5.43	5.43	102.9		
		273		37.6	0.1932	-4.58	-4.58	-4.58	-4.58	133.8		
	4	72	300	14.9	0.2351	6.88	6.88	6.88	6.88	52.1	5733	12752
		186		19.6	0.2351	13.30	13.30	13.30	13.30	82.1		
		273		46.5	0.1895	-1.26	-1.26	-1.26	-1.26	170.2		
		344		217.0	0.2507	15.08	15.08	15.08	15.08	233.2		
	5	51	375	14.9	0.2431	5.36	5.36	5.36	5.36	44.6	6180	13018
		197		25.9	0.2217	14.49	14.49	14.49	14.49	103.5		
		233		31.2	0.2111	-2.12	-2.12	-2.12	-2.12	121.7		
		271		8.9	0.2028	-3.11	-3.11	-3.11	-3.11	81.5		
		344		217.0	0.2540	27.93	27.93	27.93	27.93	244.0		

续表

| 频率 | 灌水次数 | 灌水时间/d | 灌溉定额/mm | 降水量/mm | 土壤含水率/(cm³/cm³) | 不同深度处水分通量累积值/mm | | | | ET/mm | 产量/(kg/hm²) | |
						40cm	60cm	80cm	100cm		小麦	玉米
95%	6	17	450	2.7	0.2490	3.67	3.67	3.67	3.67	25.7	6758	13057
		156		15.3	0.2359	23.85	23.85	23.85	23.85	78.4		
		201		22.7	0.2357	14.73	14.73	14.73	14.73	90.4		
		236		31.2	0.2137	−0.28	−0.28	−0.28	−0.28	128.4		
		271		8.9	0.2105	−2.03	−2.03	−2.03	−2.03	76.2		
		344		217.0	0.2567	32.29	32.29	32.29	32.29	247.4		
	7	17	525	2.7	0.2490	3.67	3.67	3.67	3.67	25.7	6819	13942
		166		19.9	0.2331	24.12	24.12	24.12	24.12	87.3		
		201		18.1	0.2405	11.29	11.29	11.29	11.29	80.3		
		233		31.2	0.2250	1.59	1.59	1.59	1.59	122.3		
		257		0.9	0.2133	−0.35	−0.35	−0.35	−0.35	76.9		
		281		25.3	0.2499	6.09	6.09	6.09	6.09	65.4		
		344		199.8	0.2648	47.53	47.53	47.53	47.53	227.0		

表 7.4　冬小麦复播玉米典型年灌溉制度优化结果（灌水定额 105mm）

| 频率 | 灌水次数 | 灌水时间/d | 灌溉定额/mm | 降水量/mm | 土壤含水率/(cm³/cm³) | 不同深度处水分通量累积值/mm | | | | ET/mm | 产量/(kg/hm²) | |
						40cm	60cm	80cm	100cm		小麦	玉米
5%	0	—	—	—	—	—	—	—	—	—	5194	11323
	1	181	105	119.9	0.2462	17.32	27.95	37.38	35.46	118.9	6087	11262
	2	181	210	119.9	0.2462	20.07	20.77	34.96	34.93	118.8	6087	11946
		318		353.9	0.2869	97.25	94.07	75.37	61.03	351.0		
25%	0	—	—	—	—	—	—	—	—	—	5751	11438
	1	307	105	375.9	0.2521	43.92	44.63	33.63	24.79	405.8	5751	13464
	2	210	210	161.5	0.2340	28.15	28.88	26.30	24.61	181.4	6511	13855
		308		214.3	0.2602	32.36	52.64	49.46	39.56	281.5		
50%	0	—	—	—	—	—	—	—	—	—	4693	10328
	1	274	105	183.2	0.2059	5.44	−8.23	−2.76	1.77	257.7	4693	13129
	2	203	210	87.8	0.2127	5.24	−1.46	9.09	13.37	144.5	5907	13270
		273		95.4	0.2254	21.37	20.26	8.25	4.02	184.4		
	3	201	315	87.8	0.2155	−2.48	−3.69	8.88	13.49	141.1	6270	13120
		235		50.8	0.2393	20.96	8.12	2.03	−0.22	118.6		
		274		44.5	0.2546	20.61	15.21	8.95	4.95	98.0		

续表

| 频率 | 灌水次数 | 灌水时间/d | 灌溉定额/mm | 降水量/mm | 土壤含水率/(cm³/cm³) | 不同深度处水分通量累积值/mm | | | | ET/mm | 产量/(kg/hm²) | |
						40cm	60cm	80cm	100cm		小麦	玉米
75%	0	—	—	—	—	—	—	—	—	—	4249	10442
	1	210	1C5	54.4	0.2003	-11.29	-21.28	-9.27	1.47	141.1	5324	11280
	2	210	210	54.4	0.2003	-11.29	-21.28	-9.27	-3.42	141.1	5324	13448
		289		149.0	0.2503	40.29	39.38	20.30	8.19	202.7		
	3	34	315	4.5	0.2356	3.09	3.82	4.62	5.03	38.4	6043	13167
		206		49.9	0.2166	-1.44	-3.74	11.29	14.97	134.4		
		290		149.0	0.2504	36.97	17.99	5.44	-0.18	202.7		
	4	21	420	3.5	0.2449	7.86	5.73	4.66	4.08	28.4	6469	13222
		203		49.9	0.2186	-5.07	-3.82	12.41	17.39	146.2		
		228		26.2	0.2582	21.09	8.47	2.77	0.60	78.8		
		290		123.8	0.2688	40.19	34.03	23.44	16.06	168.3		
95%	0	—	—	—	—	—	—	—	—	—	3881	7895
	1	271	1C5	80.9	0.1787	-17.36	-33.18	-21.47	-15.04	199.1	3881	10846
	2	187	210	34.4	0.2110	-9.82	-19.09	-5.80	-0.40	106.6	5149	11062
		271		46.4	0.1900	18.03	6.79	0.26	-1.22	170.0		
	3	198	315	40.8	0.2068	-9.85	-21.46	-7.49	-1.59	120.1	5158	12698
		279		57.3	0.2043	17.04	5.11	-3.70	-5.66	163.9		
		343		199.9	0.2632	58.28	66.85	54.81	41.02	227.4		
	4	184	420	34.4	0.2155	-10.96	-17.85	-5.26	-0.11	101.0	5799	13158
		233		37.5	0.2125	21.06	15.98	9.66	6.89	144.4		
		271		8.9	0.2143	10.53	12.29	6.28	3.26	93.4		
		344		217.0	0.2612	50.58	61.55	54.84	46.12	254.7		
	5	182	525	34.4	0.2394	-11.74	-16.84	-4.88	0.08	98.1	6353	13362
		210		8.8	0.2072	18.66	24.41	16.39	10.71	90.5		
		238		28.7	0.2123	15.04	21.16	16.18	12.61	119.5		
		266		2.5	0.2047	0.40	15.60	14.80	12.87	83.8		
		343		223.4	0.2555	37.87	51.86	53.59	55.02	266.1		

对于任意典型年，不同可供灌溉次数的灌水时间，有一定的重合或相近，表明规划求解所确定的最优灌水时间在作物需水的关键期，验证了优化结果的可靠性。对比 3 种灌水定额优化结果表明，当灌水定额为 45mm 时，在同样灌溉定额条件下，由于灌水次数增加，每个典型年的最大收益均大于另外两种灌水定额，且灌溉定额有所降低，这与滴灌的实际情况相符。

2. 春玉米典型年的确定与灌溉制度优化

（1）春玉米典型年确定

与冬小麦复播玉米相同，这里以春玉米的灌溉需水量进行频率分析，由此确定典型年。首先根据资料确定春玉米生育阶段及对应的作物系数值，见表 7.5。

表 7.5　春玉米生育阶段及对应的作物系数

生育阶段	初始生长期	快速发育期	发育中期	成熟期
日期（月/日）	5/1～5/28	5/29～7/7	7/8～9/5	9/6～9/20
作物系数	0.33	0.33～1.14	1.14	1.14～0.35

利用山西省临汾市长序列气象资料（1958～2019 年），春玉米生育期（5 月 1 日～9 月 20 日）内的降雨量，对应生育期内逐日的参照作物蒸发蒸腾量值和不同生育阶段的作物系数值，利用式（7.4）计算得出生育期内的灌溉需水量，最后确定 5 种频率（5%、25%、50%、75% 和 95%）的典型年，并对不同典型年春玉米在全生育期的蒸散量、潜在最大蒸散量、灌溉需水量、降水量和日照时数进行分析计算，结果见表 7.6。

表 7.6　春玉米水文典型年计算结果

频率	5%	25%	50%	75%	95%
典型年份	1971	1983	2017	1994	2015
$\sum ET_0$/mm	503.1	427.7	540.3	535.0	542.9
$\sum ET_P$/mm	396.8	365.7	433.6	433.4	447.0
$\sum P$/mm	571.3	389.7	395.9	291.8	173.0
W/mm	−150.0	−36.9	56.9	176.1	301.3
有效积温/℃	3307.6	3166.4	3606.8	3450.6	3507.4
日照时数/h	1111.1	900.5	1062.0	1037.7	1057.1

由表 7.6 可以看出，随着频率的增加，降雨量逐渐减小，由 5% 典型年的 571.3mm，减小到 95% 典型年的 173.0mm，变化幅度较大；$\sum ET_0$ 大致呈波动增大趋势，由 427.7mm 增大到 542.9mm，变化幅度较大；春玉米的灌溉需水量（W）由 −150mm 增加到 301.3mm；春玉米生育期内气温较高，有效积温随典型年的变化没有明显的增大或减小趋势；同有效积温一样，累计日照时数随典型年的变化也没有明显的增大或减小趋势。

（2）春玉米典型年灌溉制度优化

与冬小麦复播玉米类似，春玉米典型年灌溉制度优化也主要针对灌溉时间进行。给定的灌水定额为 45mm、75mm 和 105mm 三种，规划求解时对于一种灌水定额分别在每一种典型年下逐次增加灌水次数，当作物效益不再增大时，停止优化计算。

本书以山西省文峪河灌溉试验站确定的作物水模型和该试验站当地种植作物生长期和作物产品价格为依据建立目标函数：

$$\max B = p_c y - 10 \cdot \frac{p_w m J}{\eta} - pz - C_0 \tag{7.8}$$

约束条件为

$$T_1 < T_j < T_2 \tag{7.9}$$

式中，y 为产量，t/hm²，利用春玉米作物水模型求得（王铁英，2022）；B 为春玉米的纯收益，元/hm²；p_c 为玉米的单价，元/kg；p_w 为灌溉单价，元/m³，该值为研究区用水过程中电费、人工管理费、工程维护管理费等的综合取值；m 为灌水定额，mm；η 为灌溉水利用系数；10 为单位换算系数；p 为底肥的价格，元/kg；z 为底肥的数量，kg/hm²；C_0 为其他成本费用，包括机械费、种子费等，元/hm²。本书中，$\eta=0.51$，$p_c=2.04$ 元/kg，$p_w=0.8$ 元/m³，$p=2.84$ 元/kg，$z=1200$kg/hm²，$C_0=9000$ 元/hm²，无追肥。式（7.9）表示灌水均在播种后 T_1 至 T_2 天之间。T_j 为决策变量。播种后 10 天内和收获前 10 天内不灌水。

与冬小麦复播玉米相同，规划求解的可变参数为灌水时间，这里灌水时间以播种日算起的天数表示，优化灌水时间选定了 7 组初始值，包括经验灌水时间，以及较经验灌水时间分别提前 10 天、20 天、30 天和推后 10 天、20 天、30 天灌水。

采用 Excel 软件规划求解工具中的演化算法进行求解。通过优化计算可以得到给定的春玉米 3 种灌水定额（45mm、75mm 和 105mm），在不同典型年（5%、25%、50%、75% 和 95%）的最优灌水时间结果，包括不同可供灌溉供水量条件下的灌水时间、每次灌水前的 0～60cm 土层土壤含水率的平均值、产量、效益，以及相邻两次灌水期间（对于第 1 次灌水，是指从播种日到第 1 次灌水期间）的蒸散量、地表下 4 种深度（40cm、60cm、80cm 和 100cm）根区下界面水分通量、降水量等（表 7.7～表 7.9）。分析这些结果可以发现，随着灌水次数的增加，45mm、75mm 和 105mm 3 种灌水定额下不同典型年的产量都是增加的，效益增加到最大值之后，随着灌水次数的增加，效益是减小的［效益由式（7.8）及相关参数计算可得］。例如，在 45mm 灌水定额下，95% 典型年在灌溉第 6 次水时产量为 16.82t/hm²，效益为 11452.43 元/hm²，较第 5 次灌水，产量（16.76t/hm²）略有增加而效益（11887.79 元/hm²）减小；随着干旱频率的增加，同一灌水次数条件下，产量和效益在增加，例如，在 45mm 灌水定额下，95% 典型年灌溉 4 次的产量（16.08t/hm²）和效益（11257.79 元/hm²）均比同一灌水次数 75% 典型年的产量（11.53t/hm²）和效益（8072.28 元/hm²）明显增加；75mm 灌水定额下，75% 典型年灌溉 2 次水的产量为 10.70t/hm²，效益为 5797.19 元/hm²，而 95% 典型年灌溉 2 次水的产量为 11.71t/hm²，效益为 7536.47 元/hm²。

春玉米产量和效益随灌水定额增加是逐渐减小的。如 75% 典型年，灌水次数为 3 次时，产量最大为 11.10t/hm²（45mm），其次为 10.59t/hm²（75mm）和 10.39t/hm²（105mm）。效益最大为 6669.74 元/hm²（45mm），其次为 4716.88 元/hm²（75mm）和 3292.37 元/hm²（120mm）。主要原因是春玉米增加一次灌水会增加灌水引起的其他费用，如人工费、水费、电费等，综合结果效益会减低。

7.2.2　限量供水灌溉预报模型参数的确定

作为初步研究，分两个试点分析确定了冬小麦复播玉米和春玉米两种种植模式作物蒸散量法参数，两个试点为山西省霍泉灌区灌溉试验站和山西省文峪河灌区灌溉试验站。其中山西省霍泉灌区灌溉试验站进行冬小麦复播玉米试验，山西省文峪河灌区灌溉试验站进行春玉米试验。

表 7.7　春玉米典型年灌溉制度优化结果（灌水定额 45mm）

频率	灌水次数	灌水时间/d	灌水总量/mm	降雨量/mm	土壤含水率/(cm³/cm³)	不同深度处水分通量累积值/mm				ET/mm	产量/(t/hm²)
						40cm	60cm	80cm	100cm		
5%	0	—	0			—	—	—	—		10.19
	1	98	45	375.9	0.2023	—	—	—	—	273.6	10.16
25%	0	—	0			—	—	—	—		6.42
	1	63	45	186.1	0.1907	154.15	92.02	125.39	154.15	116.5	7.49
	2	62	90	183.7	0.1926					110.2	7.77
		69		2.4	0.2003					37.3	
50%	0	—	0	—		—	—	—	—	—	13.71
	1	69	45	161.9	0.1986	87.10	58.96	73.97	87.10	172.3	15.93
	2	69	90	161.9	0.1986					172.3	15.77
		127		230.4	0.2128					236.2	
75%	0	—	0			—	—	—	—	—	7.47
	1	104	45	286.8	0.1579	106.55	72.48	93.04	106.55	279.8	7.87
	2	103	90	286.8	0.1619	106.66	73.23	93.52	106.66	276.5	10.22
		120		0.0	0.1430	1.22	-2.61	-1.69	1.22	69.4	
	3	27	135	3.4	0.2076	45.63	22.57	35.65	45.63	35.6	11.10
		104		283.3	0.1611	84.14	67.65	79.47	84.14	259.2	
		116		0.0	0.1601	1.05	-0.44	-0.68	1.05	56.3	
	4	41	180	16.1	0.1999	49.23	20.42	36.35	49.23	56.0	11.53
		99		266.7	0.1729	81.85	72.15	81.52	81.85	222.5	
		114		6.0	0.1618	4.53	0.88	1.78	4.53	67.9	
		126		0.0	0.1719	2.48	1.77	1.34	2.48	46.7	
95%	0	—	0	—		—	—	—	—	—	5.50
	1	64	45	67.5	0.1675	67.39	32.98	51.48	67.39	120.0	7.49
	2	63	90	67.5	0.1757	67.36	33.29	51.62	67.36	116.4	10.86
		85		41.2	0.1658	3.29	2.41	1.62	3.29	102.5	
	3	65	135	67.5	0.1610	67.40	32.61	51.29	67.40	126.5	12.27
		86		41.2	0.1599	2.10	1.93	0.66	2.10	97.9	
		109		25.3	0.1361	1.95	0.36	0.22	1.95	96.4	
	4	40	180	35.3	0.1977	65.10	40.51	54.35	65.10	56.4	16.08
		68		32.2	0.1673	17.01	12.15	14.28	17.01	95.3	
		89		41.2	0.1577	6.12	5.10	4.37	6.12	102.2	
		110		25.3	0.1480	4.18	1.99	2.15	4.18	86.4	

频率	灌水次数	灌水时间/d	灌水总量/mm	降雨量/mm	土壤含水率/(cm³/cm³)	不同深度处水分通量累积值/mm				ET/mm	产量/(t/hm²)
						40cm	60cm	80cm	100cm		
95%	5	45	225	35.3	0.1784	66.40	38.52	54.24	66.40	70.4	16.76
		63		32.2	0.2125	15.87	20.48	17.57	15.87	52.0	
		88		41.2	0.1571	10.01	2.27	5.20	10.01	121.6	
		97		19.3	0.2075	1.54	3.91	1.55	1.54	40.0	
		114		6.0	0.1560	7.65	6.76	7.03	7.65	76.1	
	6	66	270	35.3	0.1977	67.39	32.98	51.48	67.39	56.4	16.82
		40		32.2	0.1796	67.36	33.29	51.62	67.36	86.4	
		84		41.2	0.1952	3.29	2.41	1.62	3.29	85.1	
		103		19.8	0.1551	67.40	32.61	51.29	67.40	90.9	
		109		5.5	0.2018	2.10	1.93	0.66	2.10	25.3	
		127		12.1	0.1661	1.95	0.36	0.22	1.95	71.6	

表 7.8 春玉米典型年灌溉制度优化结果（灌水定额 75mm）

频率	灌水次数	灌水时间/d	灌水总量/mm	降雨量/mm	土壤含水率/(cm³/cm³)	不同深度处水分通量累积值/mm					ET/mm	产量/(t/hm²)
						40cm	60cm	80cm	100cm	120cm		
5%	0	—	0	—	—	—	—	—	—	—	—	10.19
	1	112	75	487.5	0.2876	72.32	109.10	144.94	174.22	190.94	326.0	10.09
25%	0	—	0	—	—	—	—	—	—	—	—	6.42
	1	65	75	186.1	0.1762	49.48	90.94	124.96	154.39	164.96	116.5	7.49
	2	64	150	186.1	0.1822	50.27	91.51	125.20	154.29	164.59	110.2	7.77
		129		146.5	0.1603	24.38	16.59	16.26	21.47	26.44	37.3	
50%	0	—	0	—	—	—	—	—	—	—	—	13.71
	1	69	45	161.9	0.1986	43.53	58.26	73.63	87.30	93.42	172.3	15.93
	2	69	90	161.9	0.1986	43.53	58.26	73.63	87.30	93.42	172.3	15.77
		127		230.4	0.2128	45.72	43.10	37.81	39.11	40.91	236.2	
75%	0	—	0	—	—	—	—	—	—	—	—	7.47
	1	118	75	286.8	0.1211	23.26	62.97	86.43	104.16	113.55	311.8	9.26
	2	97	150	280.8	0.1775	39.05	78.28	96.34	106.90	110.08	255.5	10.70
		115		6.0	0.1600	5.34	7.53	8.55	11.19	13.58	82.1	
	3	43	225	16.1	0.1910	1.14	20.27	36.50	49.63	55.71	59.3	10.59
		104		272.7	0.1656	47.96	81.51	99.36	105.47	104.18	236.5	
		114		0.0	0.1889	9.49	7.93	5.82	5.43	5.84	49.7	
	4	41	180	16.1	0.1999	—	—	—	—	—	—	—
		99		266.7	0.1729	—	—	—	—	—	—	
		114		6.0	0.1618	—	—	—	—	—	—	
		126		0.0	0.1719	—	—	—	—	—	—	

续表

频率	灌水次数	灌水时间/d	灌水总量/mm	降雨量/mm	土壤含水率/(cm³/cm³)	不同深度处水分通量累积值/mm					ET/mm	产量/(t/hm²)
						40cm	60cm	80cm	100cm	120cm		
95%	0	—	0	—	—	—	—	—	—	—	—	5.50
	1	64	75	67.5	0.1675	13.47	32.98	51.48	67.39	75.84	120.0	7.96
	2	64	150	67.5	0.1675	13.47	32.98	51.48	67.39	75.84	120.0	11.71
		86		41.2	0.1705	15.53	11.23	8.69	8.62	8.67	106.1	
	3	61	225	67.5	0.1900	14.46	33.65	51.80	67.26	75.33	105.4	13.50
		85		41.2	0.1753	11.76	14.20	12.59	12.92	12.99	113.7	
		110		25.3	0.1473	8.73	8.33	8.19	9.84	10.83	110.2	
	4	64	300	67.5	0.1675	13.47	32.98	51.48	67.39	75.84	120.0	13.68
		81		37.8	0.2048	16.61	11.69	8.47	7.67	7.23	81.2	
		95		21.7	0.2119	6.91	19.78	19.87	17.66	15.01	69.7	
		112		6.0	0.1829	3.60	18.85	21.65	21.49	20.88	76.2	
	5	38	375	35.3	0.2062	24.55	40.91	54.08	64.32	67.69	50.9	13.73
		64		32.2	0.1988	10.13	24.35	27.75	28.66	29.44	83.7	
		84		41.2	0.2048	11.86	17.69	18.10	18.93	19.60	96.1	
		108		25.3	0.1643	−0.10	11.80	16.08	19.04	21.02	112.5	
		124		0.1	0.1585	8.04	7.51	6.82	7.50	8.21	67.4	
	6	64	450	67.5	0.1675	−23.27	32.98	51.48	67.39	75.84	120.0	13.12
		81		37.8	0.2048	2.33	11.69	8.47	7.67	7.23	81.2	
		98		21.7	0.1919	−8.28	19.20	19.68	18.31	16.41	83.0	
		105		0.7	0.2234	−1.17	18.22	13.82	10.14	7.58	33.0	
		121		5.4	0.1854	−13.22	17.23	30.00	32.70	31.87	71.5	
		123		0.0	0.2709	1.86	9.88	4.51	2.38	1.87	7.3	

表 7.9　春玉米 5%水文年灌溉制度优化结果（灌水定额 105mm）

频率	灌水次数	灌水时间/d	灌水总量/mm	降雨量/mm	土壤含水率/(cm³/cm³)	不同深度处水分通量累积值/mm					ET/mm	产量/(t/hm²)
						40cm	60cm	80cm	100cm	120cm		
5%	0	—	0	—	—	—	—	—	—	—	—	10.19
	1	130	105	569.9	0.2422	—	—	—	—	—	379.9	10.08
25%	0	—	0	—	—	—	—	—	—	—	—	6.42
	1	62	105	183.7	0.1926	51.54	92.45	125.52	153.97	163.77	110.2	7.18
	2	62	130	183.7	0.1926	—	—	—	—	—	110.2	7.12
		130		189.7	0.2462	—	—	—	—	—	243.5	
50%	0	—	0	—	—	—	—	—	—	—	—	13.71
	1	69	105	161.9	0.1986	44.44	58.96	73.97	87.10	92.76	172.3	16.77
	2	69	130	161.9	0.1986	—	—	—	—	—	172.3	16.51
		130		233.0	0.2121	—	—	—	—	—	247.7	

续表

频率	灌水次数	灌水时间/d	灌水总量/mm	降雨量/mm	土壤含水率/(cm³/cm³)	不同深度处水分通量累积值/mm					ET/mm	产量/(t/hm²)
						40cm	60cm	80cm	100cm	120cm		
75%	0	—	0	—							—	7.47
	1	114	105	286.8	0.1266	25.40	65.40	88.21	104.92	113.42	306.0	9.58
	2	99	130	280.8	0.1675	36.86	76.58	95.47	106.94	110.91	263.5	10.57
		115		6.0	0.1804	2.15	19.52	22.85	22.42	21.96	76.1	
	3	97	315	16.1	0.1910	—	—	—	—	—	59.3	10.39
		116		266.7	0.1775	—	—	—	—	—	196.2	
		130		6.0	0.1699	—	—	—	—	—	87.5	
95%	0	—	0	—							—	5.50
	1	64	105	67.5	0.1675	13.47	32.98	51.48	67.39	75.84	120.0	9.41
	2	65	130	67.5	0.1610	12.94	32.61	51.29	67.40	76.00	126.5	11.89
		87		41.2	0.1788	13.31	25.51	23.79	21.08	18.56	109.0	
	3	62	315	67.5	0.1829	14.27	33.51	51.73	67.31	75.50	109.9	13.02
		86		41.2	0.1815	3.43	22.91	27.74	25.90	23.88	117.3	
		114		25.3	0.1507	-4.23	16.47	26.02	28.41	29.39	123.6	
	4	65	420	67.5	0.1610	—	—	—	—	—	126.5	12.15
		82		39.9	0.2178	—	—	—	—	—	81.7	
		98		20.6	0.2164	—	—	—	—	—	79.6	
		109		6.0	0.2312	—	—	—	—	—	50.4	

灌溉制度优化结果表明，优化灌水时间的分布与灌溉需水量存在关系，与作物的蒸散量有关联。在不同的灌水定额条件下，以优化的最优灌水时间为时间点，可以计算相邻两次灌水期间的蒸散量累计值、降雨量累计值和农田地表下某一深度的水分通量（以下将这些计算值称为实测值）。为了便于模型参数求解，将式（7.2）两边同除以 k，这样式（7.2）变为式（7.10）：

$$J^c \sum ET_i = \frac{1}{k} \sum (P_i - Q_i) + \frac{M}{k} \tag{7.10}$$

将式（7.10）左边的 $J^c \sum ET_i$ 称为修正的蒸散量，这样，式（7.10）就变为以 $\sum(P_i - Q_i)$ 为自变量，以修正的蒸散量为因变量的直线方程。其中 $\frac{1}{k}$ 和 $\frac{M}{k}$ 分别为直线方程的斜率和常数。在给定参数 c 值时，可以利用灌溉制度优化的降水量、蒸散量、和农田不同深度处水分通量，做回归分析，求得直线方程的斜率和常数，见表7.10和表7.11。然后，利用该斜率和常数，可求得与修正蒸散量 $y_i(J^c \sum ET_i)$ 对应的模拟值 $\hat{y}_i$，以及两者的误差平方和：

$$SS(45,c) = \sum_{i=1}^{N} (y_i - \hat{y}_i)^2 \tag{7.11}$$

式中，$SS(45,c)$ 为冬小麦复播玉米45mm灌水定额下假定 c 为某一值时的误差平方和；i 为数组编号；N 为数据组数。本书从可供灌溉水量0次，到1次、2次…N次，做优化计算，直到效益开始减小为止。因此,不同的灌水定额,其数据组数是不相同的,如灌水定额 45mm 共有 6 (5%典型年) +10 (25%典型年) +15 (50%典型年) +21 (75%典型年) +28 (95% 典型年) =80 组数据,即 $N = 80$。

由此可见,对于某一灌水定额 m,式 (7.11) 是参数 c 的函数,蒸散量模型参数的求解就是确定合适的参数 c,使得 SS(m,c) 最小。由于函数 [式 (7.11)] 的非线性特性,可利用 Excel 规划求解工具中演化算法求解参数 c,求得参数 c 后,相应地也获得了参数 $\frac{1}{k}$ 和 $\frac{M}{k}$,并由此求得参数 k 和 M。

同理,可以求得冬小麦复播玉米 45mm 灌水定额其他 3 个深度处水分通量情况下的对应参数 (c、k 和 M),以及其他两种灌水定额对应不同深度处水分通量的参数 (c、k 和 M),见表 7.10。同样地,可按此方法求得春玉米 3 种灌水定额对应不同深度水分通量的参数。结果见表 7.11。农田土壤不同深度处均有水分通量,这里按照达西定律计算,如式 (7.12):

$$q(\theta_L) = -D(\theta_L)\frac{\partial \theta}{\partial z}\bigg|_{z=L} + K(\theta_L) \tag{7.12}$$

式中,θ_L 为农田土壤水分动态模拟计算过程中深度 $z=L$ 处的土壤含水率,cm^3/cm^3;$q(\theta_L)$ 为深度 $z=L$ 处土壤含水率为 θ_L 时的水分通量,向下为正,cm/min;$D(\theta_L)$ 为深度 $z=L$ 处土壤含水率为 θ_L 时的非饱和土壤水分扩散率,cm^2/min;$K(\theta_L)$ 为深度 $z=L$ 处土壤含水率为 θ_L 时的非饱和土壤水分导水率,cm/min。

表 7.10　冬小麦复播玉米限量供水灌溉预报模型参数随深度变化

灌水定额/mm	计算水分通量深度/cm	参数			均方误差/mm	平均相对误差/%	决定系数 R^2	样本数
		c	k	M				
45	40	-0.1100	0.9761	38.16	19.7	19.7	0.9252	80
	60	**-0.0921**	**1.0032**	**37.14**	**17.4**	**17.5**	**0.9421**	**80**
	80	-0.0560	1.0110	42.85	17.4	16.9	0.9443	80
	100	-0.0446	1.0290	45.86	19.1	18.2	0.9335	80
	120	-0.0367	1.0435	49.11	20.9	19.6	0.9207	80
75	40	-0.1827	1.0245	51.36	22.7	29.1	0.889	80
	60	**-0.1592**	**1.0363**	**50.50**	**21.7**	**27.0**	**0.9002**	**80**
	80	-0.1224	1.1205	64.89	25.5	31.8	0.8672	80
	100	-0.1250	1.1201	63.90	24.2	30.8	0.8797	80
	120	-0.1232	1.1429	66.79	25.5	31.8	0.8931	80
105	40	-0.1246	1.0371	68.31	25.5	20.9	0.8893	80
	60	**-0.1660**	**1.0206**	**58.64**	**24.4**	**22.3**	**0.8971**	**80**
	80	-0.1216	1.0395	66.82	21.7	20.3	0.9194	80
	100	-0.0977	1.0757	73.84	22.3	20.1	0.916	80
	120	-0.0815	1.1001	79.48	23.5	20.7	0.9073	80

注:表中黑体标识数据为冬小麦复播玉米模型决策法求解所用参数。

表 7.11　春玉米法限量供水灌溉预报模型参数随深度的变化

| 灌水定额/mm | 水分通量计算深度/cm | 参数 | | | 均方误差/mm | 平均相对误差/% | 决定系数 R^2 | 样本数 |
		c	k	M				
45	40	−0.1431	1.1341	76.50	27.5	28.3	0.8254	80
	60	**−0.1404**	**1.1359**	**61.61**	**18.8**	**18.0**	**0.9185**	**80**
	80	−0.0867	1.0721	68.62	21.3	20.4	0.8986	80
	100	−0.0534	1.0777	79.56	25.4	25.4	0.8598	80
	120	−0.0284	1.0869	86.54	27.3	27.2	0.841	80
75	40	−0.1460	1.4004	87.30	25.4	18.7	0.8881	80
	60	**−0.1447**	**1.2207**	**76.39**	**23.2**	**38.5**	**0.9046**	**80**
	80	−0.0903	1.1877	92.32	22.8	15.9	0.9095	80
	100	−0.0563	1.1534	100.45	25.0	18.3	0.8905	80
	120	−0.0299	1.1425	105.99	26.6	20.1	0.8756	80
105	40	−0.1041	1.2998	91.47	23.4	12.5	0.8837	80
	60	**−0.1103**	**1.1527**	**94.14**	**20.4**	**10.8**	**0.9112**	**80**
	80	−0.0671	1.0645	99.39	17.1	10.0	0.9375	80
	100	−0.0027	1.0154	107.28	15.8	11.0	0.9462	80
	120	0.0279	1.0085	112.93	17.5	12.9	0.9342	80

注：表中黑体标识数据为春玉米模型决策法求解所用参数。

在土壤水分动态模拟计算过程中常采用差分形式计算 $q(\theta_L)$：

$$q_n^{k+1} = -\left(D_n^{k+1} \times D_{n-1}^{k+1}\right)^{\frac{1}{2}} \frac{\theta_n^{k+1} - \theta_{n-1}^{k+1}}{(\Delta z_{n-1} + \Delta z_n)/2} + \left(K_n^{k+1} \times K_{n-1}^{k+1}\right)^{\frac{1}{2}} \qquad (7.13)$$

式中，q_n^{k+1} 为第 k 时段末差分节点（$k+1$，n）（对应时段 k 末，深度 $z=L$）处的土壤水分通量，cm/min；D_{n-1}^{k+1}、D_n^{k+1} 为对应节点（$k+1$，$n-1$）和节点（$k+1$，n）处的非饱和土壤水分扩散率，cm²/min；K_{n-1}^{k+1}、K_n^{k+1} 为对应节点（$k+1$，$n-1$）和节点（$k+1$，n）处的非饱和土壤水分导水率，cm/min；θ_{n-1}^{k+1}、θ_n^{k+1} 为对应节点（$k+1$，$n-1$）和节点（$k+1$，n）处的土壤容积含水率，cm³/cm³；Δz_{n-1}、Δz_n 为对应节点（$k+1$，$n-1$）和节点（$k+1$，n）处的距离步长，cm。本书采用变步长法进行差分计算，采用几何平均法计算平均的非饱和土壤扩散率和非饱和土壤导水率。由于农田土壤分层的异质性，土壤水分通量计算采用基质势的方法 [式（2.18b）] 更为合适。

由表 7.10 和表 7.11 可看出，无论冬小麦复播玉米还是单作春玉米，参数 c 均为负值，其绝对值（$|c|$）较明显地随水分通量计算深度的增加有由大变小的趋势。在同一水分通量计算深度下对比三种灌水定额，以 75mm 灌水定额的 $|c|$ 最大；依种植模式不同，参数 k 和 M 有不同的变化趋势，对于冬小麦复播玉米参数 k 和 M 则大致呈现随水分通量计算深度增大而增大的趋势（40cm 深度除外）；类似地，除 40cm 深度外，春玉米的 k 和 M 随深度的增大，也有由小变大的趋势；直线方程 [式（7.10）] 决定系数 R^2 均在 0.82 以上，均方误

差处于 15.8～27.5mm 之间，平均相对误差处于 10.0%～38.5%之间，表明该模型拟合精度较高。

　　其中直线方程 [式 (7.10)] 决定系数 R^2 随根区下界面水分通量计算深度变化，无论是不同作物模式（冬小麦复播玉米、春玉米），还是不同灌水定额（45mm、75mm、105mm），普遍以 60cm 或 80cm 最大。综合考虑使决定系数较大、平均相对误差和均方误差较小，以及期望参数|c|较大（参数|c|较大，可以加大可供水灌溉次数在模型中的作用），确定较小灌水定额（45mm 和 75mm）采用 60cm 深度处的模型参数，较大灌水定额（105mm）采用 80cm 深度处的模型参数，见表 7.10 和表 7.11 中黑体标识数据。由此得到冬小麦复播玉米和春玉米限量供水灌溉预报方法的参数，重写如表 7.12 和表 7.13。与表 7.12 和表 7.13 参数对应的直线 [式 (7.14)，变化范围如对应图所示] 和实测值点 $[\sum(P_i - Q_i), J^c \sum \text{ET}_i]$ 见图 7.1～图 7.6。由图可见，拟合精度较高。

$$\hat{y}_i = \frac{1}{k}\sum(P_i - Q_i) + \frac{M}{k} \tag{7.14}$$

表 7.12　冬小麦复播玉米模型决策法参数求解结果

灌水定额 /mm	计算水分通量 深度/cm	参数			均方误差 /mm	平均相对 误差/%	决定系数 R^2	样本数
		c	k	M				
45	60	-0.0921	1.0032	37.14	17.4	17.5	0.9421	80
75	60	-0.1592	1.0363	50.50	21.7	27.0	0.9002	59
105	80	-0.1216	1.0395	66.82	21.7	20.3	0.9194	37

表 7.13　春玉米模型决策法参数求解结果

灌水定 额/mm	水分通量计算 深度/cm	参数			均方误差 /mm	平均相对 误差/%	决定系数 R^2	样本数
		c	k	M				
45	60	-0.1404	1.1359	61.61	18.8	18.0	0.9185	27
75	60	-0.1447	1.2207	76.39	23.2	38.5	0.9046	34
105	80	-0.0671	1.0645	99.39	17.1	10.0	0.9375	11

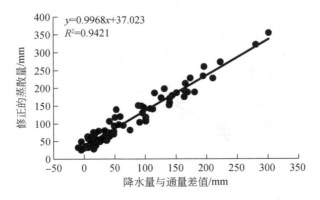

图 7.1　冬小麦复播玉米 *K-M* 法参数求解（灌水定额 45mm）

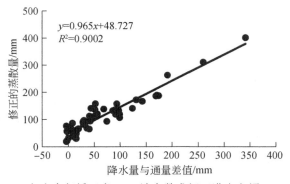

图 7.2　冬小麦复播玉米 *K-M* 法参数求解（灌水定额 75mm）

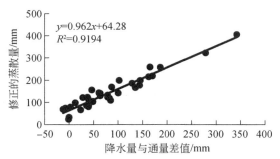

图 7.3　冬小麦复播玉米 *K-M* 法参数求解（灌水定额 105mm）

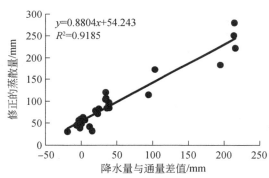

图 7.4　春玉米 *K-M* 法参数求解（灌水定额 45mm）

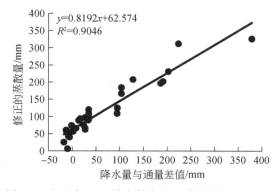

图 7.5　春玉米 *K-M* 法参数求解（灌水定额 75mm）

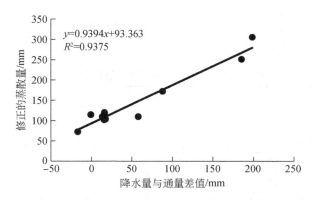

图 7.6　春玉米 *K-M* 法参数求解（灌水定额 105mm）

7.2.3　区域干旱对限量供水灌溉预报模型参数的影响

1. 分区位置及玉米生长期气象要素状况

干旱是影响作物蒸散量和农田水量平衡的重要因素，进而也可能是影响作物限量供水灌溉预报方法参数的因素。鉴于此，本书在我国北方地区大致沿同纬度线从东到西选取了黑龙江省哈尔滨市、河北省邢台市、山西省文水县、宁夏回族自治区同心县、新疆维吾尔自治区阿克苏市 5 个试点（表 7.14），给出每个试点春玉米多年平均的气象情况（多年平均气温、日照、湿度、风速、降雨量、ET_0）等，并给出当地春玉米播种收获日期（表 7.15）。寻找适宜的干旱程度评价指标，对选取的试点进行了干旱程度分析，由此确定 5 个试点的干旱程度排序。按照上述限量供水灌溉预报方法及其参数确定方法，确定了除山西省文水县外其他 4 个试点的参数值。以湿润度表示干旱程度的指标，分析干旱程度对限量供水灌溉预报方法参数的影响。

表 7.14　5 个试点位置及所在地情况

试点名称	试点位置及所在地情况
黑龙江省哈尔滨市	东经 125°42′～130°10′，北纬 44°04′～46°40′；平均海拔 132～140m，产量 7.09t/hm²，气象资料系列 1955～2018 年
河北省邢台市	东经 113°52′～115°49′，北纬 36°50′～37°47′；平均海拔 72m，产量 6.01t/hm²，气象资料系列 1955～2018 年
山西省文水县	东经 111°56′，北纬 37°36′；平均海拔 815m，产量 7.09t/hm²，气象资料系列 1956～2018 年
宁夏回族自治区同心县	东经 105°54′，北纬 36°58′；平均海拔 2000m，产量 6.83t/hm²，气象资料系列 1955～2018 年
新疆维吾尔自治区阿克苏市	东经 79°39′～82°01′，北纬 39°30′～ 41°27′；平均海拔 1104m，产量 7.12t/hm²，气象资料系列 1955～2018 年

2. 分区典型年的确定

以灌溉需水量做频率分析确定典型年，计算过程中考虑了作物潜在蒸散量 ET_p 随时间的变化特性，并给出了各试点典型年湿润度（作物生长期降水量与作物生长期潜在蒸散量的比值，P/ET_p）（表 7.16）。

表 7.15　5 个试点春玉米生育期气象要素多年平均值

试点名称	春玉米生育期气象要素多年平均值						
	起止日期（月/日）	最高气温/℃	平均气温/℃	最低气温/℃	相对湿度/%	降雨量/mm	ET_0/mm
黑龙江省哈尔滨市	4/24～9/20	24.63	18.81	13.23	65.50	388.0	569.8
河北省邢台市	5/5～9/8	30.77	25.33	20.41	69.27	404.2	467.5
山西省文水县	5/1～9/20	23.48	29.58	17.89	65.62	355.5	497.1
宁夏回族自治区同心县	4/12～9/13	27.16	19.95	13.55	53.87	9.1	211.4
新疆维吾尔自治区阿克苏亓	4/15～9/8	30.89	22.92	15.34	53.48	62.0	660.1

表 7.16　各试点春玉米典型年水文信息

试点名称	频率	5%	25%	50%	75%	95%
黑龙江省哈尔滨市	典型年份	2018	2015	1967	1978	1955
	ET_p/mm	399.9	398.2	452.6	483	523.6
	P/mm	545.9	415.0	386.9	305	264.2
	W/mm	−146.0	−16.8	65.7	178.0	259.4
	T/℃	20.2	19.6	18.9	18.8	19.0
	日照时数/h	1278	1161.9	1404.7	1379.7	1401
	P/ET_p	1.365	1.042	0.855	0.631	0.505
河北省邢台市	典型年份	2016	2010	2017	1974	1999
	ET_p/mm	342.6	339.4	398.7	357.6	386.1
	P/mm	703.1	475	417.7	265.8	174.6
	W/mm	−360.5	−135.6	−19	91.8	211.5
	T/℃	24.6	26.2	25.4	24.8	26.1
	日照时数/h	623.4	704.8	795.7	1007.6	997.6
	P/ET_p	2.052	1.400	1.048	0.743	0.452
山西省文水县	典型年份	1971	1983	2017	1994	2015
	ET_p/mm	396.8	365.7	433.6	433.4	448
	P/mm	571.3	389.7	395.9	291.8	173
	W/mm	−150.0	−34.9	54.9	174.1	301.3
	T/℃	3308.6	3166.6	3606.8	3450.6	3507.4
	日照时数/h	1111.1	900.5	1 062.0	1 037.7	1 058.1
	P/ET_p	1.440	1.066	0.913	0.673	0.386
宁夏回族自治区同心县	典型年份	1958	1983	2007	1963	1960
	ET_p/mm	531.2	555.1	556.7	627.6	635.2
	P/mm	369.1	253.7	200.8	163.5	91.5
	W/mm	162.0	301.3	355.9	464.1	543.6
	T/℃	19.1	18.8	20.1	19.6	19.3
	日照时数/h	1358.1	1396.8	1456.9	1468.3	1454.5
	P/ET_p	0.695	0.457	0.361	0.261	0.144

续表

试点名称	频率	5%	25%	50%	75%	95%
新疆维吾尔自治区阿克苏市	典型年份	1989	1963	2010	2012	1956
	ET_p/mm	445.3	525.7	562.6	574.9	595.5
	P/mm	76.6	75.8	81.4	56.2	12.4
	W/mm	368.8	450	481.3	518.7	583.1
	T/℃	20.1	20.6	22.3	22.7	22.5
	日照时数/h	1161.1	1313.1	1264.6	1403.2	1172.9
	P/ET_p	0.172	0.144	0.145	0.098	0.021

由表 7.16 可以看出，不同频率年的湿润度有所不同，随干旱程度的加大（频率增大），湿润度有明显减小的趋势；不同试点的湿润度也有所不同，如特旱年（95%）湿润度以黑龙江省哈尔滨市最大，河北省邢台市次之，之后是山西省文水县、宁夏回族自治区同心县，新疆维吾尔自治区阿克苏市，呈由东向西顺序依次减小，其他频率年则以河北省邢台市最大，次之为山西省文峪河，黑龙江省哈尔滨市、宁夏回族自治区同心县和新疆维吾尔自治区阿克苏市，宁夏回族自治区同心县显著减小，不足山西省文水县的 1/2，新疆维吾尔自治区阿克苏市更小，5% 典型年的湿润度也不足 0.2。

3. 分区春玉米限量供水灌溉预报方法参数求解结果

按照前述方法确定分区春玉米限量供水灌溉预报方法的［式（7.10）］参数，见表 7.17。表中按照干旱程度（50%频率年的湿润度指标接近于多年平均值，便以此为依据）由轻到重的顺序从上向下排列。由表 7.17 可见，除山西省试点外，其他 4 个试点均以深度 60cm 处决定系数 R^2 最大（表 7.17 中加粗字段），与前述 75mm 灌水定额参数取值非常一致。由此，将表 7.17 整理，只给出 60cm 深度处限量供水灌溉预报方法的参数，见表 7.18。由表 7.18 可见，限量供水灌溉预报方法的参数拟合精度较高，其决定系数 R^2 均达到 0.82 以上，最大为 0.9118；限量供水灌溉预报方法的参数 c、k 和 M 与湿润度变化趋势非常一致，即随干旱程度加重，参数的绝对值由大变小。

表 7.17　分区春玉米模型决策法参数求解结果

试点名称	计算水分通量深度/cm	参数			均方误差/mm	平均相对误差/%	决定系数 R^2	样本数
		c	k	M				
河北省	40	-0.1916	2.5188	175.5	24.5	23.9	0.8163	
	60	**-0.1727**	**2.3847**	**176.0**	**23.5**	**22.4**	**0.8313**	
	80	-0.1568	2.3036	175.7	23.8	22.8	0.8269	
	100	-0.1401	2.2195	174.3	24.2	23.1	0.8220	
	120	-0.1132	2.1613	174.2	24.6	23.2	0.8174	

试点名称	计算水分通量深度/cm	参数			均方误差/mm	平均相对误差/%	决定系数 R^2	样本数
		c	k	M				
山西省	40	−0.1460	1.4004	87.3	25.4	18.7	0.8881	
	60	−0.1447	1.2207	76.4	23.2	38.5	0.9046	
	80	**−0.0903**	**1.1877**	**92.3**	**22.8**	**15.9**	**0.9095**	
	100	−0.0563	1.1534	100.5	25.0	18.3	0.8905	
	120	−0.0299	1.1425	106.0	26.6	20.1	0.8756	
黑龙江省	40	−0.2092	1.2674	69.9	27.6	28.0	0.8675	
	60	**−0.1660**	**1.1548**	**70.9**	**22.6**	**21.0**	**0.9118**	
	80	−0.1657	1.1105	71.4	23.3	22.1	0.9059	
	100	−0.1899	1.1013	71.6	27.2	27.7	0.8714	
	120	−0.2132	1.1073	71.4	30.1	32.1	0.8419	
宁夏回族自治区	40	−0.0654	0.7952	43.8	15.3	26.9	0.8005	
	60	**−0.1293**	**0.7677**	**44.6**	**11.9**	**16.5**	**0.8705**	
	80	−0.0979	0.7575	49.8	17.4	30.6	0.7390	
	100	−0.1000	0.8025	60.0	23.3	37.9	0.5589	
	120	−0.1526	0.9835	67.3	26.3	46.1	0.3926	
新疆维吾尔自治区	40	−0.1725	0.5701	27.3	12.0	20.0	0.7461	101
	60	**−0.1092**	**0.6145**	**41.3**	**9.9**	**15.1**	**0.8216**	
	80	−0.0570	0.6383	49.5	15.0	20.3	0.6235	
	100	−0.1227	1.0350	73.1	20.8	28.4	0.2490	
	120	−0.2161	2.0584	121.1	22.3	33.2	0.0842	

表 7.18　分区春玉米模型决策法参数（水分通量计算深度为 60cm）

试点名称	参数			湿润度	均方误差/mm	平均相对误差/%	决定系数 R^2	样本数
	c	k	M					
河北省	−0.1727	2.3847	176.0	1.048	23.5	22.4	0.8313	26
山西省	−0.1447	1.2207	76.4	0.913	23.2	38.5	0.9046	34
黑龙江省	−0.1660	1.1548	70.9	0.855	22.6	21.0	0.9118	32
宁夏回族自治区	−0.1293	0.7677	44.6	0.361	11.9	16.5	0.8705	92
新疆维吾尔自治区	−0.1092	0.6145	41.3	0.145	9.9	15.1	0.8216	101

本书提出的限量供水灌溉预报方法［式（7.10）］要好于时晴晴（2023）、豆静静（2023）、王铁英（2022）和张宝珠（2022）等采用蒸散量和有效降水量的限量供水灌溉预报方法。表明，随着干旱程度的加重，基于蒸散量和有效降水量的限量供水灌溉预报方法的参数［式（7.14）］拟合精度有降低的趋势。主要原因是在严重干旱条件下，下界面水分通量变为农

田水量平衡方程中的主要项，其数量不能再忽略不计，在限量供水灌溉预报方法的构建中必须考虑下界面水分通量。

7.3 限量供水灌溉预报方法的合理性分析

本书通过分析比较利用限量供水灌溉预报方法与经验灌溉法进行灌溉决策（确定灌水时间）的增产增效结果，若限量供水灌溉预报方法具有明显的增产增收效果，说明限量供水灌溉预报方法确定的灌水时间更为精准合理。考虑到降水量、气温、日照、风速等天气因素变化的强烈随机特性，分析过程中以近 10 年（2009～2019 年）的数据对比分析。

7.3.1 冬小麦复播玉米蒸散法增产增收效果

考虑到气象因素变化的随机性，选定了临汾市 2009～2018 年 10 年的气象数据，采用限量供水灌溉预报方法确定灌水时间，模拟产量及效益，分析评价相对于经验灌溉的增产增收效果。计算过程中，选定 45mm、75mm、105mm 3 种灌水定额，冬小麦复播夏玉米全生育期最多灌水 4 次。表 7.19～表 7.21 给出了 3 种灌水定额采用限量供水灌溉预报方法确定的灌水时间以及根据霍泉站多年试验资料统计确定的经验灌水时间。在此基础上对冬小麦复播夏玉米生育期限量供水灌溉预报方法、经验灌溉时的产量与效益进行了模拟，并计算了限量供水灌溉预报方法相对于经验灌溉的增产、增效情况。表 7.22 是对增产、增效情况的汇总。综合分析，可得到以下结论：

1）在确定灌水次数后，限量供水灌溉预报方法可以决策灌水时间。3 种灌水定额条件下，10 年产量与效益的模拟结果表明，限量供水灌溉预报方法增产、增收效果具有波动性；总体上，灌水一次时，增产、增收效果不明显，二～四次灌水具有明显的增产、增收效果（表 7.22），平均增产 0.21%～10.08%，平均增效 1.95%～23.99%。

2）限量供水灌溉预报方法预测一次灌水时，灌水时间同经验灌水时间接近；3 种灌水定额均在夏玉米产量模拟中有一定的增产效果，105mm 灌水定额下增产比较大，主要原因为灌水定额较大，使夏玉米生育期土壤含水率较高。

3）灌水定额为 45mm 时，冬小麦增产、增效效果明显，主要原因是灌水多在小麦生长期；灌水定额为 75mm 时，冬小麦与夏玉米均有一定的增产增收效果，两种作物间比较均衡；灌水定额为 105mm 时，冬小麦与夏玉米具有更大的增产效果。

表 7.19 *K-M* 法与经验法确定冬小麦复播夏玉米灌水时间（灌水定额 45 mm）

年份	灌水时间（以播种日算起的天数表示）/d			
	灌水一次	灌水二次	灌水三次	灌水四次
2009	70	61/189	52/180/200	45/176/197/213
2010	171	162/190	39/184/223	37/184/221
2011	57	49/163	45/162/194	43/162/193/210
2012	189	183/203	167/201/234	164/194/228
2013	158	158/194	55/162/193	50/158/186/207

续表

年份	灌水时间（以播种日算起的天数表示）/d			
	灌水一次	灌水二次	灌水三次	灌水四次
2014	67	65/178	54/169/247	51/165/192/291
2015	162	50/162	46/162/212	44/162/210/240
2016	171	163/194	163/208/259	163/205/236/318
2017	80	69/162	163/193/304	163/192/226/328
2018	51	46/162	42/162/191	41/162/190/301

注：①灌水时间为自冬小麦播种日开始的自然生长天数，d；②经验灌水计划，a. 灌水一次，195；b. 灌水二次，55/218；c. 灌水三次，55/195/298；d. 灌水四次，55/165/218/298。

表 7.20　*K-M* 法与经验法确定冬小麦复播夏玉米灌水时间（灌水定额 75mm）

年份	灌水时间（以播种日算起的天数表示）/d			
	灌水一次	灌水二次	灌水三次	灌水四次
2009	199	70/208	61/198/207	61/196/213/312
2010	193	184/238	41/216/235	39/192/238
2011	68	56/196	51/182/201	47/168/198/216
2012	195	187/207	184/203/262	180/202/248
2013	182	162/197	158/193/209	158/186/201/221
2014	217	175/295	169/244/266	66/192/283
2015	197	162/232	52/179/232	48/164/218/263
2016	192	171/262	163/192/235	163/192/226/322
2017	162	162/241	162/225/301	162/221/277
2018	60	53/164	50/162/192	47/162/192/231

注：①灌水时间为自冬小麦播种日开始的自然生长天数；②经验灌水计划，a. 灌水一次，195；b. 灌水二次，55/218；c. 灌水三次，55/195/298；d. 灌水四次，55/165/218/298。

表 7.21　*K-M* 法与经验法确定冬小麦复播夏玉米灌水时间（灌水定额 105mm）

年份	灌水时间（以播种日算起的天数表示）/d			
	灌水一次	灌水二次	灌水三次	灌水四次
2009	199	184/220	177/213/312	174/209/268/314
2010	192	180/224	173/216/249	170/213/236
2011	195	179/218	168/210/234	164/202/231/287
2012	195	186/224	181/218/257	178/206/248/302
2013	193	174/218	162/207/233	158/199/225/343
2014	192	173/252	167/222/296	163/217/264/304
2015	197	165/227	162/212/249	162/210/238/286
2016	191	168/218	163/208/259	163/205/236/318
2017	162	162/222	162/213/245	162/210/238/278
2018	162	162/217	162/213/244	162/211/240/312

注：①灌水时间为自冬小麦播种日开始的自然生长天数，d；②经验灌水计划，a. 灌水一次，195；b. 灌水二次，55/218；c. 灌水三次，55/195/298；d. 灌水四次，55/165/218/298。

表 7.22　*K-M* 法较经验法确定冬小麦复播玉米灌水时间的增产增收效果（10 年平均值）

灌水次数	45mm 灌水定额		75mm 灌水定额		105mm 灌水定额	
	增产/%	增效/%	增产/%	增效/%	增产/%	增效/%
一	-0.63	-6.24	-1.73	-6.24	0.37	-6.24
二	6.49	12.61	6.12	16.23	7.62	23.99
三	1.47	6.19	0.21	1.95	5.85	7.32
四	2.32	7.20	2.26	7.29	10.08	21.01

7.3.2　春玉米限量供水灌溉预报增产增收效果

同样，利用文水县气象站 2010～2019 年的气象资料，根据限量供水灌溉预报方法分别计算求出春玉米 3 种灌水定额，不同灌水次数的灌水时间、产量和效益，全生育期降雨量和全生育期潜在蒸散量，并与经验灌溉决策方法的产量效益进行比较。对于本书参考山西省农作物灌水需求的分析（王仰仁和孙小平，2003），确定了不同灌水次数下的灌水时间，一次灌水为播后 71 天、两次灌水为播后 61 天和 110 天、三次灌水为播后 61 天、85 天和 110 天，且经验灌水时间不随灌水定额变化。产量效益及增产增收效益情况见表 7.23 和表 7.24。从表中可看出：

1）春玉米在可供灌水为 3 次的条件下，限量供水灌溉预报方法确定的各年际间灌水时间变化较大。

2）同一灌水次数情况下，灌水定额增大，出现不灌水的年份也增多，如灌 3 次水时，45mm 和 75mm 的灌水定额，不灌水年份有两年；105mm 的灌水定额，不灌水年份有 3 年。主要原因是不灌水年份玉米整个生长期降雨量较多，灌水定额越大，深层渗漏越多，同样施肥条件下作物吸收的养分越少，因而会造成不同程度的减产，所以灌水定额越大，不灌水的年份越多。

表 7.23　近 10 年春玉米限量供水灌溉预报方法灌水决策结果

年份	降雨量/mm	潜在蒸散量/mm	灌水定额 45mm			灌水定额 75mm			灌水定额 105mm		
			1 次水	2 次水	3 次水	1 次水	2 次水	3 次水	1 次水	2 次水	3 次水
2009	375.6	379.7	74	66/103	67/103	77	73	80/103	76	98	104
2010	423.6	394.8	58	49/68	50/72	61	52/74	53	62	55	58
2011	406.8	387.6	59	51/71	53/73/88	65	57	57/76	65	60/80	68/87
2012	425.9	349.2	60	52/88	53/88	64	59	64	64	66	81
2013	492.0	364.9	135	0	0	0	0	0	0	0	0
2014	468.6	398.5	0	0	0	0	0	0	0	0	0
2015	218.0	448.0	54	45/70	47/71/91	59	50/74	50/74/91	59	53/75	65/89/112
2016	334.5	424.4	71	63/109	64/116/133	74	67/120	68/120	83	105/126	111/137
2017	440.9	433.6	81	72/110	74	83	76	79	82	79	0
2018	367.1	436.6	61	53/108	53/109	64	55/111	62/111	64	90/115	109/127
平均	395.3	401.7									

表 7.24　春玉米限量供水灌溉预报方法增产增收效益 10 年模拟结果平均

灌溉决策方法	可供灌水次数	灌水定额 45mm		灌水定额 75mm		灌水定额 105mm	
		产量/(t/hm²)	效益/(元/hm²)	产量/(t/hm²)	效益/(元/hm²)	产量/(t/hm²)	效益/(元/hm²)
	0 次水	8.95	4586	8.95	4586	8.95	4586
限量供水灌溉预报	1 次水	10.44	6676	10.03	5736	9.53	4589
	2 次水	11.11	7437	10.12	5532	10.29	5393
	3 次水	11.17	7445	10.53	6053	10.64	5990
	平均	10.91	7186	10.23	5774	10.15	5324
经验灌溉	1 次水	9.96	5795	9.79	5135	9.27	3879
	2 次水	10.39	5991	10.24	5009	9.68	3331
	3 次水	10.58	5770	10.21	4069	9.47	3707
	平均	10.31	5852	10.08	4738	9.47	3639
增产、增效/%	1 次水	4.8	15.2	2.5	11.7	2.8	18.3
	2 次水	6.9	24.1	−1.2	10.4	6.3	61.9
	3 次水	5.6	29.0	3.1	48.8	12.4	61.6
	平均	5.77	22.77	1.47	23.63	7.17	47.27

3）限量供水灌溉预报方法的产量和效益普遍高于经验灌溉决策方法。随灌水定额的增加，增产率变化于 1.47%～7.17%，效益增加变化于 22.77%～47.27%，有较为明显的增产增收效果。

7.4　基于限量供水灌溉预报及其增产效益

7.4.1　确定限量供水灌溉预报的直接法

山西省属于半干旱地区，水资源严重紧缺，普遍不能满足作物灌溉需求，属于限量供水情况，因而，更适合采用限量供水灌溉预报方法［式（7.3）］确定灌水时间。其中蒸散量和下界面水分通量实时数据可采用农田土壤墒情监测实时数据获取，即，可采用分层土壤含水率监测装置（如 10cm 一层）逐日实时监测土壤含水率，结合土壤水分特征曲线、非饱和土导水率的精准测试与分析，采用定位通量法精准实时地确定田间尺度作物蒸散量［式（7.15）］和下界面水分通量［式（7.12）或式（7.13）］，由此依据限量供水灌溉预报方法实施灌溉预报。

利用分层土壤含水率监测装置、气象站等测试农田土壤含水率、灌水量和降水量资料，通过农田水量平衡方程［式（7.15）］分析计算作物实际蒸散量；同时，利用测试深度（$H - \Delta z$）处和 H 处的土壤含水率 θ_{n-1} 和 θ_n，采用后向差分方法计算深度 H 处的水分通量［式（7.12）或式（7.13）］。以地表处为垂直坐标 z 的原点，向下为正，Δz 为距离步长，以该步长将 0～H 深度等分为 n 等分，地表处 $z=0$，深度 H 处 $z=H$。研究过程中时段长度取为日。

$$\mathrm{ET}_i = \gamma \cdot H \cdot (\theta_i - \theta_{i-1}) + P_i + M_i - q_i^n(\theta) \tag{7.15}$$

式中，i 为计算时段编号；γ 为 0～100cm 平均土壤容重，g/cm³；H 为土壤含水率测试深度，mm；θ_{i-1}、θ_i 分别为第 i 时段始、末的 $0\sim H$ 深度平均土壤含水率，cm^3/cm^3；P_i 为 i 时段内降水量，mm；M_i 为 i 时段内灌溉水量，mm；$q_i^n(\theta)$ 为 i 时段末深度 H 处土壤含水率为 θ 时的水分通量，cm/min，其计算方法见式（7.12）和式（7.13）。

7.4.2　基于墒情监测的蒸散量和下界面水分通量的模拟

1. 蒸散量和根区下界面水分通量的模拟

本书采用间接计算的方法模拟蒸散量。间接计算是指利用实时监测的土壤墒情，在预测预见期（10～15 天）内蒸散量和有效降水量的基础上，基于土壤水热动力学方法逐日计算预见期内土壤含水率、逐日蒸散量和农田土体下界面水分通量，加上最近一次灌水以来实际发生的累计蒸散量、累计降水量和累计下界面水分通量，即可按式（7.3）做出灌水预报。模拟计算在 Excel 表格中进行。

间接计算常用作物系数法（P-M 模型计算作物蒸发蒸腾量），结合土壤水动力学方法模拟计算农田土壤水分变化动态及其相应的蒸散量。这里模拟计算的蒸散量不仅可以反映供水不足对农田蒸散量的影响，而且还可以较为准确地描述供水不足对作物生长状况和产量的影响。为了提高农田土壤水分变化动态模拟的准确性，应该配置一定数量的墒情监测点，并根据监测的土壤含水率定期检验和校正模型参数，为蒸散量和下界面水分通量的模拟和预测提供最新的土壤水分状况。

2. 降水量、蒸散量和根区下界面水分通量的预测

从最近一次灌水日（对于第一次灌水则选择播种日）开始，用连续 10 天的日蒸发蒸腾量建立日蒸发蒸腾量预测模型，并且动态地使用近 10 天的日蒸发蒸腾量进行动态的建模，称为动态的蒸发蒸腾量预测模型。分析结果表明，连续 10 日的蒸散量随时间的变化没有明显的规律性，如采用线性回归模型，其相关系数均很小，多数在 0.3 以下。因此，本书不分析蒸散量随时间的变化规律，而采用最近连续 10 天的日蒸散量的平均值作为预见期（未来 10 天）内的蒸散量，由此进行蒸散量预测。同样地，降水量和根区下界面水分通量的预测也采用类似方法。

7.4.3　限量供水灌溉预报示范应用及其增产增收效益

山西省全省有 16 个灌溉试验站承担农田土壤墒情监测任务，每个站至少在试验站所在灌区选择两个测点，选择代表性作物于每月 1 日、11 日和 21 日进行墒情监测，测试深度为 0～10cm、10～20cm、20～40cm、40～60cm、60～80cm。在面积较大的灌区，如夹马口灌区、结合灌区春浇、冬浇、夏浇等关键灌溉用水期，增加监测点，加大土壤墒情监测范围。在墒情监测的基础上，利用间接法实时计算不同植被农田蒸散量，利用限量供水灌溉预报方法预报灌水，使预报结果更为合理准确。统计分析表明，16 个灌区均有不同程度的增产增收效果，其中冬小麦增产 3.7%～21.2%，平均为 7.4%；玉米增产 2.7%～16.7%，平均为 7.6%。

第8章 畦田灌水技术优化设计理论及应用

畦灌是将田块用畦埂分隔成一系列小畦，灌溉水从输水沟或毛渠进入畦田，以薄水层沿田面流动，水在流动过程中主要借助重力作用逐渐渗入土壤的灌溉方法。畦灌适用于密植条播粮食作物（如小麦、谷子等）、某些蔬菜及牧草等作物的灌溉。依畦田长度划分，畦灌有长畦灌和短畦灌两种。一般短畦灌较长畦灌省水，短畦灌的田间灌水有效利用率大于长畦灌，作物产量也较高。通常，畦长达到80m以上时称为长畦，畦长小于80m时可称为短畦。在一些发达国家，由于土地平整技术水平及农业机械化程度较高，畦田规格趋于加大，畦长可达300～500m，畦宽增至10～30m。

为了提高畦灌灌水质量，开展了广泛的畦田灌水技术研究，提出了小畦"三改"灌水技术、长畦分段灌水技术、控制性分根交替灌溉技术、波涌灌溉技术、膜上灌水技术、闸灌溉系统、激光控制平地技术等。其中合理布置畦田，改进设计方法，将畦块规格、入畦流量、放水时间等灌水技术要素优化组合，可显著提高灌水均匀度和灌水效率，实现节水增产。

8.1 地面灌溉的灌水过程及其灌水质量评价

8.1.1 地面灌溉的灌水过程

地面灌溉水流推进、消退与下渗是一个随时间而变化的复杂过程，一个完整的地面灌溉过程一般包括推进、成池、消退和退水4个阶段。以畦灌为例，当末端为堵端（无尾水出流）时，其灌水过程的4个阶段可描述如下。

1）推进阶段，从放水入畦时刻t_0开始，水流前锋向前推进，推进时间为t，到前锋达畦末的时刻为t_L，这一过程称推进阶段，t_L称为推进时间。在推进阶段，灌溉水由配水渠道或管道流入田间，灌溉水流持续沿田面向前推进。水流边向前推进边向土壤中下渗，灌溉水流沿田面的纵向推进形成一个明显的湿润前锋（即水流推进的前缘）。通常，为了避免产生尾水，或保证灌水更为均匀，湿润前锋未到达田块末端就需要关闭进水口，停止向田块放水。停止向畦田放水时水流推进距离占畦田长度的比例，称为闭口成数。例如，当灌溉水流推进到畦田长度的90%时停水，称为九成闭口。

2）成池阶段，推进阶段结束后，灌溉水继续流入田间，水流前锋到达畦尾后，停止前进，开始积水成池，直到田间获得所需的水量为止。畦口切断水流对应的时间t_{co}称为断水时间。自推进阶段结束至中止灌溉水流入畦之间这一阶段即为成池阶段。成池阶段结束时，田间蓄存了一定数量的水量。在成池阶段可能有部分灌溉水在田块末端漫出进入排水沟，成为灌溉尾水，但大部分被积蓄在田间。对于旱作农田地面灌水，通常不允许出现灌溉尾水。

3）消退阶段，从断水时间t_{co}开始，地面水层入渗，至畦口高处露出地面这一时刻t_d，称为消退阶段，相应地将 t_d 称为消退时间。

4）退水阶段，一般从田块首端裸露开始（$t=t_d$），地表面形成退水锋面（落干锋面），退水锋面随田面水流动和土壤入渗向下游移动，直至田块尾端，此时田间土壤表面全部露出（$t=t_r$），灌水过程结束，将该阶段称为退水阶段。退水一般从首端开始，若地面坡度很小，退水过程也可能从畦尾开始，或从畦块两端开始。若是水平沟或水平畦，则整条灌水沟或整个畦田同时退水，有时也将退水阶段称为消退阶段。这里将 t_r 称为退水时间。

从 t_0 到 t_r，完成灌水的全过程。当田块末为开端，允许水流排出田块时，不产生成池阶段。推进曲线和退水曲线分别是推进阶段湿润锋面及退水阶段退水锋面随时间的运动轨迹。某点的纵坐标是自灌溉开始的累计时间，横坐标是自田块首端至推进锋面或退水锋面的距离。显然在任一距离处，退水曲线与推进曲线之间的时间段，即为该处灌溉水入渗的时间。

以上 4 个阶段的划分是地面灌溉的一般情形，在实际灌水时，并不总是能观察到推进、成池、消退和退水这 4 个阶段。例如，对于水平沟灌或水平畦灌，只有推进阶段、成池阶段和消退阶段。在沟灌时，若沟中灌水流量很小（即细流沟灌），可能没有明显的成池阶段和消退阶段，只能看到推进阶段和退水阶段，有时退水时间也很短，甚至可以忽略不计。因此，在实践中地面灌溉阶段的划分，应根据具体情况加以分析。

8.1.2　农田土壤入渗及地面灌溉水流运动模型

1. 入渗过程

农田土壤入渗常用入渗率（i）和累积入渗量（I）来定量表征。入渗率（i）是指单位时间从单位面积地表进入土壤的水量。在土壤入渗初期，入渗率较大，随着时间延续，入渗率逐渐减小，并趋于稳定，将趋于稳定的入渗率称为稳定入渗率。累积入渗量（I）是指一定时段（t）内通过地表进入土壤的累积水量，与入渗率的关系为

$$i = \frac{\mathrm{d}I}{\mathrm{d}t} \tag{8.1}$$

根据土壤水分所具有的能量状态和水分运动特征，农田土壤入渗过程可分成 3 个阶段：①湿润阶段，对于干燥土壤，在入渗初期，进入土壤的水分主要受土壤颗粒间分子引力作用，水分被土壤颗粒所吸附；当土壤含水率大于最大分子持水量时，这一阶段逐渐消失。②渗漏阶段，在土壤毛管力和重力作用下，水分在土壤孔隙中呈非稳定流动状态并逐步填充土壤孔隙，直到全部孔隙被水分所充满而达到饱和。③渗透阶段，当土壤孔隙被水分充满而饱和时，水分在重力作用下呈垂直向下的稳定流动。

2. 入渗模型

入渗模型分为 3 种类型，即具有物理基础的、经验性的和概念性的土壤入渗模型。由于经验性和概念性的土壤入渗模型主要是基于对土壤入渗现象的概化而建立的，所包含的参数一般难以与土壤水力参数（包括土壤水分特征曲线、非饱和导水率和土壤水扩散率）建立关系。具有物理基础的入渗模型是依据土壤水分运动基本方程而建立的，公式中的参

数与土壤水力参数存在有机联系，便于推广应用。本书主要采用经验模型中常用的考斯恰可夫-列维斯公式（Kostiakov-Lewis 模型）：

$$Z = K\tau^{\alpha} + f_0\tau \qquad \text{(m)} \qquad\qquad (8.2)$$

由式（8.2）可求得土壤入渗强度为

$$i = K\alpha\tau^{\alpha-1} + f_0 \qquad \text{(m/min)} \qquad\qquad (8.3)$$

式中，Z 为入渗时间为 τ（min）时，某一点处的累计入渗水量，m；f_0 为稳定入渗率，m/min；K、α 为入渗参数，由田间入渗试验确定。

3. 基于水量平衡的地面灌溉水流运动模型

基于水量平衡的地面灌溉水流运动模型是人们最早提出的地面灌溉水流运动的数学模型。在假定田块面积、水深度不变且不计蒸发损失的情况下，根据质量守恒原理，进入田块的总水量等于地面积水量与入渗水量之和，即

$$Q_0 t = \int_0^l h(x,t)\mathrm{d}x + \int_0^l Z(x,t)\mathrm{d}x \qquad\qquad (8.4)$$

式中，$h(x,t)$ 为田面水流推进长度内距首端 x 处的田面水流水深，m；$Z(x,t)$ 为 t 时段内距首端 x 处的入渗水深度，m；l 为停止灌水时的水流推进长度，m；Q_0 为畦块入口处流量，m³/(m·min)；t 为从灌水开始算起的时间，min。

为了便于计算，引入地表贮水形状系数、地下水贮水形状系数和推进距离与放水时间的关系，据此可由式（8.4）表示沿畦长水量的动态变化，即入畦水量等于地表流动水量与入渗水量之和：

$$Q_0 t = \sigma_y A_0 x + \sigma_z K t^{\alpha} x + \frac{f_0 t x}{1+r} \qquad\qquad (8.5)$$

式中，A_0 为畦块入口处水流断面积，m²；x 为水流推进距离，m；t 为从灌水开始算起的时间，min；σ_y 为地表贮水形状系数，一般为 0.7～0.8；r 为假定推进距离 x 与放水时间 t_a 间存在 $x=p\cdot(t_a)^r$ 的关系，p 和 r 均为经验参数；σ_z 为地下水贮水形状系数，用式（8.6）计算：

$$\sigma_z = \frac{\alpha + r(1-\alpha) + 1}{(1+\alpha)(1+r)} \qquad\qquad (8.6)$$

A_0 可由式（8.7）～式（8.9）确定，假定任一过水断面 A 与水深 y 存在下述关系：

$$A = \sigma_1 y^{\sigma_2} \qquad\qquad (8.7)$$

又假定湿周 χ 与水深 y 存在下述关系：

$$\chi = r_1 y^{r_2} \qquad\qquad (8.8)$$

式中，σ_1、σ_2、r_1、r_2 均为经验参数，根据曼宁公式有

$$A_0 = c_1 \left(\frac{Q_0 n}{60\sqrt{S_0}} \right)^{c_2} \qquad\qquad (8.9)$$

式中，S_0 为畦田水力坡降；Q_0 为进地口流量，m³/min；若畦块宽度为 B，则对应的单宽流量为 q_0，m³/(m·min)，对应的地表水深为 y_0，m；曼宁粗糙系数 n，对于灌过水较光滑的土壤为 0.02，刚耕过的田为 0.04，作物生长较密时，可达 0.15；c_1、c_2 为与曼宁公式有关的

系数和指数，可用式（8.10）计算：

$$c_2 = \frac{3\sigma_2}{5\sigma_2 - 2r_2}, \qquad c_1 = \sigma_1 \left(\frac{r_1^{0.67}}{\sigma_1^{1.67}} \right)^{c_2} \qquad （8.10）$$

对于畦灌，σ_1、σ_2、r_1 =1.0，r_2 =0。

8.1.3 地面灌溉主要灌水质量指标及评价

畦灌灌水质量通常用灌水均匀度、田间灌水效率、田间灌溉水储存率等指标表示，此外还有深层渗漏率、尾水率等指标。灌水均匀度、田间灌水效率、田间灌溉水储存率越大，深层渗漏率、尾水率越小，表示畦灌灌水质量越高。各个指标之间有一定的协调和制衡特性，如灌水均匀度越大，灌水效率可能较小；灌水效率、田间灌溉水储存率越大，灌水均匀度可能变小。

根据土壤质地、地面坡度及糙率等合理确定畦田灌水技术参数（单宽流量、闭口成数），在为作物提供适量灌溉水量的条件下，具有良好的灌水均匀度，尽可能避免深层渗漏和尾水流失，不产生地面冲蚀或导致土壤次生盐碱化，是高质量地面灌溉的目标。

（1）田间灌水效率

田间灌水效率是指灌水后储存于计划湿润作物根系土壤区内（简称计划湿润层）的水量与实际灌入田间的总水量（图 8.1）的比值，即

$$E_a = \frac{V_1}{V} = \frac{V - (V_2 + V_0)}{V} \qquad （8.11）$$

式中，E_a 为田间灌水效率；V_1 为灌溉后储存于计划湿润层内的水量，mm；V 为输入田间的总灌溉水量，mm；V_2 为深层渗漏损失水量，mm；V_0 为田间灌水尾水损失水量，mm。

田间灌水效率反映应用某种地面灌溉方法后，农田灌溉水有效利用的程度，是评估农田灌水质量优劣的重要指标。

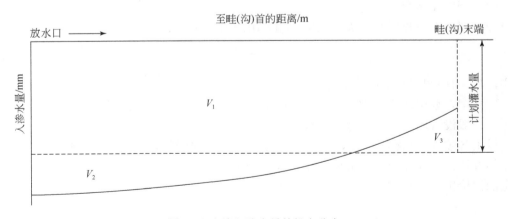

图 8.1 土壤入渗水量的纵向分布

（2）田间灌溉水储存率

田间灌溉水储存率是指应用某种地面灌溉方法灌水后，储存于计划湿润层内的水量与计划湿润层所需要的总水量的比值，即

$$E_s = \frac{V_1}{V_n} = \frac{V_1}{V_1 + V_3} \tag{8.12}$$

式中，E_s 为田间灌溉水储存率；V_n 为灌水前计划湿润层内所需要的总水量，m^3 或 mm；V_3 为灌水量不足区域所欠缺的水量，m^3 或 mm；其余符号意义同前。

田间灌溉水储存率反映应用某种地面灌溉方法灌水后，能满足计划湿润层所需要水量的程度。充分灌溉时灌溉水储存率应等于 1，非充分灌溉时灌溉水储存率应不低于 0.8。

（3）田间灌水均匀度

田间灌水均匀度是指应用某种地面灌溉方法灌水后，灌溉水在田间各点分布的均匀程度，通常根据实测数据进行计算。表示灌水均匀度的方法有很多，目前多采用克里斯琴森系数表示，计算公式如下：

$$C_u = 1 - \frac{|\Delta Z|}{\bar{Z}} \tag{8.13}$$

式中，C_u 为田间灌水均匀度；$|\Delta Z|$ 为沿畦长各测点的实际入渗水量与平均入渗水量离差绝对值的平均值，mm；$\bar{Z}$ 为灌水后各测点的平均入渗水量，mm。

一般情况下，要求地面灌溉灌水均匀度达 0.8 以上。此外，畦田横向分布方向入渗水量也有一定差异，其灌水均匀度也小于 1。通常，由于畦田横向宽度小于畦田长度，灌溉水流沿畦长方向向前推进的过程中，入渗水流在土壤中具有再分配特性，因此沿横向灌水差异较小，一般不做畦田横向分布方向灌水均匀度分析。

（4）田间深层渗漏率

田间深层渗漏率是指深层渗漏损失的水量与输入田间的总灌溉水量之比，即

$$R_{dp} = \frac{V_2}{V} \tag{8.14}$$

式中，R_{dp} 为田间深层渗漏率；其余符号意义同前。

（5）田间尾水率

田间尾水率是指尾水损失的水量与输入田间的总灌溉水量之比，即

$$R_{tw} = \frac{V_0}{V} \tag{8.15}$$

式中，R_{tw} 为田间尾水率；其余符号意义同前。

在我国，畦田或灌水沟尾部多为封闭状态。在这种情况下，如果具有良好的田间管理水平，一般没有尾水，可不考虑尾水率。

以上各项评价指标中，E_a、E_s 和 C_u 是 3 项主要评价指标，分别从不同的侧面评估灌水质量的好坏。实际评价时，至少应计算这 3 项主要评价指标，单独使用其中一项指标均难以全面评价田间灌水质量。

8.2　地面灌溉系统的非稳定流设计方法

畦灌设计的基本要求是保证作物灌溉用水要求，同时要使灌水比较均匀，避免过量灌溉和地表灌溉水的流失，最大程度地减小深层渗漏水量损失。由此提高灌溉水利用率、节

省灌溉用水，减少肥料流失。

在灌水定额一定的情况下，灌水流量确定后，灌水时间也随之确定。因此，灌水流量是影响地面灌溉质量的一个重要因素。若灌水流量过小，则水流推进很慢，导致田块首部灌水过多，出现严重的深层渗漏；若灌水流量过大，水流过快地到达田块末端，田块前部可能会出现灌水不足，末端则出现灌水过多（田块末端有田埂阻拦）或大量尾水损失的现象。

除灌水流量外，田块平整情况也影响灌水质量。田块内若有局部低洼，会蓄存过多的水量，而局部高地，则可能会导致根本灌不上水；若地面坡度不均匀，则较陡处水流推进或消退较快，较缓处水流推进或消退较慢，也会影响入渗时间。对于畦灌，畦田的横向应该水平，否则会使畦田在横向上灌水不均匀。另外，在同一田块内，若土壤质地不同，也会影响灌水均匀度。若某一畦田内有两种渗水性差异较大的土壤，则渗水性强的地方渗水较多，渗水性弱的地方渗水较少，这时宜重新划分整理田块，使同一畦田内的土壤质地基本相同，如采用长畦分段灌水等技术。

为了达到良好的灌水质量，应该采用合理的设计方法，进行地面灌溉系统设计。地面灌溉主要设计方法有传统的设计方法、稳定流设计方法和非稳定流设计方法。其中，传统的设计方法没有考虑畦田坡度和田面水流糙率对畦田灌水的影响，计算简单，更多地依赖于经验性参数，且可获得的信息量少（中华人民共和国水利部农村水利司，中国灌溉排水发展中心组，2012）；稳定流设计方法考虑了地面坡度和糙率，但是也较多地依赖于一些经验性参数和经验性关系（如水流推进时间和推进距离的关系），相对传统设计方法而言，有较强的理论基础，但计算公式和计算过程复杂，需要多次迭代计算才能获得较为合理的畦田灌水技术参数（李远华，1999）；非稳定流设计方法基于圣维南方程组，具有完善的理论基础，经验性参数较少。该方法较传统的设计方法和稳定流设计方法更为精准合理，而且能够结合畦田施肥进行地表水流溶质运移的模拟，从而得到优化的、更为精准的地面灌溉设计与管理方案（许迪等，2017）。

8.2.1 完全水流动力学模型

畦灌是地表水流水力学的一种特殊情况，属透水底板上的非恒定流问题，入渗特性基本上决定了灌溉系统对水的利用程度，也影响着地表水流行为。对于非恒定流问题最为精确的描述方法是基于圣维南方程组的完全水流动力学模型［式（8.16）和式（8.17）］。完全水流动力学模型考虑因素全面，求解过程复杂。针对地面灌溉水流的特点，如地面坡度小、地面相对粗糙度较大，可以对完全水流动力学模型进行简化，由此提出了描述地面灌溉水流运动的运动波模型和零惯量模型。其中零惯性量模型［式（8.18）和式（8.19）］因其计算简便，不受地段坡度条件的限制等优点而显示了其很强的适用性，得到了广泛应用。

连续方程：

$$\frac{\partial A}{\partial t} + \frac{\partial Q}{\partial x} + i = 0 \tag{8.16}$$

动量方程：

$$\frac{1}{g}\frac{\partial v}{\partial t} + \frac{v}{g}\frac{\partial v}{\partial x} + \frac{\partial y}{\partial x} = s_0 - s_\mathrm{f} - \frac{vi}{Ag} \tag{8.17}$$

式中，A 为田面单宽水流断面面积，m^2；t 为放水时间，s；Q 为田面单宽流量，$m^3/(s \cdot m)$；x 为田面水流推进的距离，m；y 为田面水流水深，m；i 为土壤入渗率，m/s；g 为重力加速度，m/s^2；v 为地表水流平均速度，m/s；s_0 为地面坡降；s_f 为水力坡降。

8.2.2　零惯量模型

忽略圣维南方程组动量方程中的惯性项和加速项，可简化为零惯量模型：

$$\frac{\partial A}{\partial t} + \frac{\partial Q}{\partial x} + i = 0 \tag{8.18}$$

$$\frac{\partial y}{\partial x} = s_0 - s_f \tag{8.19}$$

1）畦灌水流运动基本方程零惯量模型 [式（8.18）和式（8.19）] 与土壤入渗模型 [式（8.1）] 一起组成了一个完整描述地面灌溉水分运动的数学模型。对于地面畦灌，零惯量模型可重写如下：

$$\frac{\partial y}{\partial t} + \frac{\partial q}{\partial x} + \frac{\partial Z}{\partial \tau} = 0 \tag{8.20}$$

$$\frac{\partial y}{\partial x} = s_0 - s_f \tag{8.21}$$

式中，y 为水深；q 为单宽流量；Z 为累计入渗量；s_0 畦田地面坡度；s_f 为水力坡降，$s_f = \dfrac{q^2}{C^2 R^3}$，其中，$C$ 为谢才系数，$C = \dfrac{1}{n} R^{1/6}$；n 为糙率；R 为水力半径，流量取单宽流量时，$R = h$；t，x 为时空坐标；τ 为净入渗时间。

2）基本假定，上述方程 [式（8.20）和式（8.21）] 满足以下假定：①畦长远大于畦宽，畦首水流横向扩散的区域相对很小，因此认为畦灌地表水流是沿畦长方向的一维流动；②畦宽远大于水深，边坡和侧渗的影响可忽略不计，因此可取单位宽水流代表整个水流流态；③土壤质地、结构、平整程度、耕作状况、作物生长状况等自然因素对水流的影响除反映在入渗公式中外，全部反映在水流运动的阻力（糙率 n）当中；④畦内坡度、土质等自然因素是均匀的。

基本方程仅在地面水流的区域内有定义，定义域的上边界是退水尾边位置 $x_r(t)$，下边界是进水前锋位置 $x_a(t)$，随着灌水过程中进、退水的变化，边界也是运动的，边界点水深为 0，是方程的奇点，在求解中假定水深小于正常水深的 5% 时，认为该点为边界点。

3）初始条件，当水流进入畦内，入口处流量迅速由 0 增大至 $q\delta t$ 时，则由水量平衡原理可得

$$\delta x_1 = \frac{q\delta t}{r_y h_L + Z_L r_z} \tag{8.22}$$

式中，δx_1 为 δt 时刻水流锋位置；r_y、r_z 分别为地表水和入渗水的形状系数，如果二者剖面分别符合 β 和 α 次单项式幂函数，则有

$$r_y = \frac{1}{1 + \beta}, \quad r_z = \frac{1}{1 + \alpha}$$

4) 边界条件, 边界为左边界和右边界, 左边界条件就是畦口 ($x=0$) 处的情况, 而右边界即进水前锋 ($x=x_a$) 处的情况。

左边界:

$$h=0, \ q_0=0 \qquad (t=0)$$
$$q=q_0 \qquad (0<t \leqslant t_1) \qquad \text{进水阶段}$$
$$q=0 \qquad (t_1<t<t_2) \qquad \text{消退阶段}$$
$$h=0, \frac{\partial h}{\partial x}=0 \qquad (t_2<t<t_4) \qquad \text{退水阶段}$$

右边界:

$$h=0 \quad (0<t \leqslant t_3, x=x_a)$$
$$q=0 \quad (t_3<t \leqslant t_4, x=L)$$

式中, t_1 为畦口停水时间; t_2 为畦口退水时间; t_3 为水流前锋到达畦尾的时间; t_4 为畦田退水时间; L 为畦长。

5) 地面灌溉水流模型的数值求解及畦灌非稳定流设计, 在水流运动模拟计算中, 由于水流推进距离或消退距离随时间而变化, 其上、下游边界也在运动, 因此计算域的长度及位置随计算过程的进行而变化, 计算单元的个数也随计算过程而变化。地面灌溉水流求解较为复杂, 必须采用数值方法求解, 已有较为成熟的求解软件, 如应用较为广泛的 WinSRFR3.1 模拟软件。该软件是由美国农业部旱地农业研究中心开发的地面灌溉设计综合软件包, 其功能包括地面灌溉参数分析、模拟、设计及运行分析。其中, 分析模块可以用来分析评价田间灌溉观测数据、估计入渗参数等; 模拟模块可以评价地面灌溉的灌水效率、深层渗漏率、灌水均匀度等; 设计模块可根据基础数据计算出一个设计结果可行域, 从可行域中选择满意的设计方案; 运行管理模块可以对地面灌溉入流流量、灌水时间、改水成数等运行管理参数进行优化。

8.3　畦灌水流模型试验与灌水技术参数优化

畦田灌溉水流运动模拟采用零惯量模型, 其参数主要包括糙率、土壤入渗参数等, 该参数主要与土壤质地、植被有关, 本书针对田面糙率和土壤入渗参数进行求解。田面糙率和土壤入渗参数的求解有 3 种方法: 单点法、平均法和组合法。单点法是指依据田间双环入渗仪测试的土壤入渗资料分点确定入渗模型参数, 然后以该土壤入渗模型参数为依据, 采用田面水流推进试验资料确定糙率, 这样, 一个地块选取 3 个点位进行测试即可得到 3 套入渗参数和相应的糙率数据, 这 3 套参数的平均值即为该地块的入渗参数和糙率。平均法是指利用该地块 3 点的入渗参数求平均值作为该地块的土壤入渗参数, 以该土壤入渗参数和田间水流推进试验资料确定糙率。组合法是指单纯利用田间水流推进试验测试资料综合确定土壤入渗参数和糙率。

8.3.1　畦田入渗试验和水流推进试验

1. 入渗试验

本试验在夹马口引黄灌区灌溉试验站附近（位于灌区中部）选取 3 个大田地块（金生果树地 6.7m×110m、张俊中桃树地 5m×170m、试验站玉米地 4m×95m），每个地块上选取 3 个点（在畦块中部，沿畦长方向距离进地口 0.2L、0.5L 和 0.8L 处），共 3×3=9 个入渗试验测点。采用双环入渗仪（内环直径为 30cm，外环直径为 60cm，内外环高度均为 25cm）测定土壤水分入渗过程，具体分为 4 步：平整土地（除去地表植被及石块等）、安置铁环（内外环先后垂直置入土中 10cm，内外环同心）、标注标记（紧靠内环内壁插入钢尺，离土壤表面 5cm 处做标记）以及加水计时（内外环维持同样水头 5cm，以水深下降 1cm 时及时加水并记录加入水量和时间，当加水间隔时间接近时结束试验）。

2. 畦田水流推进试验

（1）典型田块选择

夹马口引黄灌区属于大型灌区，主要种植作物为果树、小麦、玉米，综合考虑灌区土壤质地、畦田规格、地面坡度、试验开展便利等因素，在张留村选择了 3 个灌排条件比较好、地面比较平整、边界清楚、形状规则、面积适中的田块作为典型田块。

（2）水流推进试验典型田块基本数据记录

测试过程中记录每个典型地块的畦长、畦宽、地面坡度，记录种植作物名称和地块所在地点、供水方式、水费等，沿畦块长度方向插设标杆，距离进水口 40m 以内，每 5m 插设 1 个标杆，40m 以外，每 10m 插设 1 个标杆。

（3）水流推进测试

以打开进水口，水流进入地块作为起始时间。记录地面水流到达每一个标杆的时间。由于地面水流推进的过程中，水流前锋总存在一定程度的不均匀性，需要记录水流到左边、右边的时间，并记录进口流量。

沿畦长方向每隔 5m 设 1 个标杆，用于观测水流的推进过程，放水时间用秒表计时。开始灌水后，水流前锋每推进到一个标杆处，记录推进距离 X 及放水时间 t，直至停水。流量 Q 用流量计测得，每条畦的总流量除以灌水时间得到。畦灌水流推进过程见示意图 8.2。

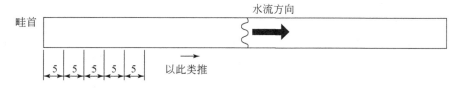

图 8.2　畦灌水流推进过程示意图（单位：m）

畦灌大田试验于 2020 年和 2021 年在山西省夹马口引黄灌区灌溉试验站等进行。选择的地块有果园（苹果）和种植大田作物（冬小麦、玉米等）的试验地。

8.3.2 畦田灌溉水流运动参数求解

地面水流运动零惯量模型中的糙率、入渗参数均与土壤质地、植被有关，本书主要针对田面糙率和土壤入渗参数进行求解。

1. 入渗参数确定

本书畦田灌水技术优化主要采用 Kostiakov-Lewis 入渗模型，故仅对该参数进行优化求解，采用方法为最小二乘法拟合确定，其目标函数［式（8.16）］为入渗模型计算的累计入渗量与测试观测的累计入渗量误差平方和最小值：

$$M = \min \sum_{i=1}^{n}(Z_i - \widehat{Z_i})^2 \tag{8.23}$$

式中，Z_i 为第 i 个累计入渗量实测值；$\widehat{Z_i}$ 为第 i 个累计入渗量模拟值；i 为观测值编号；n 为测试数组个数；M 为公式计算值与实测值误差的平方和。然后，用 Excel 软件中的规划求解工具使误差平方和达到最小，由此得到入渗模型的拟合参数。拟合参数值见表 8.1 和表 8.2。

从表 8.1 和表 8.2 中可以看出：①同一个畦块不同测点的参数 k 的值相对稳定，次之为 α，稳定入渗率 f_0 差异最大；②入渗模型的拟合精度是非常高的，其决定系数 R^2 都可以达到 0.99 以上；③果树地的入渗速率明显小于玉米地，主要原因是多年生作物的果园地不能深耕作业，而且每年经常进行果园管理和果实采摘，使得多年生作物的果园地较一年生作物的农田更为扎实，土壤容重更大、孔隙度较小，因而入渗速率变小，其 90min 累计入渗量（Z_{90}）只有一年生作物玉米地的二分之一；④同一个地块不同点的土壤入渗参数有较大变化，表明土壤入渗特性有较大的空间变异性。

2. 田面糙率的确定

土壤入渗参数可采用双环入渗仪进行测定，如上述。但是由于农田土壤入渗特性的空间变异特性，使得该方法工作量大且会引入取样误差，因此在确定畦田入渗参数时，近年来国内外学者建议采用大田试验中的水流推进和消退资料进行推求，同时可计算出田面糙率。本书提出一种精度较高、操作简便的参数拟合求解方法。该方法根据水量平衡原理和曼宁公式，针对 Kostiakov-Lewis 模型，利用一套畦田水流的推进资料综合求解田面糙率和 Kostiakov-Lewis 模型的入渗参数。

（1）理论分析

对于畦灌，在水流推进过程中，畦灌地面水和土壤入渗水轮廓如图 8.3 所示。图中，O 为畦首；s 为沿畦长方向上距畦首的距离，m；x 为水流前锋推进距离，m；h 为地表水深，m；Z 为累计入渗量，以水深表示，m；按一般规律，畦首地表水深和累计入渗量最大，水流前锋处的地表水深和入渗水量为 0，沿畦长方向越接近水流前锋的地表水深和入渗水量越小。

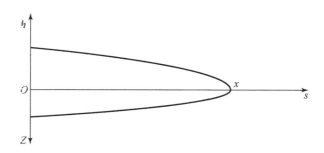

图 8.3　畦灌地面水和土壤入渗水轮廓示意图

地表储水量：由图 8.3 可知，当水流前锋推进到 x 时，单位宽度上的地表储水量为

$$V_y = \int_0^x h\,\mathrm{d}s \tag{8.24}$$

式中，V_y 为单位畦宽的地表储水量，m^3/m；s 为沿畦长方向距畦首距离，m；x 为水流推进距离，m；h 为沿畦长各点地表水深，m。

引入地表水形状系数 $\sigma_y = \dfrac{\int_0^x h\,\mathrm{d}s}{h_0 x}$，则可用畦首地表水深表示单位宽度上地表储水量为

$$V_y = \sigma_y h_0 x \tag{8.25}$$

式中，σ_y 为地表水形状系数，一般在 $0.7 \sim 0.8$ 之间，本书计算中取 0.75；h_0 为水流前锋推进到 x 时，畦首地表水深，其他符号意义同前。

曼宁公式是能够较好地描述畦田地表水流横断面和水流面积的流量方程，其表达式为

$$Q = 60AR^{0.667}J^{0.5}/n \tag{8.26}$$

式中，Q 为入畦流量，$\mathrm{m/min}$；A 为水流横断面面积，m^2；R 为水力半径，m；J 为水力坡度线的斜率，在畦田灌溉中常假定为农田坡度；n 为田面糙率。

在畦灌条件下，沿水深方向的湿润长度（$2h_0$）远小于沿畦宽方向的长度（B），一般忽略沿水深方向的湿润长度，水力半径 $R = A/\chi = (B \times h_0)/(B+0) = h_0$，式中 χ 为湿周，m，$\chi = B$；B 为畦宽，m。

取单宽畦田作为研究对象，即 $B=1$，则式（8.9）可改写为

$$h_0 = \left(\frac{qn}{60J^{0.5}}\right)^{1/1.667} \tag{8.27}$$

式中，q 为单宽流量，$\mathrm{m}^3/(\mathrm{m}\cdot\mathrm{min})$；$h_0$ 为畦首水深，m；其余符号意义同上。

将式（8.27）代入式（8.25）可得

$$V_y = \sigma_y \left(\frac{qn}{60J^{0.5}}\right)^{1/1.667} x \tag{8.28}$$

入渗水量：本书用 Kostiakov-Lewis 入渗模型表示土壤入渗规律，

$$Z = Kt^\alpha + f_0 t \tag{8.29}$$

式中，Z 为单位畦田面积上的累计入渗量，以水深表示，m；t 为入渗历时，min；α 为入渗衰减指数，无因次；K 为入渗参数，$\mathrm{m/min}^\alpha$；f_0 为稳定入渗系数，$\mathrm{m/min}$。

K、α 和 f_0 统称为入渗参数，一般认为在某一次连续灌水的整个过程中，入渗参数是稳定不变的。

由图 8.3 可知，当水流前锋推进到 x 处时，单位畦宽上的入渗总水量为

$$V_Z = \int_0^x Z\mathrm{d}s \tag{8.30}$$

式中，V_Z 为单位畦宽上的渗水总量，m^3/m；s 为沿畦长方向距离畦首的距离，m；x 为水流前锋的推进距离，m；Z 为沿畦长各点的入渗水深，m。

将式（8.29）代入式（8.9），在入渗参数 K、α 和 f_0 已知的情况下，可求得水流前锋的推进距离为 x 时单位畦宽上的渗水总量。利用畦田水流推进过程测试数据，可拟合求得畦首入渗历时（即放水时间）t 与水流前锋推进距离 x 的关系 $t = f(x)$，利用该关系可求得畦首入渗历时（即放水时间）为 t 时，单位畦宽上的渗水总量 V_Z。

水量平衡方程与参数估算：根据水量平衡原理，在水流推进过程中，对于单位畦宽，当水流前锋推进到 x 处，有

$$qt = V_y + V_z \tag{8.31}$$

式中，t 为放水时间，$\min$；其他符号意义同上。

将式（8.8）代入式（8.9），可得

$$V_Z = \int_0^x \left(Kt^\alpha + f_0t\right)\mathrm{d}s \tag{8.32}$$

将式（8.28）和式（8.32）代入式（8.31），可得

$$qt = \sigma_y\left(\frac{qn}{60J^{0.5}}\right)^{1/1.667} x + \int_0^x \left(Kt^\alpha + f_0t\right)\mathrm{d}s \tag{8.33}$$

利用水流推进过程测试数据分析表明，以二次抛物线函数［式（8.34）］拟合确定水流推进时间 t 与水流推进距离 s 的关系：

$$t = As^2 + Bs + C \tag{8.34}$$

由于推进时间为 $0(t=0)$ 时，推进距离也为 $0(s=0)$。所以，这里二次抛物线函数的常数项为 $0(C=0)$，采用式（8.34）拟合精度较高，具有较好的普适性。式（8.34）中 A、B 为待定系数，由水流推进过程测试数据拟合确定，对夹马口、漳北、湫水河、霍泉、文峪河、御河、汾河这 7 个灌溉试验站 2020 年和 2021 年 54 个地块年度测试的水流推进过程试验资料进行了分析，求得待定系数 A、B，结果见表 8.1～表 8.7。

式（8.33）中 J 可根据田间实测得出，q、x、t 可由田间试验观测得到。因而，在式（8.33）中，仅有 k、α、f_0 和 n 这 4 个未知参数，因此可用水流推进过程中测试的数据解出。本书在计算过程中应用软件 Excel 中提供的规划求解工具进行参数拟合，数据计算过程采用演化方法计算。其中待优化入渗参数 k、α、f_0 的变化范围可利用畦田内首（$0.2L$）、中（$0.5L$）、尾（$0.8L$，L 为畦田长度）3 点双环入渗仪测定的入渗资料拟合确定的 3 组参数确定，3 组参数中的大值作为上限，小值作为下限，其中 f_0 的下限值可取 0；n 的上下限值可直接参照 WinSRFR3.1 软件中提供的数据取为 0.01 和 0.40。假设在灌水试验水流推进过程中，共进行 m 次观测，得到放水时间、地表水流前锋推进距离，即可得到 m 组 t_i、x_i（$i=1, 2\cdots m$）。

将式（8.34）代入式（8.33）的右边中，并将式（8.33）改写、整理，有

$$t = \sigma_y \frac{x}{q} \left(\frac{qn}{60 J^{0.5}} \right)^{\frac{1}{1.667}} + \frac{K}{q} \int_0^x (As^2 + Bs)^\alpha \mathrm{d}s + \frac{f_0}{q} \left(\frac{As^3}{3} + \frac{Bs^2}{2} \right) \quad (8.35)$$

式（8.35）中，右边 $\int_0^x (As^2 + Bs^\alpha \mathrm{d}s)$ 可采用数值积分计算，即，令 $f(s) = \left(As^2 + Bs \right)^\alpha$，将积分区间 $[0, x]$ 等分为 N 等分，并令 $\Delta x = x / N$，可得到式（8.36），

$$\int_0^x (As^2 + Bs)^\alpha \mathrm{d}s = \Delta x \left\{ \left[\frac{f(0) + f(N\Delta x)}{2} \right] + f(\Delta x) + f(2\Delta x) + \cdots + f[(N-1)\Delta x] \right\} \quad (8.36)$$

根据式（8.35），可以采用模拟计算的方法计算求得不同推进距离 x_i 时相应的水流推进时间 $\hat{t}_i$，以模拟计算的水流推进时间 $\hat{t}_i$ 与实测水流推进时间 t_i 的误差平方和最小为目标 [式（8.37）]，对上述 m 组数据进行数据拟合，可得到 k、α、f_0 和 n 4 个未知参数的最优解，见表 8.1～表 8.7。为了保持足够精度，计算过程中可取 $N=100$。

$$\mathrm{SS}(K, \alpha, f_0, n) = \min \sum_{i=1}^{m} (t_i - \hat{t}_i)^2 \quad (8.37)$$

$$\Delta = \frac{\left| \hat{t}_i - t_i \right|}{t_i} \times 100\% \quad (8.38)$$

式中，$\mathrm{SS}(K, \alpha, f_0, n)$ 为目标函数，表示畦田水流推进时间实测值与模拟值误差的平方和；t_i 为实际水流推进的时间，min；$\hat{t}_i$ 为模拟水流推进的时间，min；n 为糙率；Δ 为模拟值与实测值的相对误差，%。

（2）计算结果

根据上述计算，可得到土壤入渗参数及相应的畦田水流糙率，见表 8.1～表 8.7，由表可见：①由本研究提出的参数 k、α、f_0 和 n 的确定方法合理可行，确定的糙率 n 均在设定的范围内；②拟合精度均较高，决定系数 R^2 多数都在 0.98 以上；③4 个参数 k、α、f_0 和 n 的确定，分为 3 种情况，第一种是直接以入渗试验确定参数为依据，仅对糙率 n 做优化，称为单点法；第二种是以一个畦块内 3 个入渗测试点的参数平均值作为依据，也仅对糙率 n 做优化，称为平均法；第三种是以一个畦块内 3 个土壤入渗测点参数为依据，确定优化过程中参数初值和取值范围，对 k、α、f_0 和 n 这 4 个参数一起做优化求解，可称为组合参数法。

表 8.1　夹马口灌区试点入渗模型参数及糙率拟合结果

测试地块/日期（年/月/日）	测点		k	α	f_0/(mm/min)	n	误差平方和 SS	决定系数 R^2	Z_{90}/mm
试验田小果树地/2020/6/30	式（8.34）：$A=4.4028\times10^{-4}$，$B=0.4306$，$R^2=0.9924$								
	31.13		0.1788	0.0	0.1535	4.5		0.9888	69.7
金生果树地/2021/6/2	式（8.34）：$A=1.1067\times10^{-3}$，$B=0.0059$，$R^2=0.9905$								
	单点法	0.2L	6.63	0.4233	0.4589	0.1101	26.2	0.9395	85.8
		0.5L	7.08	0.3022	0.2721	0.1183	34.0	0.9234	54.1
		0.8L	6.77	0.3365	0.2834	0.1178	31.0	0.9262	56.3
	平均法		6.83	0.3540	0.3381	0.1155	29.7	0.9298	64.7
	组合法		10.62	0.6601	1.7555	0.0417	6.8	0.9877	365.1

续表

测试地块/日期（年/月/日）	测点		k	α	f_0/(mm/min)	n	误差平方和 SS	决定系数 R^2	Z_{90}/mm
试验站玉米地/2021/6/11	式（8.34）：$A=6.2278\times10^{-4}$，$B=0.1226$，$R^2=0.9913$								
	单点法	0.2L	17.60	0.4774	0.0000	0.0206	5.3	0.9844	150.8
		0.5L	26.94	0.2684	0.2244	0.0107	3.1	0.9900	110.3
		0.8L	23.69	0.3632	0.0289	0.0112	4.2	0.9873	124.0
	平均法		24.74	0.3697	0.0844	0.0130	4.2	0.9873	127.6
	组合法		11.62	0.0000	4.1892	0.0594	4.5	0.9917	207.6
张俊中桃树地/2021/5/10	式（8.34）：$A=4.6062\times10^{-4}$，$B=0.1077$，$R^2=0.9977$								
	单点法	0.2L	4.04	0.3532	0.3444	0.2158	36.6	0.9783	50.8
		0.5L	4.33	0.6641	0.1274	0.2178	33.5	0.9803	57.6
		0.8L	3.19	0.6765	0.0000	0.2089	30.1	0.9825	66.9
	平均法		3.19	0.5646	0.1573	0.2143	33.8	0.9801	54.6
	组合法		4.33	0.3532	3.7027	0.1308	3.3	0.9983	344.6

表 8.2　漳北灌区试点入渗模型参数及糙率拟合结果

测试地块/日期（年/月/日）	测点		k	α	f_0/(mm/min)	n	误差平方和 SS	决定系数 R^2	Z_{90}/mm
南桥沟北/2020/11/26	式（8.34）：$A=-5.79\times10^{-5}$，$B=0.1460$，$R^2=0.9821$								
	单点法	0.2L	4.33	0.4553	0.0172	0.1087	37.0	0.9891	147.8
		0.5L	3.19	0.5779	0.0897	0.1102	44.1	0.9877	196.5
		0.8L	6.63	0.4582	0.0897	0.1117	36.6	0.9893	149.8
	平均法		17.00	0.4972	0.0629	0.1095	37.7	0.9886	164.8
	组合法		13.99	0.4553	0.0172	0.1359	31.0	0.9909	110.1
南桥沟南/2020/11/26	式（8.34）：$A=7.05\times10^{-4}$，$B=0.1700$，$R^2=0.9989$								
	单点法	0.2L	24.39	0.3550	0.0824	0.1824	23.2	0.9979	127.9
		0.5L	14.10	0.3899	0.0930	0.2716	44.3	0.9961	89.9
		0.8L	19.22	0.3917	0.0930	0.2125	25.5	0.9977	120.4
	平均法		19.24	0.3789	0.0588	0.2214	30.1	0.9972	111.1
	组合法		24.39	0.3917	0.0930	0.1595	13.9	0.9987	150.5
郎庄 1/2020/7/5	式（8.34）：$A=4.13\times10^{-3}$，$B=0.560$，$R^2=0.9904$								
	0.5L		24.69	0.3894	0.1591	0.3014	584.8	0.9956	156.7
郎庄 2/2020/7/7	式（8.34）：$A=1.42\times10^{-2}$，$B=0.458$，$R^2=0.9958$								
	0.5L		24.53	0.4494	0.3058	0.1857	419.9	0.996	197.7
郎庄 3/2021/4/14	式（8.34）：$A=4.35\times10^{-3}$，$B=0.492$，$R^2=0.9785$								
	单点法	0.2L	13.59	0.2456	0.7543	0.3307	159.4	0.9948	107.9
		0.5L	5.75	0.1000	0.0001	0.3886	154.5	0.9949	9.0
		0.8L	17.78	0.4385	0.0001	0.2184	151.5	0.995	135.1
	平均法		14.71	0.2614	0.6194	0.3529	170.5	0.9944	96.9
	组合法		13.43	0.2354	1.0860	0.2906	147.9	0.9951	136.5

测试地块 /日期（年/月/日）	测点		k	α	f_0/(mm/min)	n	误差平方和 SS	决定系数 R^2	Z_{90}/mm
郎庄 4/ 2021/4/27	式（8.34）：$A=9.95\times10^{-3}$，$B=0.347$，$R^2=0.9943$								
	单点法	0.2L	21.03	0.3957	0.2088	0.1146	237.3	0.9987	143.5
		0.5L	20.84	0.3930	0.2961	0.0930	280.7	0.9985	147.8
		0.8L	21.72	0.3766	0.2961	0.1069	257.1	0.9986	144.9
	平均法		21.20	0.3884	0.2511	0.1108	246.6	0.9987	144.3
	组合法		21.72	0.3902	0.2088	0.1083	235.4	0.9987	144.5
南桥沟 1/ 2021/5/25	式（8.34）：$A=4.79\times10^{-3}$，$B=0.471$，$R^2=0.9883$								
	单点法	0.2L	9.28	0.6458	0.0001	0.2963	167.6	0.9945	169.7
		0.5L	14.35	0.5263	0.0148	0.3395	150.8	0.9951	133.3
		0.8L	10.49	0.5575	0.0001	0.3605	151.0	0.995	129.0
	平均法		10.71	0.5765	0.0050	0.3307	151.0	0.995	143.8
	组合法		9.28	0.5926	0.0148	0.3586	150.0	0.9951	134.9
南桥沟/ 2021/4/28	式（8.34）：$A=6.83\times10^{-3}$，$B=0.563$，$R^2=0.9957$								
	组合法		40.9	0.3962	0.000	0.0184	354.6	0.9985	243.4

表 8.3　潇水河灌区试点入渗模型参数及糙率拟合结果

测试地块 /日期（年/月/日）	测点	k	α	f_0/(mm/min)	n	误差平方和 SS	决定系数 R^2	Z_{90}/mm
潇水河/ 2020/11/5	式（8.34）：$A=1.37\times10^{-2}$，$B=0.469$，$R^2=0.9892$							
	0.5L	11.03	0.2110	4.8512	0.0297	4.28	0.9973	285.1
潇水河/ 2021/7/3	式（8.34）：$A=7.05\times10^{-4}$，$B=0.1700$，$R^2=0.9989$							
	0.5L	11.03	0.2110	4.8512	0.1974	4.1	0.9991	285.1

表 8.4　霍泉灌区试点入渗模型参数及糙率拟合结果

测试地块 /日期（年/月/日）	测点		k	α	f_0/(mm/min)	n	误差平方和 SS	决定系数 R^2	Z_{90}/mm
地块 1/ 2020/6/22 （霍泉）	式（8.34）：$A=4.70\times10^{-3}$，$B=0.134$，$R^2=0.9985$								
	单点法	0.2L	4.22	0.5009	0.5831	0.2723	334.2	0.9826	94.7
		0.5L	5.15	0.3373	0.2300	0.3187	509.1	0.9735	44.2
		0.8L	4.59	0.1000	1.5407	0.2516	216.8	0.9888	144.7
	平均法		3.98	0.3127	0.7846	0.2877	365.7	0.981	86.9
	组合法		5.15	0.5009	1.5407	0.1872	110.4	0.9943	187.7
地块 2/ 2020/6/22 （霍泉）	式（8.34）：$A=6.22\times10^{-3}$，$B=0.142$，$R^2=0.9910$								
	单点法	0.2L	4.22	0.5009	0.5831	0.2924	63.8	0.9693	94.7
		0.5L	5.15	0.3373	0.2300	0.3105	75.5	0.9637	44.2
		0.8L	4.59	0.1000	1.5407	0.2921	59.9	0.9712	144.7
	平均法		3.98	0.3127	0.7846	0.3018	67.0	0.9673	86.9
	组合法		5.15	0.5009	1.5407	0.2508	46.4	0.9778	187.7

续表

测试地块 /日期（年/月/日）	测点		k	α	f_0/(mm/min)	n	误差平方和 SS	决定系数 R^2	Z_{90}/mm
地块 A/ 2021/3/17 （霍泉）	式（8.34）：$A=1.13\times10^{-3}$，$B=0.142$，$R^2=0.9817$								
	单点法	0.2L	10.58	0.3445	0.0662	0.2001	89.29	0.9839	55.8
		0.5L	7.79	0.4981	0.1286	0.1787	69.01	0.9875	94.3
		0.8L	6.45	0.4619	0.1674	0.2134	83.08	0.985	66.6
	平均法		7.61	0.4349	0.1207	0.1967	79.95	0.9856	71.8
	组合法		10.58	0.4981	0.1674	0.1557	61.24	0.9889	114.6
地块 B/ 2021/7/6 （霍泉）	式（8.34）：$A=4.33\times10^{-3}$，$B=0.128$，$R^2=0.9948$								
	单点法	0.2L	3.03	0.5659	0.5085	0.2372	31.48	0.9777	84.4
		0.5L	7.99	0.4797	1.9810	0.1675	14.31	0.9899	247.5
		0.8L	11.65	0.7487	0.2070	0.1202	5.27	0.9963	357.0
	平均法		7.56	0.5981	0.8988	0.1802	17.17	0.9879	194.4
	组合法		11.65	0.7305	1.9810	0.0917	3.38	0.9976	490.1
地块 C/ 2021/7/6 （霍泉）	式（8.34）：$A=4.26\times10^{-3}$，$B=0.124$，$R^2=0.9981$								
	单点法	0.2L	7.20	0.5217	0.8013	0.1539	16.01	0.9898	147.4
		0.5L	7.52	0.5466	0.3699	0.1494	15.82	0.9899	133.0
		0.8L	7.68	0.4789	0.4371	0.1636	20.28	0.9871	105.6
	平均法		7.80	0.5157	0.5361	0.1558	17.41	0.9889	127.7
	组合法		7.52	0.5466	0.8013	0.1396	14.62	0.992	171.8
地块 D/ 2021/7/6 （霍泉）	式（8.34）：$A=3.35\times10^{-3}$，$B=0.412$，$R^2=0.9968$								
	单点法	0.2L	7.13	0.4834	0.0903	0.3271	54.20	0.9863	70.9
		0.5L	5.87	0.4977	0.7048	0.3077	41.33	0.9895	117.6
		0.8L	5.93	0.4824	0.4597	0.3241	47.90	0.9876	93.3
	平均法		6.31	0.4878	0.4183	0.3195	47.94	0.9879	94.3
	组合法		7.13	0.4977	0.7048	0.2890	36.71	0.9907	130.4

表 8.5　文峪河灌区试点入渗模型参数及糙率拟合结果

测试地块 /日期（年/月/日）	测点		k	α	f_0/(mm/min)	n	误差平方和 SS	决定系数 R^2	Z_{90}/mm
地块 1/ 2020/4/28 （文峪河）	式（8.34）：$A=5.16\times10^{-4}$，$B=0.0475$，$R^2=0.9949$								
	单点法	0.2L	5.81	0.5640	0.2397	0.0416	0.75	0.9917	95.1
		0.5L	13.28	0.4027	0.3341	0.0310	0.56	0.9939	111.4
		0.8L	16.05	0.5051	0.3827	0.0257	0.32	0.9965	190.2
	平均法		11.71	0.4906	0.3188	0.0324	0.50	0.9945	135.2
	组合法		16.05	0.5640	0.3827	0.0248	0.25	0.9972	237.4

续表

测试地块/日期（年/月/日）	测点		k	α	f_0/(mm/min)	n	误差平方和 SS	决定系数 R^2	Z_{90}/mm
地块 2/2020/4/28（文峪河）	式（8.34）：$A=7.78\times10^{-4}$，$B=0.0509$，$R^2=0.9902$								
	单点法	0.2L	5.81	0.5640	0.2397	0.0603	4.10	0.9848	95.1
		0.5L	13.28	0.4027	0.3341	0.0473	1.74	0.9874	111.4
		0.8L	16.05	0.5051	0.3827	0.0400	1.19	0.9914	190.2
	平均法		11.71	0.4906	0.3188	0.0487	1.61	0.9884	135.2
	组合法		16.05	0.5640	0.3827	0.0385	1.00	0.9928	237.4
地块 3/2020/6/8（文峪河）	式（8.34）：$A=3.51\times10^{-4}$，$B=0.0330$，$R^2=0.9925$								
	单点法	0.2L	5.81	0.5640	0.2397	0.2049	44.34	0.9482	95.1
		0.5L	13.28	0.4027	0.3341	0.1746	37.55	0.9529	111.4
		0.8L	16.05	0.5051	0.3827	0.1483	29.26	0.9643	190.2
	平均法		11.71	0.4906	0.3188	0.1743	35.97	0.9561	135.2
	组合法		16.05	0.5640	0.3827	0.1399	25.22	0.9693	237.4
地块 4/2020/6/8（文峪河）	式（8.34）：$A=-7.675.16\times10^{-19}$，$B=0.0167$，$R^2=1.000$								
	单点法	0.2L	5.81	0.5640	0.2397	0.2605	7.53	0.9895	95.1
		0.5L	13.28	0.4027	0.3341	0.2433	6.97	0.9903	111.4
		0.8L	16.05	0.5051	0.3827	0.2401	6.54	0.9909	190.2
	平均法		11.71	0.4906	0.3188	0.2482	6.98	0.9903	135.2
	组合法		16.05	0.5639	0.3827	0.2416	6.45	0.991	237.4
城子村 A/2021/3/14（文峪河）	式（8.34）：$A=4.17\times10^{-19}$，$B=0.0167$，$R^2=1.000$								
	单点法	0.2L	14.29	0.6437	0.0096	0.1107	7.34	0.9982	259.7
		0.5L	7.15	0.6326	0.7239	0.1209	9.46	0.9976	205.6
		0.8L	5.20	0.6035	1.9963	0.1240	10.10	0.9975	257.3
	平均法		9.21	0.6266	0.9099	0.1185	7.90	0.9978	236.4
	组合法		14.29	0.6437	1.9963	0.1069	6.52	0.9984	437.5
城子村 B/2021/3/14（文峪河）	式（8.34）：$A=5.83\times10^{-4}$，$B=0.0958$，$R^2=0.9979$								
	单点法	0.2L	14.29	0.6437	0.0096	0.0559	3.57	0.9989	259.7
		0.5L	7.15	0.6326	0.7239	0.0797	9.38	0.9972	205.6
		0.8L	5.20	0.6035	1.9963	0.0810	7.01	0.9976	257.3
	平均法		9.21	0.6266	0.9099	0.0725	6.77	0.9979	236.4
	组合法		14.29	0.6426	0.6208	0.0495	4.92	0.9991	313.4
城子村 C/2021/3/14（文峪河）	式（8.34）：$A=4.40\times10^{-4}$，$B=0.1160$，$R^2=0.9982$								
	单点法	0.2L	14.29	0.6437	0.0096	0.0524	4.49	0.9991	259.7
		0.5L	7.15	0.6326	0.7239	0.0762	4.21	0.9992	205.6
		0.8L	5.20	0.6035	1.9963	0.0778	4.13	0.9992	257.3
	平均法		9.21	0.6266	0.9099	0.0691	1.84	0.9993	236.4
	组合法		13.64	0.6035	0.0096	0.0611	1.66	0.9994	207.1

续表

测试地块/日期（年/月/日）	测点		k	α	f_0/(mm/min)	n	误差平方和 SS	决定系数 R^2	Z_{90}/mm
城子村 D/2021/3/14（文峪河）	式（8.34）：$A=3.04\times10^{-4}$，$B=0.0735$，$R^2=0.9996$								
	单点法	0.2L	14.29	0.6437	0.0096	0.0249	0.46	0.9993	259.7
		0.5L	7.15	0.6326	0.7239	0.0369	0.22	0.9997	205.6
		0.8L	5.20	0.6035	1.9963	0.0390	0.20	0.9997	257.3
	平均法		9.21	0.6266	0.9099	0.0336	0.14	0.9998	236.4
	组合法		6.18	0.6437	1.9963	0.0356	0.12	0.9998	291.5
城子村 E/2021/3/14	式（8.34）：$A=1.52\times10^{-4}$，$B=0.0914$，$R^2=0.9976$								
	单点法	0.2L	14.29	0.6437	0.0096	0.0581	0.50	0.9988	259.7
		0.5L	7.15	0.6326	0.7239	0.0694	0.34	0.9992	205.6
		0.8L	5.20	0.6035	1.9963	0.0715	0.34	0.9992	257.3
	平均法		9.21	0.6266	0.9099	0.0664	0.36	0.9992	236.4
	组合法		7.36	0.6437	0.6580	0.0712	0.34	0.9992	194.6
城子村 F/2021/3/14	式（8.34）：$A=3.51\times10^{-5}$，$B=0.1040$，$R^2=0.9953$								
	单点法	0.2L	14.29	0.6437	0.0096	0.0692	4.97	0.9968	259.7
		0.5L	7.15	0.6326	0.7239	0.0824	4.01	0.9979	205.6
		0.8L	5.20	0.6035	1.9963	0.0843	4.09	0.9978	257.3
	平均法		9.21	0.6266	0.9099	0.0788	4.27	0.9976	236.4
	组合法		5.20	0.6035	0.0096	0.0955	1.45	0.9985	79.5
东宜亭村 A/2021/4/6	式（8.34）：$A=3.21\times10^{-3}$，$B=0.313$，$R^2=0.9938$								
	单点法	0.2L	10.11	0.2356	1.0575	0.1020	41.44	0.9953	124.4
		0.5L	19.16	0.3007	0.0000	0.0883	63.86	0.9928	74.1
		0.8L	16.69	0.1578	0.0763	0.1302	113.70	0.9871	40.8
	平均法		15.32	0.2314	0.3779	0.1080	70.05	0.9921	77.4
	组合法		19.16	0.3007	1.0575	0.0482	24.91	0.9972	169.3
东宜亭村 B/2021/4/6	式（8.34）：$A=3.74\times10^{-3}$，$B=0.140$，$R^2=0.9922$								
	单点法	0.2L	10.11	0.2356	1.0575	0.0934	176.38	0.9845	124.4
		0.5L	19.16	0.3007	0.0000	0.0819	267.14	0.9765	74.1
		0.8L	16.69	0.1578	0.0763	0.1159	384.48	0.9663	40.8
	平均法		15.32	0.2314	0.3779	0.0981	274.80	0.9758	77.4
	组合法		4.06	1.0000	1.1833	0.0573	24.70	0.9978	291.5
东宜亭村 C/2021/4/6	式（8.34）：$A=6.68\times10^{-3}$，$B=0.137$，$R^2=0.9996$								
	单点法	0.2L	10.11	0.2356	1.0575	0.2357	624.29	0.977	124.4
		0.5L	19.16	0.3007	0.0000	0.2360	936.2	0.9654	74.1
		0.8L	16.69	0.1578	0.0763	0.2933	1193.3	0.9558	40.8
	平均法		15.32	0.2314	0.3779	0.2572	917.6	0.966	77.4
	组合法		19.16	0.3007	1.0575	0.1606	421.53	0.9846	169.3

续表

测试地块 /日期（年/月/日）	测点		k	α	f_0/(mm/min)	n	误差平方和 SS	决定系数 R^2	Z_{90}/mm
东宜亭村 D/ 2021/4/6	式（8.34）：$A=7.15\times10^{-3}$，$B=0.153$，$R^2=0.9983$								
	单点法	0.2L	10.11	0.2356	1.0575	0.1965	574.83	0.9819	124.4
		0.5L	19.16	0.3007	0.0000	0.2015	994.7	0.9685	74.1
		0.8L	16.69	0.1578	0.0763	0.2666	1337.3	0.9575	40.8
	平均法		15.32	0.2314	0.3779	0.2238	960.6	0.9695	77.4
	组合法		19.16	0.3007	1.0575	0.1158	337.94	0.9894	169.3
东宜亭村 E/ 2021/4/6	式（8.34）：$A=7.24\times10^{-3}$，$B=0.473$，$R^2=0.9965$								
	单点法	0.2L	10.11	0.2356	1.0575	0.0894	194.71	0.9955	124.4
		0.5L	19.16	0.3007	0.1076	0.0953	575.6	0.9866	83.8
		0.8L	16.69	0.1578	0.0763	0.1904	1227.5	0.9711	40.8
	平均法		15.32	0.2314	0.3779	0.1305	618.0	0.9855	77.4
	组合法		19.16	0.3007	0.9286	0.0227	110.65	0.9974	157.7
沟口村 A/2021 /7/8	式（8.34）：$A=5.16\times10^{-4}$，$B=0.0475$，$R^2=0.9949$								
	单点法	0.3L	20.80	0.4953	0.2081	0.0198	0.24	0.9974	211.9
		0.7L	14.29	0.6437	0.0096	0.0269	0.24	0.9974	259.7
	平均法		17.54	0.5695	0.1088	0.0231	0.23	0.9975	237.3
	组合法		17.35	0.6437	0.2076	0.0205	0.18	0.998	351.1
沟口村 B/2021 /7/8	式（8.34）：$A=7.78\times10^{-4}$，$B=0.0509$，$R^2=0.9902$								
	单点法	0.3L	20.80	0.4953	0.2081	0.0324	0.96	0.9931	211.9
		0.7L	14.29	0.6437	0.0096	0.0410	0.97	0.993	259.7
	平均法		17.54	0.5695	0.1088	0.0363	0.93	0.9933	237.3
	组合法		20.80	0.6437	0.2081	0.0278	0.58	0.9958	395.4
沟口村 C/2021 /7/8	式（8.34）：$A=3.51\times10^{-3}$，$B=0.033$，$R^2=0.9925$								
	单点法	0.3L	20.80	0.4953	0.2081	0.1277	25.38	0.9691	211.9
		0.7L	14.29	0.6437	0.0096	0.1429	23.90	0.971	259.7
	平均法		17.54	0.5695	0.1088	0.1340	24.11	0.9707	237.3
	组合法		20.80	0.6437	0.2081	0.1006	13.48	0.9838	395.4
沟口村 D/2021 /7/8	式（8.34）：$A=1.33\times10^{-3}$，$B=0.140$，$R^2=0.9978$								
	单点法	0.3L	20.80	0.4953	0.2081	0.1469	1.96	0.9973	211.9
		0.7L	14.29	0.6437	0.0096	0.1618	1.62	0.9977	259.7
	平均法		17.54	0.5695	0.1088	0.1528	1.71	0.9976	237.3
	组合法		20.80	0.6437	0.2081	0.1173	0.74	0.999	395.4

表 8.6　御河灌区试点入渗模型参数及糙率拟合结果

测试地块 /日期（年/月/日）	测点		k	α	f_0/(mm/min)	n	误差平方和 SS	决定系数 R^2	Z_{90}/mm
李家湾/ 2020/7/8 （御河）	式（8.34）：$A=6.04\times10^{-3}$，$B=0.334$，$R^2=0.9969$								
	单点法	0.2L	45.23	0.2948	0.0000	0.0589	36.41	0.9965	170.4
		0.5L	13.40	0.6765	0.0178	0.0932	27.05	0.9974	283.0
		0.8L	14.87	0.7044	0.0541	0.0338	87.42	0.992	357.8
	平均法		24.50	0.5586	0.0240	0.0199	40.66	0.9962	304.7
	组合法		44.33	0.3823	0.0023	0.0126	9.23	0.9991	236.6
李家湾/ 2020/8/25 （御河）	式（8.34）：$A=6.84\times10^{-3}$，$B=0.431$，$R^2=0.9921$								
	单点法	0.2L	0.00	0.2021	0.4270	0.4000	461.34	0.9705	37.4
		0.5L	5.53	0.5887	1.4217	0.2718	84.12	0.9909	206.1
		0.8L	7.16	0.1527	1.3897	0.3620	153.13	0.983	139.3
	平均法		4.23	0.3145	1.0794	0.3995	174.47	0.9809	114.6
	组合法		24.14	0.5426	0.0064	0.0594	33.66	0.9963	277.9
金家湾/ 2020/7/23 （御河）	式（8.34）：$A=1.15\times10^{-3}$，$B=0.479$，$R^2=0.9949$								
	单点法	0.2L	6.14	0.6490	0.3631	0.1722	19.56	0.998	146.6
		0.5L	7.04	0.6658	0.7871	0.1067	43.60	0.9956	231.7
		0.8L	26.88	0.4871	1.9480	0.0140	631.41	0.9863	416.0
	平均法		13.69	0.6006	1.0327	0.0467	93.28	0.9907	297.2
	组合法		11.87	0.4872	0.3632	0.1467	17.73	0.9982	139.0
金家湾 A/ 2021/4/4	式（8.34）：$A=7.72\times10^{-3}$，$B=0.483$，$R^2=0.9974$								
	单点法	0.2L	16.69	0.5790	0.0001	0.3523	67.12	0.9928	225.9
		0.5L	54.62	0.3989	0.0010	0.0522	17.12	0.9981	327.9
		0.8L	17.06	0.4511	1.1397	0.3703	75.34	0.9919	234.5
	平均法		24.22	0.3998	0.5072	0.1884	9.09	0.9971	194.0
	组合法		47.29	0.4653	0.0001	0.0301	7.06	0.9991	394.0
金家湾 B/ 2021/4/4	式（8.34）：$A=5.58\times10^{-3}$，$B=0.555$，$R^2=0.9960$								
	单点法	0.2L	16.69	0.5790	0.0001	0.4000	25.32	0.9985	225.9
		0.5L	54.62	0.3989	0.0010	0.0748	17.71	0.9984	327.9
		0.8L	17.06	0.4511	1.1397	0.4533	20.84	0.9982	234.5
	平均法		29.46	0.4764	0.3803	0.2519	17.14	0.9985	285.5
	组合法		44.56	0.3990	0.0010	0.1858	14.99	0.9989	267.4
金家湾 C/ 2021/4/4	式（8.34）：$A=5.09\times10^{-3}$，$B=0.556$，$R^2=0.9966$								
	单点法	0.2L	16.69	0.5790	0.0001	0.4012	13.31	0.9988	225.9
		0.5L	54.62	0.3989	0.0010	0.0614	20.28	0.9982	327.9
		0.8L	17.06	0.4511	1.1397	0.4000	19.47	0.9986	234.5
	平均法		29.46	0.4764	0.3803	0.2295	15.90	0.9986	285.5
	组合法		41.60	0.3993	0.0010	0.2028	10.12	0.9991	250.9

续表

测试地块/日期（年/月/日）	测点		k	α	f₀/(mm/min)	n	误差平方和 SS	决定系数 R²	Z₉₀/mm
李家湾A/2021/7/9	式（8.34）：$A=4.17\times10^{-3}$，$B=0.324$，$R^2=0.9914$								
	单点法	0.2L	34.21	0.4455	0.0013	0.1177	9.03	0.9971	239.2
		0.5L	24.45	0.2357	1.3591	0.2308	11.48	0.9963	187.2
		0.8L	17.01	0.5181	0.1613	0.2041	7.98	0.9971	199.9
	平均法		24.22	0.3998	0.5072	0.1884	9.09	0.9971	194.0
	组合法		34.21	0.4068	0.0016	0.1399	7.27	0.9974	201.1
李家湾B/2021/7/9	式（8.34）：$A=4.10\times10^{-3}$，$B=0.368$，$R^2=0.9877$								
	单点法	0.2L	34.21	0.4455	0.0013	0.2591	29.73	0.9947	239.2
		0.5L	24.45	0.2357	1.3591	0.4000	51.93	0.9913	187.2
		0.8L	17.01	0.5181	0.1613	0.3795	37.51	0.9933	199.9
	平均法		24.22	0.3998	0.5072	0.3626	40.41	0.9928	194.0
	组合法		30.02	0.5149	0.0014	0.2162	25.72	0.9954	304.6
李家湾C/2021/7/9	式（8.34）：$A=3.39\times10^{-3}$，$B=0.365$，$R^2=0.9924$								
	单点法	0.2L	34.21	0.4455	0.0013	0.2135	13.43	0.9972	239.2
		0.5L	24.45	0.2357	1.3591	0.3626	25.86	0.9946	187.2
		0.8L	17.01	0.5181	0.1613	0.3246	25.86	0.9963	199.9
	平均法		24.22	0.3998	0.5072	0.3080	19.69	0.9959	194.0
	组合法		34.21	0.4769	0.0013	0.1855	14.52	0.9974	275.5

表 8.7　汾河灌区试点入渗模型参数及糙率拟合结果

测试地块/日期（年/月/日）	测点		k	α	f₀/(mm/min)	n	误差平方和 SS	决定系数 R²	Z₉₀/mm
地块A/2020/3/11	式（8.34）：$A=-4.47\times10^{-4}$，$B=0.407$，$R^2=0.9952$								
	单点法	0.2L	9.40	0.3886	0.5536	0.2229	10.51	0.9954	103.8
		0.5L	14.55	0.1929	0.6364	0.2202	9.41	0.9959	91.9
	平均法		11.97	0.2908	0.5950	0.2206	10.01	0.9956	97.9
	组合法		9.40	0.2908	0.5536	0.2383	7.72	0.9962	84.6
地块B/2020/3/11	式（8.34）：$A=4.01\times10^{-5}$，$B=0.177$，$R^2=0.9976$								
	0.2L		16.53	0.3548	0.4635	0.1254	0.70	0.9986	123.3
地块C/2020/3/11	式（8.34）：$A=7.46\times10^{-4}$，$B=150$，$R^2=0.9957$								
	单点法	0.2L	24.13	0.5039	0.3407	0.0633	9.97	0.9977	244.4
		0.5L	17.14	0.5237	0.2656	0.0868	7.66	0.9983	215.3
		0.8L	21.88	0.2720	0.2829	0.1385	15.47	0.9965	99.9
	平均法		20.72	0.4332	0.2964	0.0979	6.73	0.9985	174.2
	组合法		24.13	0.4379	0.2829	0.0875	6.48	0.9985	184.2

分析表 8.1～表 8.7 数据，一定程度上可以说明 3 种确定模型参数方法的合理性。采用

单点法确定的同一个地块 3 个测点的糙率值有一定的差异，由于水流推进试验是就整个畦长进行测试，采用单点法确定糙率应该采用沿畦长中点的入渗参数，不宜采用畦首或畦尾的入渗参数；相对而言，采用畦首、畦中和畦尾三点入渗参数的平均值确定糙率更为合理，所以平均法较单点法合理。组合法仅利用水流推进试验资料确定入渗参数和糙率，该入渗参数和糙率是整个畦块的平均值，与平均值法的结果更为接近。分析结果表明，组合法确定的参数，对于畦田水流推进过程拟合精度均较单点法和平均法有显著提高，误差平方和显著减小，决定系数 R^2 显著增大。各试验站之间以及不同畦块之间的入渗参数和糙率存在空间变异性，其中入渗参数 K、α 和糙率 n 较为稳定，且平均法和组合法的结果也较为接近；入渗参数稳渗率变异最大，反映入渗强度大小的 Z_{90}（Z_{90} 为 90min 累计入渗量）次之，类似的，平均法和组合法的结果差异也较大。

另外，从 Z_{90} 可直观看出，利用水流推进过程测试资料确定的入渗速率，普遍较分测点入渗试验确定的值高出 1～5 倍，在一定程度上反映了地面坡度不均匀性对畦田水流运动的影响。所以，组合法确定的参数应该更为合理。

8.3.3　精准畦田灌水技术参数优化

1.畦田技术参数优化模型

任意选择一个灌水效果评价指标都可以对灌溉效果进行评价，但需要注意的是，由于灌水效率与储水效率之间的比例关系 k 值（储水效率与灌水效率的比值）的变化将影响灌水效率和储水效率的大小，当 k 介于 0 和 1 之间时，可能会出现储水效率很低的结果，但除以 k 以后可得出灌水效率很高的结果；而当 k 大于 1 且值很大时，有可能会出现储水效率很高，但除以 k 以后得到灌水效率很低的结果。

$$k = \frac{E_s}{E_a} = \frac{V_1}{V} \times \frac{V_n}{V_1} = \frac{V_n}{V} \tag{8.39}$$

在实际灌水过程中，可将 k 值的大小控制在 0.95～1.15 以达到较好的灌溉效果。基于此，可构建地面灌水技术参数优化模型，其目标函数为

$$\max(E_{ad}) = E_a + E_d \tag{8.40}$$

约束条件为

$$L_{max} \leq L \tag{8.41}$$

$$E_{ad} \geq 1.8 \tag{8.42}$$

$$k \in [0.95, 1.15] \tag{8.43}$$

式中，L_{max} 为灌水过程中的最大水流推进距离，m；L 为实际的灌水畦田长度，m；E_{ad} 为灌水效率与灌水均匀度之和；其他符号意义同前。

2.畦田灌水技术参数优化方案及优化结果

本书采用地面灌溉模型软件 WinSRFR3.1 模拟不同参数组合条件下的水流运动曲线并据此评价灌水质量，确定畦灌最优灌水技术要素。考虑到实际畦田灌溉情况，本书依据畦长、单宽流量和改口成数的变化，按照畦田灌水技术参数优化模型，针对不同作物类型对

试验田设计了 45mm、75mm、105mm、135mm、150mm、165mm 6 种不同的设计灌水定额，对应每种设计灌水定额设计 3、5、7L/(s·m) 3 种单宽流量的灌水方案。利用地面灌溉模拟软件 WinSRFR 进行畦田灌水技术参数优化。优化的目标是依据期望的田间灌水定额，以及地面坡度、土壤入渗特性种植作物类型等，确定合适的畦长。

首先，在软件中输入固定参数（畦田宽度、地面坡度、单宽流量、土壤入渗参数、田面糙率以及设计灌水定额）和变量（畦田长度与闭口成数）；然后，利用软件输出的水流推进数据和水量入渗数据，计算 E_a、E_s、C_u、K 和 E_{au} 5 个指标；此后，再根据约束条件式（8.41）、式（8.42）和式（8.43）对计算结果进行检验；最后，按目标函数［式（8.40）］进行择优，得到最适宜畦田灌水技术参数组合（畦田长度、闭口成数）和优化结果（表 8.8～表 8.17），其中给出了较为常见的地面坡度 0.003 的结果。

从表 8.8～表 8.17 可看出：①随设计灌水定额的增大，畦长在增大，相应的闭口成数也有微小的增加；②在同样的设计灌水定额条件下，随着单宽流量的增大，畦长在增加，闭口成数则有减小的趋势，减小的幅度很小；③在同一设计灌水定额条件下，畦长随坡度的增大有所增大；④设计灌水定额主要依据作物类型、土壤质地（沙壤土、中壤土、黏壤土）确定。对于一年生生长期的作物，通常扎根深度较大，需要的灌水定额可以大一些，反之，生长期短的作物，扎根深度较小，对应的灌水定额应该取较小的值，如冬小麦、棉花灌水定额取值应该大于玉米、花生等；多年生作物，如果园等作物的灌水定额可以取较大值。沙壤土农田的灌水定额宜取较小值，黏壤土可取较大值。具体取值可参照《灌溉与排水工程设计标准》（GB 50288—2018）给出的公式和参数计算确定。

表 8.8～表 8.17 可为引黄灌丘陵区灌区的畦田灌水技术确定提供依据。对于管道灌溉系统，可以采用塑料软管输水，将长畦分为短畦灌溉，而对于渠道自流灌溉情况，一般流量较大，可以根据流量确定适宜同时灌溉的畦数，使得单宽流量符合表 8.8～表 8.17 中的优化结果，因而表 8.8～表 8.17 中参数优化结果对生产实践具有重要指导意义。

表 8.8　丘陵地区一年生作物畦田灌水技术参数优化结果

（k=24.744，α=0.370，f_0=0.084mm/min，n=0.014，2021 年夹马口玉米）

q/[L/(s·m)]	$m_{设}$ /mm	闭口成数	畦长/m	$m_{实}$ /mm	E_a	E_s	C_u	K	E_{au}
3	45	0.89	25	39.6	0.9981	0.8776	0.8327	1.1373	1.8308
	75	0.94	70	67.0	0.9797	0.8888	0.8242	1.1023	1.8039
	105	0.97	115	94.3	0.9910	0.8715	0.8287	1.1372	1.8197
	135	1.00	165	117.9	0.9933	0.8749	0.8662	1.1353	1.8595
5	45	0.85	35	39.2	0.9981	0.8687	0.8935	1.1489	1.8917
	75	0.90	105	65.5	0.9960	0.8701	0.8189	1.1447	1.8149
	105	0.95	180	91.7	0.9975	0.8710	0.8596	1.1453	1.8572
	135	1.00	250	117.0	0.9985	0.8729	0.8755	1.1440	1.8741
7	45	0.80	50	40.0	0.9972	0.8863	0.8717	1.1251	1.8688
	75	0.90	125	65.2	0.9990	0.8687	0.8989	1.1500	1.8980
	105	0.95	230	94.0	0.9977	0.8745	0.8999	1.1409	1.8976
	135	1.00	325	117.0	0.9922	0.8674	0.8915	1.1438	1.8836

注：q 为单宽流量；$m_{设}$ 为设计灌水定额；$m_{实}$ 为实际灌水定额（模型计算值）。

表 8.9　丘陵地区多年生作物畦田灌水技术参数优化结果

（k=4.043，α=0.6765，f_0=0.3444mm/min，n=0.1873，2021 年夹马口桃树）

q/[L/(s·m)]	$m_{设}$ /mm	闭口成数	畦长/m	$m_{实}$ /mm	E_a	E_s	C_u	K	E_{au}
3	45	0.65	40	39.9	0.966	0.856	0.864	1.129	1.830
	75	0.80	85	65.3	0.993	0.865	0.915	1.149	1.908
	105	0.90	120	93.6	0.998	0.890	0.893	1.122	1.891
	135	1.00	130	113.2	0.997	0.905	0.922	1.101	1.919
5	45	0.50	65	39.4	0.994	0.871	0.921	1.142	1.915
	75	0.65	140	65.7	0.996	0.873	0.893	1.141	1.889
	105	0.80	175	86.2	0.993	0.885	0.894	1.122	1.887
	135	0.90	195	117.7	0.989	0.862	0.915	1.147	1.903
7	45	0.45	65	40.0	0.993	0.882	0.947	1.126	1.940
	75	0.60	145	67.3	0.975	0.875	0.912	1.115	1.887
	105	0.75	200	96.3	0.956	0.877	0.844	1.090	1.801
	135	0.85	240	121.0	0.961	0.861	0.849	1.116	1.810

表 8.10　丘陵地区多年生作物畦田灌水技术参数优化结果

（k=7.081，α=0.423，f_0=0.459mm/min，n=0.1073，2021 年夹马口金生果树地）

q/[L/(s·m)]	$m_{设}$ /mm	闭口成数	畦长/m	$m_{实}$ /mm	E_a	E_s	C_u	K	E_{au}
3	45	0.70	70	40.9	0.964	0.875	0.854	1.101	1.817
	75	0.85	140	65.7	0.988	0.866	0.875	1.141	1.862
	105	0.90	205	94.0	0.998	0.874	0.805	1.142	1.803
	135	1.00	230	134.0	0.961	0.940	0.889	1.023	1.850
5	45	0.60	100	43.0	0.949	0.906	0.854	1.047	1.803
	75	0.75	200	66.1	0.971	0.856	0.871	1.134	1.842
	105	0.85	295	91.5	0.991	0.863	0.851	1.148	1.841
	135	0.95	330	117.3	0.986	0.864	0.866	1.141	1.852
7	45	0.50	100	39.3	0.967	0.846	0.885	1.144	1.852
	75	0.70	270	71.0	0.954	0.903	0.854	1.057	1.808
	105	0.80	360	91.8	0.970	0.848	0.856	1.144	1.826
	135	0.90	430	117.0	0.973	0.850	0.868	1.144	1.841

表 8.11　盆地地区田间灌水技术参数优化结果

（k=21.199，α=0.388，f_0=0.251mm/min，n=0.1108，2021 年漳北郎庄 4）

q/[L/(s·m)]	$m_{设}$ /mm	闭口成数	畦长/m	$m_{实}$ /mm	E_a	E_s	C_u	K	E_{au}
3	75	0.80	35	65.3	0.998	0.869	0.916	1.148	1.914
	105	0.85	70	91.4	0.998	0.870	0.869	1.148	1.868
	135	0.90	105	119.5	0.998	0.884	0.869	1.130	1.868
	165	0.95	130	146.0	0.999	0.884	0.908	1.130	1.907
5	75	0.75	40	66.1	0.995	0.877	0.939	1.135	1.933
	105	0.80	95	94.6	0.998	0.880	0.930	1.134	1.928
	135	0.85	150	117.3	0.997	0.874	0.893	1.141	1.890
	165	0.90	195	144.0	0.998	0.871	0.918	1.146	1.916
7	75	0.70	45	67.0	0.984	0.878	0.902	1.120	1.886
	105	0.75	110	91.9	0.993	0.869	0.932	1.143	1.925
	135	0.80	190	117.7	0.997	0.869	0.912	1.147	1.909
	165	0.85	260	143.6	0.996	0.867	0.898	1.149	1.894

表 8.12　盆地地区田间灌水技术参数优化结果

（k=10.582，α=0.498，f_0=0.167mm/min，n=0.1557，2021 年霍泉地块 A）

q/[L/(s·m)]	$m_{设}$/mm	闭口成数	畦长/m	$m_{实}$/mm	E_a	E_s	C_u	K	E_{au}
3	75	0.80	60	65.9	0.983	0.863	0.932	1.139	1.915
	105	0.85	115	94.9	0.998	0.883	0.881	1.130	1.879
	135	0.90	150	117.4	0.998	0.868	0.875	1.150	1.873
	165	0.95	180	145.2	0.999	0.879	0.907	1.137	1.906
5	75	0.70	75	65.7	0.973	0.853	0.865	1.141	1.838
	105	0.75	175	94.2	0.997	0.875	0.894	1.139	1.891
	135	0.80	255	117.0	0.997	0.872	0.815	1.144	1.812
	165	0.85	310	143.9	0.996	0.868	0.819	1.147	1.815
7	75	0.60	110	65.8	0.996	0.873	0.952	1.140	1.948
	105	0.70	220	94.9	0.995	0.899	0.919	1.106	1.914
	135	0.75	320	117.6	0.996	0.868	0.868	1.148	1.864
	165	0.80	415	144.2	0.997	0.871	0.825	1.144	1.821

表 8.13　盆地地区田间灌水技术参数优化结果

（k=7.798，α=0.516，f_0=0.536mm/min，n=0.1558，2021 年霍泉地块 C）

q/[L/(s·m)]	$m_{设}$/mm	闭口成数	畦长/m	$m_{实}$/mm	E_a	E_s	C_u	K	E_{au}
3	75	0.80	75	66.8	0.998	0.889	0.914	1.123	1.912
	105	0.88	105	91.3	0.998	0.868	0.872	1.150	1.870
	135	0.95	125	119.3	0.998	0.882	0.905	1.131	1.904
	165	1.00	140	149.6	0.999	0.905	0.909	1.103	1.908
5	75	0.70	90	65.3	0.984	0.856	0.900	1.149	1.883
	105	0.80	150	91.8	0.995	0.869	0.892	1.144	1.887
	135	0.90	180	119.2	0.991	0.875	0.928	1.133	1.919
	165	1.00	185	143.9	0.977	0.852	0.873	1.147	1.850
7	75	0.65	140	73.5	0.982	0.963	0.933	1.020	1.915
	105	0.75	165	94.0	0.967	0.848	0.856	1.141	1.823
	135	0.85	210	117.5	0.967	0.842	0.849	1.149	1.816
	165	0.90	270	143.5	0.986	0.857	0.911	1.150	1.897

表 8.14　盆地地区田间灌水技术参数优化结果

（k=11.712，α=0.491，f_0=0.319mm/min，n=0.0324，2020 年文峪河地块 1）

q/[L/(s·m)]	$m_{设}$/mm	闭口成数	畦长/m	$m_{实}$/mm	E_a	E_s	C_u	K	E_{au}
3	45	0.85	50	40.5	0.990	0.892	0.830	1.111	1.820
	75	0.91	90	66.3	0.999	0.884	0.811	1.131	1.811
	105	0.97	115	94.8	0.988	0.873	0.828	1.132	1.816
	135	1.00	140	121.8	0.981	0.885	0.848	1.109	1.829
5	45	0.80	65	40.2	0.994	0.887	0.908	1.120	1.902
	75	0.88	135	66.1	0.995	0.877	0.832	1.135	1.827
	105	0.95	180	93.1	0.995	0.882	0.869	1.128	1.864
	135	1.00	210	117.0	0.999	0.874	0.889	1.144	1.889
7	45	0.75	70	39.4	0.972	0.851	0.869	1.143	1.842
	75	0.83	185	66.0	0.993	0.874	0.813	1.136	1.806
	105	0.91	245	91.6	0.997	0.870	0.839	1.147	1.836
	135	1.00	275	117.9	0.993	0.875	0.887	1.135	1.880

表 8.15　盆地地区田间灌水技术参数优化结果

（k=19.160，α=0.301，f_0=0.929mm/min，n=0.1305，2021 年文峪河东宜亭村 E）

q/[L/(s·m)]	$m_{设}$ /mm	闭口成数	畦长/m	$m_{实}$ /mm	E_a	E_s	C_u	K	E_{au}
3	45	0.85	35	40.5	0.998	0.897	0.856	1.112	1.853
	75	0.93	75	67.9	0.983	0.890	0.818	1.105	1.801
	105	0.98	95	91.4	0.991	0.862	0.836	1.149	1.827
	135	1.00	115	120.9	0.978	0.876	0.827	1.117	1.805
5	45	0.80	45	39.8	0.997	0.881	0.925	1.131	1.923
	75	0.90	110	66.0	0.996	0.877	0.837	1.136	1.833
	105	0.95	155	91.5	0.992	0.865	0.833	1.147	1.825
	135	1.00	180	117.7	0.994	0.874	0.865	1.137	1.859
7	45	0.75	55	39.8	0.994	0.878	0.933	1.132	1.926
	75	0.85	155	66.1	0.992	0.875	0.821	1.134	1.812
	105	0.95	205	93.6	0.995	0.887	0.874	1.122	1.869
	135	1.00	240	117.8	0.999	0.879	0.876	1.136	1.875

表 8.16　盆地地区田间灌水技术参数优化结果

（k=17.544，α=0.569，f_0=0.109mm/min，n=0.0363，2021 年文峪河沟口村 B）

q/[L/(s·m)]	$m_{设}$ /mm	闭口成数	畦长/m	$m_{实}$ /mm	E_a	E_s	C_u	K	E_{au}
3	75	0.96	30	65.9	0.998	0.877	0.853	1.138	1.851
	105	0.98	45	99.4	0.961	0.910	0.846	1.057	1.808
	135	0.99	55	125.1	0.974	0.902	0.833	1.079	1.806
	165	1.00	65	154.0	0.968	0.903	0.834	1.072	1.802
5	75	0.90	50	67.8	0.984	0.890	0.820	1.106	1.804
	105	0.94	70	95.2	0.981	0.890	0.827	1.103	1.808
	135	0.97	85	120.7	0.988	0.883	0.816	1.119	1.803
	165	1.00	100	150.9	0.979	0.896	0.858	1.093	1.837
7	75	0.85	65	65.9	0.996	0.875	0.824	1.137	1.819
	105	0.91	90	91.4	0.997	0.868	0.816	1.149	1.813
	135	0.96	110	117.2	1.000	0.875	0.870	1.143	1.870
	165	1.00	130	147.6	0.996	0.897	0.892	1.111	1.889

表 8.17　盆地地区田间灌水技术参数优化结果

（k=13.689，α=0.601，f_0=1.033mm/min，n=0.0467，2020 年御河金家湾）

q/[L/(s·m)]	$m_{设}$ /mm	闭口成数	畦长/m	$m_{实}$ /mm	E_a	E_s	C_u	K	E_{au}
3	75	0.96	30	66.6	0.992	0.881	0.825	1.126	1.817
	105	0.98	40	99.4	0.972	0.921	0.844	1.056	1.817
	135	0.99	45	124.3	0.985	0.892	0.823	1.104	1.808
	165	1.00	50	151.0	0.977	0.894	0.828	1.093	1.805
5	75	0.90	50	69.4	0.984	0.910	0.830	1.081	1.814
	105	0.94	65	97.3	0.973	0.911	0.845	1.068	1.818
	135	0.97	70	117.5	0.987	0.859	0.814	1.149	1.801
	165	1.00	80	154.6	0.970	0.897	0.839	1.081	1.810
7	75	0.87	60	67.2	0.998	0.894	0.878	1.117	1.876
	105	0.92	85	96.6	0.983	0.904	0.823	1.087	1.807
	135	0.97	95	121.5	0.991	0.891	0.854	1.111	1.845
	165	1.00	105	147.3	0.994	0.894	0.871	1.112	1.865

8.3.4　实施措施及其示范应用和增产增收效果

采取边试验边示范应用的方法，本书在夹马口引黄灌区、洪洞霍泉灌区、漳北灌区、汾河灌区、湫水河灌区、大同御河灌区等进行了初步的示范应用。针对一些较长的畦块，或者构筑临时畦埂，或者采用长畦分段灌水方式，确保按照要求的灌水技术参数实施灌水。示范测试结果表明，采用本项目优化畦灌技术参数灌水具有明显的增产增收效果。以霍泉冬小麦田灌水示范为例，将长畦灌溉方式转变为长畦短灌，其增加产量百分比随着畦长的增大而逐渐增大，增产效益也随之增大。灌水 3 次时：将 150m 左右长畦变为 50m 左右短畦时，产量增加 20.3%、效益增加 11.6%；将 180m 左右长畦变为 60m 左右短畦时，产量增加 32.0%，效益增加 29.8%。灌水 2 次时：相应地，将 150m 左右长畦变为 50m 左右短畦时，产量增加 17.5%、效益增加 14.2%；将 180m 左右长畦变为 60m 左右短畦时，产量增加 27.7%，效益增加 29.4%。

山西 95%以上的灌溉面积均采用地面畦灌的方式，而且长期以来人们习惯了现状的畦长或畦幅规格。但是，随着国家对灌区节水改造建设的投入，大量渠道进行了防渗处理，渠道渗漏损失减小，渠道流量增加了；渠道管道化建设也是未来重要的发展趋势，另外，精准化灌溉也是灌溉农业现代化的重要内容。因而，对现状地块畦幅规格做合理规划和改造将会显著提高有限灌溉水的利用效率。鉴于此，在夹马口灌区、霍泉灌区、漳北灌区、山西省中心灌溉试验站、湫水河灌区、御河灌区 6 个灌溉试验站开展了灌区典型地块入渗测试和畦田水流推进试验；利用考斯加科夫－里维斯（Kostiakov-Lewis）入渗模型分析研究了农田土壤入渗特性，利用零惯量模型和地面灌溉水流模拟软件分析确定了畦灌水流糙率；以灌水均匀度和灌水效率之和为目标函数，以储水效率与灌水效率的比值 k 接近于 1（0.95 $<k<$ 1.15）作为约束条件，通过畦田灌水技术优化得出了给定地块坡度和单宽流量条件下适宜畦长与设计灌水定额的关系及其相应的闭口成数与设计灌水定额的关系。该关系为合理规划农田畦幅规格实施精准地面畦灌提供了理论依据与参数。

第 9 章　温室膜下滴灌经济灌水技术研究

设施农业是推进农业现代化的重要内容，是以资金密集、技术密集、劳动力密集为主要特征的集约高效型产业。到目前为止，山西省已建成 210 余万亩高标准种植业设施。其中滴灌是种植业设施的关键技术，采用滴灌技术可比现状日光温室使用的地面沟畦灌水方法增产 20%以上、节水 50%以上、增加收益 30%以上，总的节水增收普遍可达到 4000 元/亩以上。

多年来人们致力于设施滴灌技术的示范推广应用，其中合理确定灌水时间和灌水定额一直是实施设施滴灌技术的难点。对于灌水时间目前仍以经验方法确定，如每隔 3 天、5 天或 10 天灌水，或者采用滴灌系统设计灌水周期，最好的情况是采用试验确定适宜灌水下限。前两种方法常常会造成过量灌水，或者是供水不及时导致作物受旱减产。第三种方法因不能及时地监测预报土壤含水率，加之，适宜灌水下限因土壤质地和作物类型差异较大，完全依靠试验确定适宜灌水下限耗时费力，生产中较少采用。由此导致长期以来没有一个规范的确定灌水时间的方法，温室灌水实践中仍普遍采用经验方法确定灌水时间和灌水定额。因而，采用合理的灌水施肥技术，诸如膜下滴灌技术、经济灌水技术和基于互联网技术的灌水预报技术等，可显著提高灌溉施肥效益。鉴于此，本书基于文献总结分析了现状温室灌水施肥技术，开展了温室蔬菜膜下滴灌经济灌水技术研究。

所谓的经济灌水技术是依据作物产量随灌溉供水量变化规律（称为作物水分生产函数或作物水模型），考虑灌水施肥的投入，以效益最大为目标，确定合理的灌溉供水量，该灌溉供水量被称为经济灌溉供水量。与此对应的，有一个适宜的灌水下限值，称为经济灌水下限值。本章构建了温室膜下滴灌作物水模型，依据作物水模型，在灌溉制度优化的基础上提出了确定经济灌水下限的理论化方法。该技术的实施有助于节约水资源，减小地下水的开采量，保护地下水资源，提高温室种植生产效益。

9.1　温室膜下滴灌作物的灌水施肥

9.1.1　滴灌灌水施肥制度制定的依据

滴灌施肥制度是滴灌条件下灌溉制度与施肥制度的耦合集成，主要包括灌溉方式、生育期内的灌水次数、每次的灌水时间、灌水定额，以及每次通过滴灌系统施肥的肥料品种、养分配比和施肥数量等内容。

1. 制定灌溉制度的依据

制订灌溉制度的依据主要有土壤性质、作物根系分布、作物需水特性、滴灌技术特点以及当地气候（主要是降水情况）等。其中土壤性质包括田间持水率、凋萎点含水率和土壤容重等。

滴灌不同于地面灌溉，滴灌是局部灌溉，即只灌溉作物根区分布范围的土体，使土壤含水率达到或接近田间持水量的水平。因此，精准确定作物根区分布范围在灌溉设计中十分重要。在水平方向上，要确定湿润面积的大小，通常用土壤湿润比来表示，即在地面以下 20～30cm 处湿润面积占作物种植面积的百分比。在垂直方向，要确定合理的灌溉湿润深度。

作物需水规律是确定作物灌溉需水量和灌水时间的基本依据。作物需水规律的资料和数据可以通过查阅资料、试验测定或依靠长期实践经验获得。试验测定主要是测定日需水强度，可利用蒸发皿（国内蒸发皿规格为直径 20cm，深 10cm）测定获得日蒸发量并经换算获得。日光温室蔬菜的需水量可直接使用蒸发皿测定的水面蒸发量数据，蒸发皿可固定放置在蔬菜植株顶部位置。果树日需水强度为蒸发皿测定的数值乘以蒸发皿系数。

2. 制定施肥制度的主要依据

确定施肥制度的因素主要包括土壤的养分状况、作物养分吸收规律、作物目标产量、肥料利用率等。土壤养分状况可以通过土壤养分监测手段获得，根据当地农业生产状况确定目标产量，然后依据获取目标产量需要消耗的养分和各生育阶段养分吸收强度和吸收量来确定养分供应。因此，需要广泛精准地收集作物养分吸收规律的基础资料。

作物的养分吸收规律是作物的固有特性之一，一般不因时间地点等环境条件产生较大的变动，世界各地对作物营养及吸收规律的研究已经相当广泛和深入，积累了大量的数据资料，许多主要作物的养分规律已经在生产上广泛应用，可以直接利用。土壤通过风化作用和其他自然过程会释放出一些养分，这些土壤释放的养分能够满足作物需要的 40%～60%。因此，必须进行土壤分析，准确了解土壤的养分状况，扣除土壤能够提供的这部分养分含量，再考虑肥料施入土壤后的流失、固定等数量，由此获得施肥的当季利用率，然后才能较为准确地计算出具体的施肥数量。

目标产量法仅能得到作物全生育期的总施肥数量，这些施肥数量在作物生长期如何合理分配，尚需要根据作物不同生长阶段的养分吸收规律分析确定。例如，番茄在整个生育期对磷的吸收都处于较低而平稳的水平，变化幅度很小，吸收峰不明显。而氮、钾在苗期吸收量与磷相近，进入初果期以后，氮、钾的吸收量迅速上升，88d 左右达到第 1 个吸收高峰，至 120d 盛果期时，达到第 2 个吸收高峰（图 9.1）。此时与苗期相比，氮的吸收量增加了约 9 倍，钾的吸收量增加了约 15 倍。在高峰期，钾的吸收量近于氮吸收量的 2 倍。根据这一规律，磷可以作基肥施用，满足整个生育期的需求。氮、钾的施用则前期少，进入初果期后逐步增加，盛果期达到最大用量。

9.1.2 温室膜下滴灌灌溉制度的制定

灌溉制度主要包括作物全生育期内的灌水定额、灌水时间、灌水次数以及灌溉定额。灌溉制度随作物种类与品种、土壤与气象等自然条件、灌溉条件、设施条件以及农业技术措施变化。

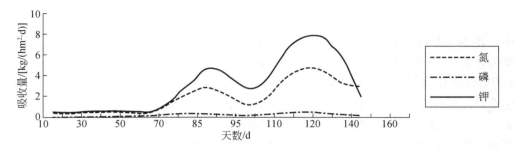

图 9.1　大田番茄养分的吸收规律

（1）作物设计毛灌水定额

按式（9.1）计算确定：

$$m_{\text{毛}} = 0.1\gamma z p \left(\theta_{\max} - \theta_{\min}\right) / \eta \tag{9.1}$$

式中，$m_{\text{毛}}$ 为设计毛灌水定额，mm；γ 为计划湿润层土壤容重，g/cm³；z 为土壤计划湿润层深度，cm；p 为设计土壤湿润比，用百分数表示，可按《设施农业节水灌溉工程技术规程》（DB11/T 557—2008）取用；$\theta_{\max}$ 为适宜土壤含水率上限（占干土重量的百分比），取田间持水量的 80%～100%；$\theta_{\min}$ 为适宜土壤含水率下限（占干土重量的百分比），取田间持水量的 60%～80%，对于粮食类作物取较小值，蔬菜类作物取较大值；η 为灌溉水利用系数。

（2）确定灌水时间间隔

按式（9.2）计算：

$$T = \frac{m_{\text{毛}}}{E_{\text{a}}} \eta \tag{9.2}$$

式中，T 为灌水时间间隔，d；E_{a} 为作物需水强度或耗水强度，mm/d；其余符号意义同前。

（3）一次灌水延续时间

按式（9.3）计算：

$$t = \frac{m_{\text{毛}} S_{\text{e}} S_{\text{l}}}{q_{\text{d}}} \tag{9.3}$$

式中，t 为一次灌水延续时间，h；S_{e} 为灌水器间距，m；S_{l} 为毛管间距，m；q_{d} 为灌水器流量，L/h。

（4）灌水时间和灌水次数的确定

作物的不同生育阶段的需水强度（E_{a}）不同。在实际生产中，灌水时间间隔可以按作物生育期的需水特性分别计算。灌水时间间隔还受到气候条件的影响，在露地栽培的条件下，受到自然降水的影响，降水量大，灌水时间间隔长，反之降水量小，灌水时间间隔就短；在设施栽培的条件下，无降水，灌水时间间隔主要受温室内的气温和湿度影响较大，在遇到低温高湿时，作物耗水强度下降，同样数量的水消耗的时间延长；遇到高温低湿度时，作物耗水强度增加，同样数量的水消耗的时间缩短。因此，实际生产中需要根据气候和土壤含水率来增大或缩小灌水时间间隔。

考虑温室膜下滴灌，写出时段 $[0, t]$ 内根区水量平衡方程如下：

$$W_t = W_0 + P_t + m_{毛} - ET_t + K_t - S_t \tag{9.4}$$

式中，W_t 为时段末根区土壤储水量，mm；W_0 为时段初根区土壤储水量，mm，这里根区深度为作物生长期最大根深，全生育期不变；P_t 为时段内降水量，mm，对于温室，$P_t = 0$；ET_t 为时段内作物蒸发蒸腾量，$ET_t = t \cdot I_t$，这里 t 为时段长度，d；I_t 为时段内平均蒸发蒸腾强度，mm/d；K_t 为时段内深层土壤水对根区土壤的补给量，当地下水埋深较大时，可取 $K_t = 0$；S_t 为深层渗漏量，对于滴灌，灌水定额较小，灌溉期内深层渗漏量较小，可忽略不计。当灌水后，使得 $W_t = W_0$，可得到相邻两次灌水的时间间隔，对于第一次灌水，时段初为播种日：

$$t = \frac{m_{毛}}{I_t} \tag{9.5}$$

这样，从播种日开始，可按照式（9.5）确定每次灌水时间，直到作物收获，由此获得全生育期的灌水时间和灌水次数 N，由于全生长期灌水定额不变，均为 $m_{毛}$，由此可以求得灌溉定额（等于 $N \cdot m_{毛}$）。式（9.5）中的 I_t 可利用作物系数法［式（2-57）］计算。相应的施肥时间可根据作物养分需求规律和土壤养分供给特性分析确定，如测土配方施肥。表 9.2 中列出了部分试验结果。

实际情况下，式（9.5）中的时段内平均蒸发蒸腾强度 I_t 是随时间变化的，需要根据温室实时温度、湿度、光照和土壤墒情等监测数据按照温室参考作物蒸发蒸腾量计算公式［式（2.57）］实时计算并预测，由此进行灌溉预报。

9.1.3　温室膜下滴灌施肥制度的制定

施肥制度主要包括总施肥量、每次施肥量及养分配比、施肥时间、肥料品种等。滴灌的施肥制度与常规施肥制度不同，一是肥料利用率高，用肥量低于常规施肥；二是对肥料品种要求高，必须是速溶肥料；三是施肥次数多、每次用量少，用量及养分比例必须与作物需肥特点相符等。所以必须有土壤（或植株）养分数据、多年多点试验获得的肥料利用率数据，前者通过采样化验很容易获得，后者由于灌溉系统操作和田间生产的复杂性、分析测试手段的限制等很难获得，而且还要经过田间试验对数据进行校核后才能应用。为此，根据大量田间试验分析，提出了依据养分"施吸比"参数制定施肥制度。这里的施吸比是指某种养分的施用数量与被作物吸收的数量的比率。如根据山东各地试验示范结果，在设施蔬菜应用滴灌施肥技术，氮、磷、钾 3 者的施吸比范围值分别为 1.54～1.82、2.86～3.33、1.25～1.43；成龄苹果树应用滴灌施肥技术，氮、磷、钾 3 者的施吸比范围值分别为 2.63～3.62、5.00～6.25、2.75～3.78；葡萄的氮、磷、钾 3 者的施吸比范围值分别为 1.67～2.00、2.00～2.67、1.67～2.08。选用适宜的施吸比可计算 N、P_2O_5、K_2O 各养分总用量。作为示例，给出了番茄日光温室栽培施肥方案（表 9.1）。

9.1.4　温室膜下滴灌灌溉施肥制度的耦合

将灌溉制度和施肥制度耦合即成为滴灌施肥方案。灌溉施肥方案主要包括两部分内容，一是关于施肥的内容，包括某作物全生育期需要投入的养分数量及其各种养分比例，作物各个生长阶段所需养分数量及其比例，所用肥料的品种，有机肥料与无机肥料的数量配比等，如表 9.1 所示番茄日光温室栽培施肥方案（全国农业技术推广服务中心，2010）；二是关于作物灌溉制度的内容，即灌水定额（一次灌溉水量）、灌水周期、灌水次数和灌溉定额，如表 9.2 所示番茄日光温室栽培的灌溉方案。灌溉制度和施肥制度耦合一般采用随水施肥、分段耦合，把作物各生育期的施肥量分配到每次灌水中。在实际操作中，要根据当时的气候状况、土壤含水率调整灌水量和灌水时间；根据作物水肥需求数量合理配制肥液，合理调节灌溉水的养分浓度和酸度。表 9.2 是日光温室越冬番茄灌溉施肥制度耦合的一个实例。通过文献分析，表 9.3 给出了部分温室膜下滴灌作物灌溉施肥方案。

表 9.1　番茄日光温室栽培施肥方案　　　　　　（单位：kg/亩）

生长时期	每次施肥的纯养分量				推荐肥料配方	每次用肥量
	N	P_2O_5	K_2O	合计		
定植前	12.0	12.0	12.0	36.0	15-15-15	80
苗期	3.6	2.3	2.3	8.2	24-15-15	15
开花—结果	3.0	1.8	3.0	7.8	20-12-20	15
结果—采收期	2.9	0.7	4.3	7.9	16-4-24	18

表 9.2　日光温室越冬番茄灌溉施肥制度

时期	灌溉次数	灌水定额 /(m³/亩)	每次灌水加入的纯养分量/(kg/亩)				推荐肥料配方	用肥量 /(kg/亩)	备注
			N	P_2O_5	K_2O	$N+P_2O_5+K_2O$			
定植期	1	22	12.0	12.0	12.0	36	15-15-15	80	沟灌
苗期	1	14	3.6	2.3	2.3	8.2	24-15-15	15	滴灌
开花期	1	12	3.0	1.8	3.0	7.8	20-12-20	15	滴灌
采收期	11	16	2.9	0.7	4.3	7.9	16-4-24	18	滴灌
合计	14	224	50.5	22.8	64.6	138.9	—	308	—

表 9.3　部分温室膜下滴灌作物灌溉施肥方案

茼蒿，北京市延庆区温室

　　种植模式：品种为沈春光杆茼蒿，条播密植，行距 15cm。于 3 月 2 日播种，3 月 9 日出苗，4 月 12 日采收。

　　灌水施肥：播种前施入农家肥 7500kg/hm²，过磷酸钙磷肥 150kg/hm²，尿素 90kg/hm²。微喷灌水，当到达设定的灌水下限值时开始灌水，灌水定额为 10mm。灌水下限为 -15kPa，全生育期 42 天，灌水 10 次，灌溉定额为 100mm，蒸散量为 85mm，产量为 8342kg/hm²，灌水周期为 4.2 天。

　　文献：杨文斌，郝仲勇，王凤新，等.2011. 不同灌水下限对温室茼蒿生长和产量的影响 [J].农业工程学报，27（1）：94-98.

甜瓜，华中农业大学设施基地

　　种植模式：双行种植，株行距为 50cm×60cm，采用单蔓整枝立式栽培的方法，每株在第 10～16 节的侧蔓上留 1 个瓜，主蔓第 25 节摘心。5 月 25 日第 1 朵雌花开放，6 月 28 日收获。

　　灌水施肥：中间铺设 1 根滴灌管，滴孔间距为 50cm，每个滴孔上装有 4 根滴箭。每棵植株的两侧均插有 2 根滴箭，其中滴箭距离植株茎秆基部 5cm，且与植株位于 1 条直线，平行于滴灌管。定植前施入生物有机肥约 10kg 和氮磷钾三元复合肥（氮、磷、钾比例 N：P_2O_5：K_2O=15：15：15）0.5kg。营养生长期灌水下限为 65%（以田间持水量的比例表示），灌水定额为 5mm，相当于每株的灌溉水量为 1.5L；生殖生长期，灌水下限为 75%，灌水定额为 10mm，相当于每株的灌溉水量为 3L。全生育期总灌水量为 125mm，产量为 36.46t/hm²，平均单果重为 1114g，果实数为 53。

　　文献：李毅杰，原保忠，别之龙，等.2012. 不同土壤水分下限对大棚滴灌甜瓜产量和品质的影响 [J].农业工程学报，28（6）：132-138.

西葫芦，新疆维吾尔自治区石河子市

　　种植模式：试验在石河子大学农学院试验站日光温室内进行，西葫芦品种为绿优；行距为 70cm，株距为 60cm，覆盖无滴聚乙烯薄膜，紧靠滴灌带种植 3 行，每行 7 株；滴头流量为 2.6h/L。

　　灌水施肥：过磷酸钙 675kg/hm²（P$_2$O$_5$≥46%）、硫酸钾 375kg/hm²（K$_2$O≥51%）与有机肥料 834kg/hm²，全部作为基肥一次性施入；施氮（尿素 N≥46%）量 375kg/hm²，其中 20%作基肥施入，剩余 80%作为追肥按生育期分 5 次随灌水施入，即苗期、开花坐瓜期、初瓜期、结瓜中期、末瓜期，对应施肥量为 37.50kg/hm²、56.25kg/hm²、75.00kg/hm²、75.00kg/hm²、56.25kg/hm²。滴灌 2 天 1 次，全生育期滴灌 43 次，平均每次滴灌量为 5.33mm，灌溉定额为 270mm。2016 年产量为 54690kg/hm²，蒸散量为 219mm；2017 年产量为 58250kg/hm²，蒸散量为 227mm。

　　文献：郭鹏飞，张筱茜，韩文，等. 2018. 滴灌频率和施氮量对温室西葫芦土壤水分、硝态氮分布及产量的影响 [J]. 水土保持学报，32（4）：109-121.

结球生菜，北京市密云区

　　种植模式：试验在北京市密云区十里堡镇统军庄村日光温室内进行；2008 年 10 月 1 日定植，2008 年 12 月 30 日收获。

　　灌水施肥：定植前施腐熟农家肥 30000kg/hm²，浇足底墒水，苗期肥料配方含 N18%，P$_2$O$_5$18%，K$_2$O18%；莲座期肥料配方含 N17%，P$_2$O$_5$10%，K$_2$O27%；结球期肥料配方含 N16%，P$_2$O$_5$6%，K$_2$O32%；每次滴灌施肥料浓度始终保持 0.4g/L，即每滴灌 1m³ 的水随水施入 0.4kg 纯养分；全生育期施肥量 540kg/hm²。灌水定额 15mm，灌溉定额 135mm，灌水次数 9 次，其中苗期 3 次，莲座期 3 次，结球期 3 次。球径 12cm，产量 46178kg/hm²。

　　文献：王克武，程明，肖长坤，等. 2010. 滴灌施肥强度对温室生菜生长、产量和品质的影响 [J].北方园艺，（11）：55-58.

番茄，陕西省咸阳市杨凌区

　　种植模式：试验于 2013 年 3～7 月在西北农林科技大学旱区农业水土工程教育部重点实验室日光温室内进行。品种为金鹏 10 号，地膜是聚乙烯薄膜，厚度 0.008mm，宽度 1.2m。采用当地典型的沟垄覆膜种植模式，番茄起垄时 1 管 2 行布置，行距 50cm，株距 45cm。

　　灌水施肥：采用尿素（N，16%）、磷酸二铵（P$_2$O$_5$，44%）和钾肥（K$_2$O，60%）。采用内镶式圆柱滴头滴灌管，内径 8mm，滴头间距 30cm，滴头流量 2L/h，工作压力 0.3Mpa。采用比例施肥泵进行滴灌施肥（N-P$_2$O$_5$-K$_2$O，kg/hm²），其时间和数量：缓苗期（定植后 10d，下同）30-15-18.75，苗期（25d）30-15-18.75，第一穗果膨大期（46d）60-30-37.5，第二穗果膨大期（60d）60-30-37.5 和第三穗果膨大期（74d）60-30-37.5，施肥比例为 1：1：2：2：2。2013 年 3 月 31 日定植，定植和缓苗时灌水 40mm；此后平均每 7d 灌 1 次水，灌水量按照 100%ET$_0$（7d 的累计值）确定，ET$_0$ 根据日光温室 Penman-Monteith 修正公式计算；全生育期灌水总量 280mm，灌水 17 次。施肥 5 次，施肥总量 N240kg/hm²-P$_2$O$_5$120kg/hm²-K$_2$O150kg/hm²，产量 97.15t/hm²。

　　文献：邢英英，张富仓，张燕，等.2015. 滴灌施肥水肥耦合对温室番茄产量、品质和水氮利用的影响 [J]. 中国农业科学，48（4）：713-726.

番茄，陕西省咸阳市杨凌区

　　种植模式：试验在陕西省杨凌农业高新技术产业示范区绿百合果蔬专业合作社 171 号日光温室内进行。于 2015 年 9 月中旬育苗，2015 年 10 月 19 日定植，留 4 穗果后摘心打顶，第 4 穗果成熟后即拉秧。品种为当地广泛栽植的 HL-2109，垄沟覆膜种植模式（垄宽 80cm，沟宽 60cm，沟深 20cm，番茄植株栽植在沟斜坡，行距 45cm），株距 35cm。

　　灌水施肥：膜下滴灌，滴头间距为 35cm，滴头流量为 2.1L/h，一次灌水延续时间为 2～4h；用放置在温室中部，高度与番茄冠层高度一致的 20cm 标准蒸发皿，用累积蒸发量作为灌水依据。当蒸发皿累积蒸发量达到 21±2mm 时灌水。每次灌水数量考虑累计蒸散量、蒸发皿系数和湿润比计算确定。全生育期灌水 7 次，灌水量 94.08mm，灌水定额 12.80～14.27mm。产量 15000kg/hm²。

　　文献：郭莉杰，曹红霞，吴宣毅，等. 2016. 膜下滴灌毛管布置方式和灌水量对温室番茄早期产量和品质的影响 [J]. 节水灌溉，（9）：121-132.

洋葱，甘肃省武威市民勤县

　　种植模式：试验于 2011 年 5～8 月在甘肃省水利科学研究院民勤试验站进行。膜下滴灌采用宽 145cm 地膜，1 膜 8 行 3 管，行距 15cm，株距 15cm，每穴 1 株移栽。2011 年 5 月 13 日进行大田定植，定植前灌座苗水一次 90mm。覆地膜时，滴灌带铺设在地膜中间，滴灌带两侧各 2 行，膜面 130cm，种植密度为 41 万株/hm²。

　　灌水施肥：滴头流量 2.CL/h，滴头间距 30cm。移栽前施底肥磷二铵 225kg/hm²，尿素 300kg/hm²，钾肥 150kg/hm²。全生育期灌水总量 357mm，灌水 9 次，灌水时间：5 月 13 日、5 月 26 日、6 月 16 日、6 月 26 日、7 月 7 日、7 月 16 日、7 月 26 日、8 月 4 日、8 月 13 日对应的灌水定额，前 2 次为 36mm，中间 3 次为 39mm，后 4 次为 42mm。产量 151018kg/hm²，蒸散量 342mm，水分利用效率 44.12kg/m³。

　　文献：刘静，成自勇，安飞虎，等. 2012. 民勤沙漠绿洲膜下滴灌洋葱灌溉试验研究初探 [J].干旱地区农业研究，30（6）：55-59.

黄瓜，宁夏回族自治区银川市贺兰县

　　种植模式：试验在宁夏回族自治区银川市贺兰县洪广镇欣荣村的非耕地塑料大棚内进行。温室东西布置，长 70m，跨度 9m。品种为碧珞绿，于 2016 年 9 月 23 日定植，2017 年 2 月 15 日拉秧。株距 30cm，行距 40cm，两行之间铺设两条内镶片式滴灌带，管径 16mm，滴头间距 15cm；于地表下 20cm 深埋设地热管，通过循环热水加热 35℃。

　　灌水施肥：施有机肥 3 万 kg/hm²、三元复合肥 600kg/hm² 做基肥，开花结果期（2016 年 10 月 9 日）开始随灌水追肥。2016 年 10 月 9 日前每 3 天灌水一次，灌水定额为 9mm；开花结果期（2016 年 10 月 9 日）开始，每 5 天灌水一次。总灌水量 469mm，蒸散量 486mm，产量 46533kg/hm²，水分生产效率 9.57kg/m³。

　　文献：张瑞弯. 2017. 膜下滴灌黄瓜水肥气热耦合模型研究 [D]. 银川：宁夏大学.

续表

黄瓜，山西省吕梁市文水县
种植模式：试验在山西省中心灌溉试验站的日光温室中进行，温室规格为 95m×7m，秋冬茬，品种为天津神农牌 96-3，株距为 40cm 行距，宽窄行种植，宽行 80cm，窄行 40cm，种植密度 41250 株/hm²，2003 年 12 月 6 日移栽定植，次年 2 月开始产菜。采用膜下滴灌，2 行作物铺设一条滴灌带，铺设在窄行 40cm 中间，用 1m 宽白色地膜覆盖，滴头间距 50cm，滴头流量 1.4L/h。
灌水施肥：种植前撒施鸡粪有机肥 33000kg/hm² 做基肥，进入盛瓜期采用压差式施肥器每次灌水随水施尿素 45kg/hm²。灌水定额由含水率差值法确定，用灌溉下限法确定灌溉时间，生育期累计 158d，总灌水次数 23 次，累计灌水量为 385mm。产量 94.31t/hm²。
文献：王舒，李光永，孟国霞，等. 2005. 日光温室滴灌条件下滴头流量和间距对黄瓜生长的影响 [J].农业工程学报，21（10）：167-170.
黄瓜，宁夏回族自治区吴忠市
种植模式：试验设置在宁夏吴忠国家农业科技园区的日光温室，温室长 72m，净跨 10m，脊高 5m；品种为嫁接黄瓜德尔 99，砧木为博强 2 号；于 2018 年 3 月 28 日定植，定植密度为 2.7 万株/hm²，株距 25cm，2 行/垄，垄宽 80cm，走道 60cm，滴灌带按 2 行/垄铺设滴头间距 20cm。
灌水施肥：肥料为海法魔力丰 18-9-27（N-P₂O₅-K₂O），尿素 N 含量为 46%。施用 75m³/hm² 有机肥作为底肥。灌水量为 304mm、施肥浓度为 200 倍液（740.55kg/hm²）、产量为 141077.9kg/hm²。
文献：王蓉，马玲，郭永婷，等. 2021. 优化水肥与滴头间距组合对日光温室黄瓜生长及产量的影响 [J].节水灌溉，（4）：75-81.
青椒，沈阳农业大学试验基地
种植模式：试验地点位于沈阳农业大学试验基地 43 号温室大棚，品种为 35-619 青椒。
灌水施肥：肥料为尿素（N，46%），钙镁磷肥（P₂O₅，18%），钾肥（K₂O，60%）。施肥方式为穴施，氮肥分 2 次平均施入，第 1 次作为底肥在移栽时施入，第 2 次在开花前期施入。施肥位置距离植株根部 20cm，埋深 15cm。氮肥 45kg/hm²，磷肥 29.25kg/hm²，钾肥 15kg/hm²。灌水方法为定额法膜下滴灌，苗期时间为 1 个月，灌水 2 次，时间间隔 15d；开花结果期 1.5 个月，灌水 4 次，间隔 11d；结果盛期 1.5 个月，6 次，间隔 7d 或 8d；结果后期 1 个月，4 次，间隔 7d 或 8d，灌水量 260mm。产量 1550kg/hm²。
文献：滕霄，李波，王铁良，等. 2015. 膜下滴灌水肥耦合效应对青椒产量的影响 [J]. 中国农村水利水电，（2）：74-77.
生菜，华中农业大学设施基地
种植模式：品种为弘农和绿领；试验于 2006 年 8～11 月在华中农业大学设施基地塑料大棚内进行。2006 年 8 月 16 日播种，9 月 18 日定植，11 月 9 日采收。
灌水施肥：定植前施入氮磷钾三元复合肥（N∶P∶K 为 15∶15∶15）1481kg/hm²；用滴灌系统供水，每株一个滴头，定植生菜 13.3 万株/hm²。采用灌水下限法确定灌水时间，适宜灌水下限为 60%田间持水率，灌水上限为 90%田间持水率，由此确定灌水定额。
文献：裴芸，别之龙. 2008. 塑料大棚中不同灌水量下对生菜生长和生理特性的影响 [J].农业工程学报，24（9）：207-211.

综合现状温室膜下滴灌灌水施肥技术，很大程度上依赖于大量的田间试验确定灌水施肥方案。不同地域不同作物膜下滴灌的灌溉施肥制度差异较大，因而探讨研究提出温室经济灌水决策的理论化方法，有助于快速、精准、实时地确定温室膜下滴灌蔬菜灌水时间和灌水定额，具有重要理论意义和生产价值。

9.2　温室膜下滴灌蔬菜水模型构建

本书以温室膜下滴灌蔬菜根区土壤储水量为变量，采用根区土壤水平衡方程，以日为时段，进行温室膜下滴灌蔬菜土壤水分动态模拟；以美国 CERES 作物生长模型计算作物的累积干物质重，据此建立潜在的干物质生产量（PCARD，g/m²）与作物截获的光合有效辐射（IPAR，MJ/m²/d）之间的经验关系，考虑水分胁迫、温度胁迫，耦合土壤水分动态模拟模型和作物生长模型，并采用茎、叶和果实分配指数的方法，构建温室膜下滴灌蔬菜作物水模型。由此逐日模拟计算蔬菜果实产量。

9.2.1 温室膜下滴灌蔬菜根区土壤含水率动态模拟

1. 模型描述

由于温室设施的特殊性，温室内的小气候管理变得可以塑造，人们基本可以根据植物所需要的生长发育环境来进行调节。在植株体所需要的水、肥、气、热4大要素中，水分当属第一要素。植株体内的一系列生化反应正是通过水分作为媒介进行着新陈代谢，促进植株体的生长发育。土壤作为水分的载体，因此土壤含水率的动态变化成为温室环境监测的重要内容之一。土壤含水率通常采用水量平衡方程计算得出：

$$W_t - W_0 = W_T + P_0 + K + M - ET \tag{9.6}$$

式中，W_0、W_t 分别为时段初、时段末的单位面积计划湿润层内土体储水量，mm；W_T 为由于计划湿润层深度增加而在单位面积上增加的水量，mm；若计划湿润层无变化，则此项数值为 0；P_0 为时段内单位面积上入渗的有效降水量，mm；K 为时段内单位面积上地下水对计划湿润层的补给量，mm；M 为时段内单位面积上的灌水量，mm；ET 为时段内的作物需水量，mm/d；鉴于温室大棚内的可控环境以及山西地区的水文地质条件，可忽略地下水对湿润层的补给量 K 以及有效降水量 P_0，在本书中，蔬菜作物的计划湿润层深度 $H=60$cm，基本保持不变，因此 $W_T=0$。水量平衡方程改写为

$$W_t - W_0 = M - ET \tag{9.7}$$

式（9.7）中，储水量 W 的计算公式为

$$W = 10\gamma\theta H \tag{9.8}$$

因此，根据式（9.8）可将式（9.7）改写为

$$(\theta_t - \theta_0)10\gamma\theta H = M - ET \tag{9.9}$$

式中，θ_t 为 t 时刻的土壤含水率，本书中土壤含水率均为土壤重量含水率，g/g；θ_0 为土壤的初始含水率。

因此，t 时刻的含水率可用式（9.10）来计算：

$$\theta_t = \theta_0 + \frac{M - ET}{10\gamma H} \tag{9.10}$$

用式（9.10）计算出 t 时刻的土壤含水率 θ_t，本书中，取 $0 \sim 60$cm 土层处的平均含水率作为土壤实际含水率；当土壤含水率 θ_t 大于田间持水率 θ_f 时，超过田间持水率部分的水在重力作用下，很快移动到根系层以下，成为深层渗漏损失。因此，此时的土壤含水率为 θ_f，当土壤含水率 θ_t 小于田间持水率 θ_f 时，取 θ_t 值作为土壤含水率。式（9.10）中，作物实际蒸发蒸腾量 ET，用式（2.65）计算，其中土壤水分胁迫系数采用对数法计算[式（2.66）]。

本书中作物系数 K_c，采用式（9.11）计算：

$$K_c = a\text{LAI} + b \tag{9.11}$$

式中，LAI 作物叶面积指数，a，b 为待求参数。

2. 模型参数的确定

结合式（9.10）和式（2.66）以及式（9.11），通过作物系数 K_c 与作物需水量 ET 以及

土壤含水率 θ_t 建立联系，以日为时段，可模拟出温室内每天的土壤含水率，再以实测土壤含水率为依据，以两者的误差平方和最小为目标，如式（9.12）所示，寻求出式（9.11）中的 a，b 值，进而求出 K_c：

$$SS = \min \sum_{i=1}^{N} (\theta_t - \hat{\theta}_t)^2 \tag{9.12}$$

式中，SS 为残差平方和；θ_t 和 $\hat{\theta}_t$ 分别为温室内土壤含水率的实测值和模拟值，g/g；i 为土壤含水率测试点数；N 为测试次数总数。

采用山西试点（位于山西省文水县山西省中心灌溉试验站）和天津试点（位于天津市武清区北国之春农业现代化示范园）温室膜下滴灌试验资料（高国祥，2021；王浩，2019）对作物系数模型参数进行了率定和检验，见表 9.4，表中给出了温室种植的两种作物的作物系数的调试结果，此调试是在 Excel 软件上进行，利用规划求解的方法，当模拟含水率与实测含水率的残差平方和最小时，即认为调试出的待定参数 a、b 为最佳，此时求得的待定参数同时满足两个水分处理下的土壤含水率动态变化。

表 9.4 作物系数 K_c 的待定参数 a、b 的调试结果

参数名称	典型作物及其待定系数的初始值和优化值					
	黄瓜		茄子		西红柿	
	初始值	优化值	初始值	优化值	初始值	优化值
a	0.5	0.334	0.5	0.325	0.5	0.388
b	0.3	0.009	0.3	0.002	0.3	0.007
SS($\times 10^{-4}$)		5.6		6.4		3.6

采用表 9.4 给出的茄子、黄瓜和西红柿优化的作物系数参数进行土壤含水率动态模拟，其土壤含水率的模拟值和实测值变化趋势较为一致，且决定系数 R^2 均在 0.96 以上，表明由此方法优化寻求的作物系数参数较为准确。

为了检验优化得出的作物系数参数 a、b 值在不同试验下的适用性，采用上述土壤含水率的模拟计算方法，得出了第二轮试验中两种作物在 100%、50% 两种水分处理下的土壤水分动态变化。分析结果表明土壤含水率的模拟值和实测值在测试期间变化趋势一致。进一步表明，优化求得的作物系数参数有较好的适用性。

3. 作物需水规律的分析

（1）茄子需水规律分析

图 9.2 给出了茄子作物系数在测试期的变化过程，定植后 106d，作物系数达到最大，其值为 0.80，从结果期到盛果期直到拉秧，作物系数在 0.66～0.80 之间变化，这与王贺磊研究得到的该生育阶段茄子作物系数较为一致。

茄子作为一种对水分需求较多的作物，在生育期内的耗水量较大。由于测试期较晚，茄子已进入结果期。茄子在作物生长旺期，果实的膨大和成熟增加了对水分的需求，导致日耗水强度持续在较高的水平。100%灌水处理作物蒸发蒸腾量为 195.17mm，日平均耗水

强度为 3.00mm/d，50%灌水处理作物需水量为 140.97mm，日耗水量为 2.17mm/d。

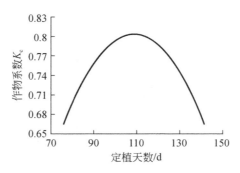

图 9.2　茄子作物系数随时间的变化过程

（2）黄瓜需水规律分析

图 9.3 给出了黄瓜作物系数在测试期内的变化过程,定植后 117d 时作物系数达到最大,其值为 0.78，而后逐渐下降。利用优化求解得出的黄瓜在两轮试验不同灌水处理蒸发蒸腾量 ET 随定植天数的变化过程，第一轮测试期内，黄瓜生育阶段旺盛期，两种灌水处理的平均耗水强度为 3.18mm/d、2.75mm/d；第二轮试验，黄瓜不同灌水处理表现出的日需水量与茄子全生育期内变化规律相似。两组试验，黄瓜 100%灌水处理蒸发蒸腾量均比 50%灌水处理高出 12%左右。

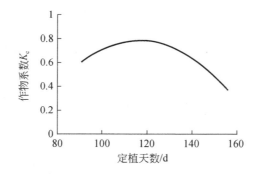

图 9.3　黄瓜作物系数随时间的变化过程

（3）西红柿需水规律分析

这里给出了第一轮试验 100%处理下的作物系数在测试期的变化过程（图 9.4），番茄的测试从定植日 20d 开始，作物系数随着定植天数的增加而逐渐增大，在定植后 92d 达到最大，其值为 1.09，对应的生长发育阶段为盛果期，而后逐渐下降，测试期内，作物系数变化于 0.02～1.09 之间。

利用该作物系数分析计算，给出了两轮试验中西红柿不同灌水处理蒸发蒸腾量 ET 随定植天数的变化过程。其中，第一轮试验测试期较长，100%灌水处理西红柿蒸发蒸腾量 ET 在 0.2～4.9 mm/d 之间变化；50%灌水处理有类似的变化特征。

西红柿在第一轮试验测试期，100%灌水处理作物需水量为 291.64mm，日耗水量为

2.57mm/d，50%灌水处理作物蒸发蒸腾量为 238.92mm，日耗水量为 2.11mm/d；西红柿在第二轮试验测试期内，100%灌水处理作物蒸发蒸腾量为 198.64mm，日耗水量为 3.07mm/d，50%灌水处理作物需水量为 238.92mm，日耗水量为 2.44mm/d。

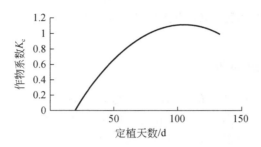

图 9.4　西红柿作物系数随时间的变化过程

9.2.2　作物生长过程的模拟

1. 作物干物质重的模拟

美国学者开发的作物生长模型，机理性与实用性并重，因此在模拟作物生长时使用较多。本书采用美国 CERES 作物生长模型来计算作物的累积干物质重，据此建立了潜在的干物质生产量（PCARD，$g \cdot m^{-2}$）与作物截获的光合有效辐射（IPAR，$MJ \cdot m^{-2} \cdot d^{-1}$）之间的经验关系，见式（9.13）：

$$PCARD = 7.5 \times IPAR^{0.6} \tag{9.13}$$

式中，IPAR 为到达作物冠层顶部的光合有效辐射（PAR，$MJ \cdot m^{-2} \cdot d^{-1}$）、作物的叶面积指数（LAI）和消光系数（$k=0.85$）的函数，见式（9.14）：

$$IPAR = (1 - e^{-k \cdot LAI}) PAR \tag{9.14}$$

在实际的生产作业中，作物的生长过程往往会受到温度胁迫和水分胁迫，在这两种环境因子综合影响下，作物的正常的生理机制受到抑制，尤其可减少光合作用生产的有机物数量，因此实际的干物质生产量（CARBO，t/hm^2）为

$$CARBO = PCARD \times PRFT \times SWDF \tag{9.15}$$

式中，PRFT 为温度胁迫系数，可用式（9.16）来计算；SWDF 为水分胁迫系数，可用式（9.17）来计算：

$$PRFT = \left[1 - 0.0025(T - T_P)^2 \right]^{\sigma_T} \tag{9.16}$$

$$SWDF = \left(\frac{ET}{ET_m} \right)^{\sigma_W} \tag{9.17}$$

式中，T_P 为作物生长的最佳温度，℃；T 为白天的平均温度，$T = 0.25T_{min} + 0.75T_{max}$，$T_{min}$ 和 T_{max} 分别为日最低气温和日最高气温，℃；σ_T 为温度胁迫指数；σ_W 为水分胁迫指数，为待求参数。

结合式（2.65），以日为时段计算时，式（9.17）可近似地改写为

$$\text{SWDF} = \left(\frac{\text{ET}}{\text{ET}_\text{m}} \right)^{\sigma_\text{w}} = \left(\frac{K_\theta \text{ET}_\text{m}}{\text{ET}_\text{m}} \right)^{\sigma_\text{w}} = K_\theta^{\sigma_\text{w}}$$

即　　　　　　　　　　　　　$\text{SWDF} = K_\theta^{\sigma_\text{w}}$　　　　　　　　　　　（9.18）

式中，K_θ 为土壤水分胁迫系数；ET 为作物实际蒸散量，mm/d；ET_m 为作物潜在蒸散量，mm/d。

2. 作物干物质分配的模拟

植株叶片通过光合作用制造有机物，再通过自身的生理机制将同化产物分配到植株各器官，由于植株各器官对同化产物生产和转运的促进能力不同，因此叶片生产的有机物并不是均匀地分配到植株各器官，而是有所差别。其中地下部分干重，即根重在总干物质重中占比很小，尤其是在温室环境下，其占比不足 4%（李永秀等，2006），因此该试验作物的地上部分干物质量（G，t·hm^{-2}·d^{-1}）可用式（9.19）进行计算：

$$G = \text{CARBO} \times \text{CVF} \tag{9.19}$$

式中，CVF 为干物质转化因子，利用参数反演法确定。

式（9.19）可计算出地上部分总干物质重 G，其中包括茎、叶、果实的累积干物质重，通过经验回归分析得出各器官的分配系数。结合分配系数，用地上部分总干物质重计算得出地上部分各器官的干物质重，见式（9.20）～式（9.22）：

$$\text{DML}_t = \text{DML}_{t-1} + G_t \times \text{CPL} \tag{9.20}$$

$$\text{DMST}_t = \text{DMST}_{t-1} + G_t \times \text{CPST} \tag{9.21}$$

$$\text{DMF}_t = \text{DMF}_{t-1} + G_t \times \text{CPF} \tag{9.22}$$

式中，DML_t、DMST_t、DMF_t 分别为第 t 天叶片、茎和果实的累积干物质重值，t/(hm^2·d)；DML_{t-1}、DMST_{t-1}、DMF_{t-1} 分别为第 $t-1$ 天叶片、茎和果实的累积干物质重值；G_t 为第 t 天产生的地上部分干物质量，t/(hm^2·d)；CPL、CPST、CPF 分别为植株地上部分干物质向叶片、茎以及果实转运的分配系数。

9.2.3　作物各器官干物质重计算

1. 作物各器官转化系数的确定

通过建立实际叶面积、叶干重与计算叶面积的关系，果实干重、鲜重与果实计算体积的关系，果实干重与果实鲜重的关系以及茎干重与茎计算体积的关系，发现这些关系均符合线性关系：

$$y = px + q \tag{9.23}$$

式中，p，q 为转化系数；y 为实际测定的植株体器官性状，如叶面积（cm^2）、叶干重（g）、茎干重（g）、果实鲜重（g）、果实干重（g）；x 为计算叶面积（cm^2）、或者是茎计算体积（cm^3）、果实计算体积（cm^3）。

表 9.5 给出了茄子各器官性状转化系数的率定结果，对应的决定系数 R^2 均在 0.90 以上，用 t 检验对回归直线的相关系数 R 进行相关显著性检验，样本数 $n=6$，$R_{0.01(4)}=0.917$，$R_{0.05(4)}=$

0.811；样本数 $n=9$，$R_{0.01(7)}=0.798$；由此得出，茄子各器官性状相关变量 y 与 x 直线关系均呈极显著相关。

表 9.5　茄子各器官性状转化系数率定结果

系数	叶面积	叶干重	茎干重	果实干重	果实鲜重
p	0.6626	0.0028	0.3203	0.0301	0.4102
q	52.562	0.0297	−2.6097	2.3078	19.791
n	9	9	6	6	6
R^2	0.9963**	0.9229**	0.9097**	0.9592**	0.9852**

注：**表示极显著相关。

表 9.6 给出了黄瓜各器官性状转化系数的率定结果。其对应的决定系数 R^2 均在 0.87 以上，并用 t 检验对回归直线的相关系数 R 进行相关显著性检验，样本数 $n=6$，$R_{0.01(4)}=0.917$，$R_{0.05(4)}=0.811$；和茄子类似，各器官变量均表现出线性相关特性，茄子各器官性状相关变量 y 与 x 直线关系均呈极显著相关。这种线性关系均能较为准确地确定各器官干重、鲜重及叶面积，进而描述作物各器官生长发育过程。

表 9.6　黄瓜各器官性状转化系数的率定结果

系数	叶面积	叶干重	茎干重	果实干重	果实鲜重
p	0.8928	0.0041	0.2016	0.0327	0.7924
q	−17.1110	−0.1941	−0.6019	1.5329	5.6442
n	6	6	6	6	6
R^2	0.9963**	0.9862**	0.8719**	0.9621**	0.9852**

注：**表示极显著相关。

表 9.7 给出了西红柿各器官性状转化系数的率定结果。两个因素对应的决定系数 R^2 均在 0.93 以上，并用 t 检验对回归直线的相关系数 R 进行相关显著性检验，样本数 $n=10$，$R_{0.01(8)}=0.765$；样本数 $n=9$，$R_{0.01(7)}=0.798$；$n=15$，$R_{0.01(13)}=0.641$，由此得出，西红柿各器官性状相关变量 y 与 x 直线关系均呈极显著相关。

表 9.7　西红柿各器官性状转化系数率定结果

系数	叶面积	叶干重	茎干重	果实干重	果实鲜重
p	0.2326	0.0016	0.1822	0.0535	0.6884
q	8.1715	0.1126	0.0102	0.6314	1.9699
n	9	9	15	10	10
R^2	0.9372**	0.9316**	0.9831**	0.9730**	0.9918**

注：**表示极显著相关。

2. 作物各器官干重随定植天数的变化规律

植株体通过光合作用制造的有机物不均匀地输送和转运到各器官，在外部环境保持相对稳定的情况下，由库源理论可知，作物取得较高产量的关键是增强果实器官对干物质的分配和转运的能力，使水分和养分的供应尽可能地转向植株体的生殖生长。因此，掌握温室作物干物质在生长期间的变化规律，可有效协调作物生长提高果实产量和经济效益。

图 9.5～图 9.7 给出了茄子、黄瓜和西红柿测试期间各器官干重随定植天数的变化过程，其中黄瓜的测试主要是在结果期。由图 9.5～图 9.7 可看出，3 种作物果实的累积干物质重均表现为随定植天数的增加而增加的趋势。结合 3 种作物的在测试期的需水规律，可以得出，从结果期开始，应注重水分和肥料的补给，提供充足的水肥以确保作物的生殖生长，稳产保收高效。茎和叶的累积干物质重的变化相对较小，其中叶的干物质在生长后期呈下降的趋势，这是种植修剪与衰老所致。

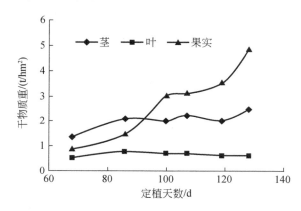

图 9.5　茄子测试期间各器官干重随时间的变化规律

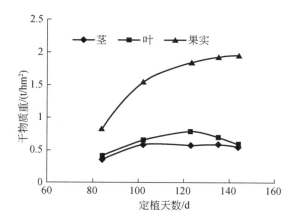

图 9.6　黄瓜测试期间各器官干重随时间的变化规律

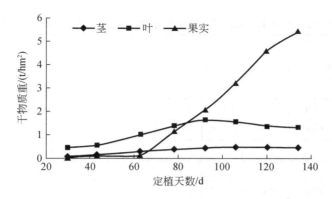

图 9.7　西红柿测试期间各器官干重随时间的变化规律

3. 作物产量对不同灌水处理的响应

分析西红柿、茄子和黄瓜在测试期间不同水分处理果实累积干物质重随定植天数的变化（王浩，2019），可知在作物定植早期，不同水分处理的作物产量差别不明显，到了结果盛期，由于水分的亏缺，两个水分处理的作物产量开始出现明显差异，其中 100%水分处理的作物产量与 50%水分处理的作物产量相比，西红柿高出 11.4%，茄子高出 28.5%，黄瓜高出 29.8%。对比作物需水量变化规律可得出，生长初期，由于作物需水量较小，在水分亏缺条件下，对作物产量影响较小。

4. 作物器官干物质重分配系数的确定

利用测试的作物地上部器官干物质重资料，采用回归分析的方法对作物各器官干物质分配系数随定植天数的变化进行了回归分析，分析结果见表 9.8（茄子）、表 9.9（黄瓜）和表 9.10（西红柿）。其中，西红柿和茄子在不同水分处理各器官干物质重分配系数随定植天数均呈线性变化，可用 $y = ex + f$ 描述，其中黄瓜在第一轮试验中，不同水分处理茎、叶、果实干物质分配系数随定植天数呈线性变化，在第二轮试验中，不同水分处理，黄瓜果实干物质分配系数随定植天数呈二次曲线变化，用 $y = ex^2 + fx + g$ 描述，其余器官的干物质分配系数呈线性变化。

表 9.8　茄子不同水分处理器官干物质重分配系数回归分析结果及统计检验

系数	第一轮						第二轮					
	100%灌水处理			50%灌水处理			100%灌水处理			50%灌水处理		
	茎	叶	果	茎	叶	果	茎	叶	果	茎	叶	果
e	−0.0034	−0.0020	0.0054	−0.0014	−0.0011	0.0025	−0.0017	−0.0017	0.0059	−0.0056	−0.0023	0.0078
f	0.7325	0.3311	0.0636	0.4622	0.2329	0.3049	0.5274	0.3194	−0.0430	0.9424	0.3767	−0.3190
n	6	6	6	6	6	6	5	5	5	5	5	5
R^2	0.8674*	0.9474**	0.9040**	0.7322*	0.7288*	0.7708*	0.50759	0.60793	0.8920*	0.9389**	0.8295*	0.9190*

注：*表示显著相关；**表示极显著相关。

表 9.9 黄瓜不同水分处理器官干物质重分配系数回归分析结果及统计检验

系数	第一轮						第二轮					
	100%灌水处理			50%灌水处理			100%灌水处理			50%灌水处理		
	茎	叶	果	茎	叶	果	茎	叶	果	茎	叶	果
e	−0.0006	−0.0008	0.0014	−0.0008	−0.0009	0.0018	0.0013	−0.0014	−0.0001	−0.0009	−0.0017	−0.0001
f	0.2502	0.2896	0.4602	0.2955	0.3349	0.3696	0.0868	0.3741	0.0161	0.0904	0.4197	0.0174
g									−0.0461			−0.1162
n	6	6	6	5	5	5	7	7		7	7	
R^2	0.6338	0.7948	0.8766**	0.9307**	0.7242	0.9355**	0.8250**	0.7129*	0.7693	0.8058**	0.8337**	0.8656

注：*表示显著相关；**表示极显著相关。

表 9.10 西红柿不同水分处理器官干物质重分配系数回归分析结果及统计检验

系数	第一组						第二组					
	100%灌水处理			50%灌水处理			100%灌水处理			50%灌水处理		
	茎	叶	果	茎	叶	果	茎	叶	果	茎	叶	果
e	−0.0008	−0.007	0.0078	−0.0011	−0.0064	0.0075	−0.0031	−0.0100	0.0117	−0.0023	−0.0097	−0.0115
f	0.1875	1.0673	−0.2549	0.1993	0.9838	−0.1831	0.5095	1.5351	0.8699	0.4156	1.5281	0.8878
n	7	7	7	8	8	8	5	5	5	5	5	5
R^2	0.4287	0.9660**	0.965**	0.8909**	0.9515**	0.9052**	0.9797**	0.9879**	0.9893**	0.957**	0.9941**	0.9970***

注：**表示极显著相关；***表示高度显著相关。

9.2.4 作物生长模型参数率定及检验

作物生长模型参数率定是作物生长过程模拟的关键，用累积干物质重来描述作物各器官生长变化过程，通过实测作物各器官性状的变化，并利用率定的作物各器官性状之间的转化系数，可较为准确地确定作物各器官实际的生长变化过程，得到地上部干物质重的实测值。然后再通过作物生长模型得到地上部干物质重模拟值，采用最小二乘法进行参数率定，即以两者的残差平方和最小为目标，可率定出温室蔬菜膜下滴灌生长模型中所涉及的温度胁迫指数 σ_T、水分胁迫指数 σ_W 和干物质转化因子 CVF 3 个参数。为了检验模型参数的合理性，采用常用的标准误差（RMSE）和相对误差（RE）对作物地上部累积干重的模拟值与实测值之间的可信度进行分析，见式（9.24）和式（9.25）。

$$\text{RMSE} = \sqrt{\left(\sum_{i=1}^{n} \left(\text{OBS}_i - \text{SM}_i \right)^2 \right) / n} \tag{9.24}$$

$$\text{RE} = \frac{\overline{\text{SM}} - \overline{\text{OBS}}}{\overline{\text{OBS}}} \times 100\% \tag{9.25}$$

式中，OBS_i 为第 i 次作物地上部累积干重实测值；SM_i 为第 i 次作物地上部累积干重模拟值；$\overline{\text{OBS}}$ 为作物地上部累积干重实测值的平均值；$\overline{\text{SM}}$ 为作物地上部累积干重模拟值的平均值；n 为样本容量。标准误差和相对误差越小，表明模拟值与实测值的一致性越好，模型精度越高。

用 t 检验对回归直线的相关系数 R 进行相关显著性检验，优化率定的参数结果及统计检验分析见表 9.11、表 9.12。

表 9.11 三种作物生长模型的优化率定参数

项目	西红柿		茄子		黄瓜	
	初始值	优化值	初始值	优化值	初始值	优化值
温度胁迫指数 σ_T	1.0	0.81	1.0	1.0	1.0	1.0
水分胁迫指数 σ_W	1.0	0.81	1.0	1.4	1.0	2.0
干物质转化因子 CVF	0.60	0.3145	0.60	0.3018	0.60	0.2068

表 9.12 三种作物两个水分处理（100%和50%）的生长模型参数统计检验

项目	西红柿		茄子		黄瓜	
	100%	50%	100%	50%	100%	50%
标准误差 RMSE	0.721	0.563	0.496	0.380	0.205	0.210
相对误差 RE/%	12.74	11.37	1.84	4.06	2.03	2.02
$R^2_{地上}$	0.8975**	0.9025**	0.8696*	0.8851**	0.8217*	0.8510**
$R^2_{果实}$	0.9853**	0.9848**	0.8805*	0.8841**	0.8606**	0.8849**

注：*表示显著相关，**表示极显著相关；$R^2_{地上}$ 为地上部干重模拟值与实测值的决定系数，$R^2_{果实}$ 为果实干重模拟值与实测值的决定系数。

由表 9.11 和表 9.12 可见，两种水分处理各作物地上部干物质重的模拟值与实测值以及果实干重的模拟值与实测值，拟合程度较高，各决定系数 R^2 均在 0.82 以上。经过对各作物生物性状的实测值和模拟值之间的符合度进行统计分析和对相关系数 R 的 t 检验发现，西红柿两个水分处理下的模拟值与实测值的相对误差（RE）较大，但其标准误差（RMSE）较小，且地上部干物质重和果实干物质重的模拟值和实测值的相关系数呈极显著。其余两个作物的标准误差（RMSE）、相对误差（RE）均较小，决定系数 R^2 也均呈极显著。表明各生物性状的模拟值与实测值的一致性越好，本书建立的生长模型以及率定出的参数能较为准确地模拟出水分胁迫和温度胁迫对温室膜下滴灌作物生长过程的影响。

9.2.5 作物生长模型参数的适用性分析

前述已经对两种作物在温室膜下滴灌环境生长下的 3 种作物生长模型参数进行率定，结果较为满意，3 种作物地上部分干重以及果实干重的模拟值和实测值较为吻合，拟合精度较高。为进一步探究该生长模型参数的适用性，将第二轮的试验数据代入到模型中，相关模型参数不变，同样以地上部干物质重的模拟值与实测值的残差平方和最小为目标，将得出的相关生物性状的模拟值与实测值进行统计分析，结果见表 9.13。两种水分处理下的两种作物的地上部干物质重的模拟值与实测值、果实干物质重的模拟值与实测值符合度均很高，模拟值与实测值的决定系数 R^2 均在 0.91 以上，其标准误差（RMSE）在 0.33 以内，相对误差（RE）在 8%以内，变量之间的决定系数 R^2 也均呈显著或极显著。由此表明第一轮试验率定出的干物质转化因子、温度胁迫指数和水分胁迫指数等生长模型参数在第二轮试验有较好的适用性。

表 9.13　三种作物两个水分处理生长模型参数的适用性分析

项目	西红柿		茄子		黄瓜	
	100%	50%	100%	50%	100%	50%
标准误差 RMSE	0.232	0.323	0.202	0.112	0.324	0.303
相对误差 RE	3.46%	6.83%	1.55%	0.72%	7.56%	2.50%
$R^2_{地上}$	0.974*	0.982**	0.996**	0.981**	0.942**	0.916**
$R^2_{果实}$	0.975*	0.995**	0.999**	0.960**	0.947**	0.982**

注：*表示显著相关，**表示极显著相关；$R^2_{地上}$ 为地上部干重模拟值与实测值的决定系数，$R^2_{果实}$ 为果实干重模拟值与实测值的决定系数。

9.3　温室膜下滴灌作物经济灌溉制度优化与灌水下限确定

9.3.1　经济灌溉制度优化

经济灌溉制度是通过优化的方法确定的。优化的目标为单位面积纯收益最大，决策变量是以定植日算起的灌水时间，以日为时段，为离散变量。在优化灌溉制度时，每次给定的灌水定额固定为 20mm，约束条件为有限的供水量。纯收益计算只考虑扣除水费投资，水费中考虑了主要的施肥数量，因而水费单价显得较高：

$$B = \max(P_c \cdot y - 10 \cdot P_w \cdot M / \eta) \tag{9.26}$$

式中，B 为纯收益，万元/hm²；y 为作物鲜重产量，t/hm²；M 为灌溉定额，mm；η 为灌溉水利用系数，本书中取 $\eta=0.9$；P_c 为作物单价，元/t；10 为单位换算系数；P_w 为水价，元/m³。本书中西红柿产品单价为 4600 元/t，茄子产品单价为 2400 元/t，黄瓜产品单价为 3300 元/t，水价取 1.5 元/m³。

在确定经济灌溉制度的过程中，设定了几组不同灌水次数及不同灌水时间，逐日计算蒸发蒸腾量 [式（2.66）]，逐日计算作物生长模型中干物质重 [式（9.20）～式（9.22）]，通过转化系数得到作物的鲜重产量，再利用式（9.26）可计算出在不同灌水次数下的效益，并从中选出效益最大的灌水次数即为经济灌水次数，对应的灌水时间和灌溉定额综合称为经济灌溉制度。

其中第一轮试验中，西红柿灌水 13 次、260mm 灌水条件下的灌溉制度取得了最佳效益，为 29.55 万元/hm²，其中产量为 65.18t/hm²，耗水量（蒸发蒸腾量 ET）为 293.0mm；茄子在 7 次、140mm 灌水条件下的灌溉制度取得了最佳效益，为 15.3 万元/hm²，其中产量为 64.72t/hm²，耗水量（蒸发蒸腾量 ET）为 162.1mm，日平均耗水量（蒸发蒸腾量 ET）为

1.37mm/d；黄瓜在 8 次、160mm 灌水条件下的灌溉制度取得了最佳效益，为 19.19 万元/hm²，其中产量为 57.95t/hm²，耗水量（蒸发蒸腾量 ET）205.7mm，日平均耗水量（蒸发蒸腾量 ET）为 1.52mm/d。第一轮试验三种作物具体的优化灌水时间及灌水前的土壤含水率见表 9.14。

表 9.14　第一轮试验三种作物经济灌溉制度中灌水前的土壤含水率

灌水序号	西红柿		茄子		黄瓜	
	灌水时间/d	灌水前含水率 /(g/g)	灌水时间 /d	灌水前含水率 /(g/g)	灌水时间 /d	灌水前含水率 /(g/g)
1	29	0.232	78	0.227	96	0.233
2	41	0.236	85	0.228	103	0.233
3	49	0.237	95	0.228	111	0.232
4	56	0.237	101	0.226	116	0.234
5	64	0.234	105	0.229	120	0.237
6	72	0.233	110	0.229	125	0.234
7	77	0.234	118	0.227	130	0.233
8	82	0.230	125	0.226	137	0.235
9	89	0.232	—	—	144	0.233
10	94	0.231	—	—		
11	100	0.233	—	—		
12	108	0.231	—	—		
13	114	0.233	—	—		
平均值	—	0.233	—	0.228	—	0.234
离均系数/%	—	2.13	—	1.09	—	1.25
相对含水率/%	—	80.37	—	78.48	—	80.53

在第二轮试验中，西红柿在灌水 5 次、100mm 灌水条件下的灌溉制度取得了最佳效益，为 19.21 万元/hm²，其中产量为 42.13t/hm²，耗水量（蒸发蒸腾量 ET）为 161.8mm；茄子在 7 次、140mm 灌水条件下的灌溉制度取得了最佳效益，为 17.29 万元/hm²，其中产量为 73.03t/hm²，耗水量（蒸发蒸腾量 ET）为 161.55mm，日平均耗水量（蒸发蒸腾量 ET）为 1.36mm/d；黄瓜在 10 次、200mm 灌水条件下的灌溉制度取得了最佳效益，为 17.27 万元/hm²，其中产量为 50.31t/hm²，耗水量（蒸发蒸腾量 ET）为 227.2mm，日平均耗水量（蒸发蒸腾量 ET）为 2.46mm/d。三种作物具体的优化灌水时间及灌水前的土壤含水率见表 9.15。

表 9.15　第二轮试验三种作物经济灌溉制度中灌水前的土壤含水率

灌水序号	西红柿		茄子		黄瓜	
	灌水时间 /d	灌水前含水率 /(g/g)	灌水时间 /d	灌水前含水率 /(g/g)	灌水时间 /d	灌水前含水率 /(g/g)
1	101	0.2333	79	0.2291	24	0.2251
2	106	0.2348	87	0.2302	33	0.2343

续表

灌水序号	西红柿		茄子		黄瓜	
	灌水时间/d	灌水前含水率/(g/g)	灌水时间/d	灌水前含水率/(g/g)	灌水时间/d	灌水前含水率/(g/g)
3	114	0.2349	96	0.2324	43	0.2324
4	120	0.2360	102	0.2301	55	0.2337
5	126	0.2336	106	0.2321	62	0.2323
6	—	—	111	0.2312	67	0.2357
7	—	—	118	0.2304	74	0.2346
8	—	—	—	—	79	0.2362
9	—	—	—	—	86	0.2340
10	—	—	—	—	92	0.2360
平均值	—	0.2345	—	0.2308	—	0.2334
离均系数/‰	—	0.96	—	1.08	—	3.06
相对含水率/%	—	80.86	—	79.58	—	80.49

9.3.2　经济灌水下限的确定及其增产增收效果分析

表9.14和表9.15给出了三种作物在两轮试验中的经济灌溉制度每次灌水前土壤含水率及相应的灌水时间，并将该年度测试期内的实际土壤含水率随定植天数的变化绘制成曲线，如图9.8和图9.9所示。经济灌溉制度中每次灌水前土壤含水率（0~60cm）随时间的变化幅度相对试验期内实测的土壤含水率小，因而可认为作物的经济灌水下限值为一个常数，其值为各次灌水前土壤含水率的平均值。第一轮试验中，西红柿的经济灌水下限值为0.233，占田间持水率的百分数为80.37%；茄子的经济灌水下限值为0.228，占田间持水率的百分数为78.48%；黄瓜的经济灌水下限值为0.234，占田间持水率的百分数为80.53%。

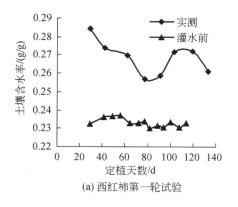

(a) 西红柿第一轮试验

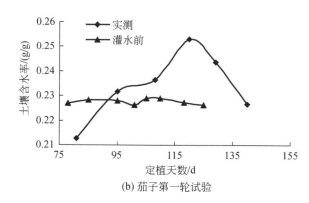

(b) 茄子第一轮试验

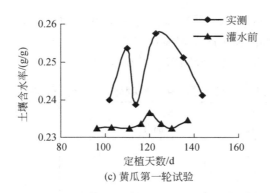

(c) 黄瓜第一轮试验

图 9.8　第一轮试验作物灌水前土壤含水率与实测土壤含水率变化过程

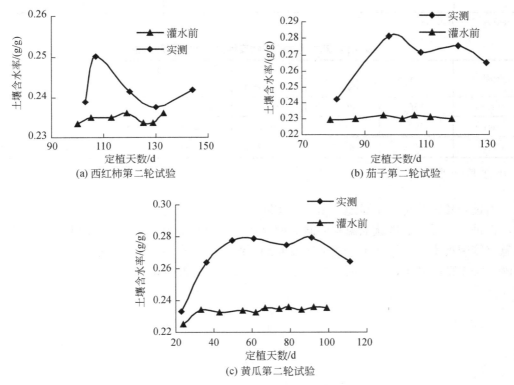

(a) 西红柿第二轮试验　　　　　　　　(b) 茄子第二轮试验

(c) 黄瓜第二轮试验

图 9.9　第二轮试验作物灌水前土壤含水率与实测土壤含水率变化过程

第二轮试验中，西红柿的经济灌水下限值为 0.2345，占田间持水率的百分数为 80.86%；茄子的经济灌水下限值为 0.2308，占田间持水率的百分数为 79.58%；黄瓜的经济灌水下限值为 0.2334，占田间持水率的百分数为 80.49%。由此可得，两种作物在两组试验中，虽有不同的测试期，但所求得的经济灌水下限基本一致，可参考程度高。

经济灌溉制度下的各作物产量、效益及灌水量与实际灌水相比（表 9.16 和表 9.17），在第一轮试验中，西红柿灌水量减少 16.93%，产量增加 2.71%，纯收益增加 3.07%；茄子产量和纯收益增加均不明显，但节水效果显著，达 27.32%；黄瓜灌水量减少 21.05%，产量和纯收益分别增加了 20%以上。在第二轮试验中，西红柿灌水量减少 25.93%，产量增加 3.97%，纯收益增加 4.34%；茄子产量和纯收益增加也不明显，节水同样达 27.32%；黄瓜灌水量减少 23.08%，产量和纯收益分别增加了 6%以上。

表 9.16　第一轮试验作物实际灌水的产量和效益

作物	灌水/mm	产量/(t/hm²)	效益/(万元/hm²)	ET/mm	灌水时间(定植期算起的天数)/d
西红柿	313	63.45	28.66	291	21/29/42/53/59/66/77/84/92/98/104/113/120/127
茄子	190	64.13	15.07	195	81/89/96/103/110/117/124/131
黄瓜	200	48.71	15.74	204	25/32/39/46/53/58/64/70/78/84/90/96/104

注：产量为鲜重。

表 9.17　第二轮试验作物实际灌水的产量和效益

作物	灌水/mm	产量/(t/hm²)	效益/(万元/hm²)	ET/mm	灌水时间(定植期算起的天数)/d
西红柿	135	40.52	18.41	139.97	106/119/130/136/136/143/154
茄子	190	71.98	16.96	192.63	82/89/96/103/110/117/124/131
黄瓜	260	47.12	15.12	226.90	98/103/110/117/123/133/144/152

注：产量为鲜重。

通过两轮试验可以明显地看出，与实际灌水相比，经济灌溉制度有明显的节水增收效果，也进一步说明了现状的温室灌溉制度存在很大的水资源节约潜力。因此，在将来的设施温室管理技术中，结合土壤墒情实时监测系统，准确掌握土壤实时墒情，参照经济灌水下限，实现精准灌水，将节水与高效益的设施农业发展推向新的台阶。

第 10 章　玉米膜下滴灌灌溉制度研究

膜下滴灌是在膜下铺设滴灌带，用于节水保墒，是工程节水滴灌技术和农艺节水覆膜技术相结合的产物。膜下滴灌技术通过管道系统提供水源，并利用加压设备将水经过过滤器，再通过施肥控制装置和水溶性肥料充分融合，形成水肥溶液，然后进入输水干管、支管、毛管（铺设在地膜下的滴灌带），最后通过毛管上的滴头均匀、定时定量地浸润作物根系区，供作物吸收利用，以此达到促进作物生长并提高作物产量和改善品质的目的。

膜下滴灌是一种能够控制的局部灌溉，每个滴头的浸润半径为 40～50cm，仅湿润作物根系发育区，用水集中，大大减少了棵间蒸发，将水分直接作用于作物，明显提高了水分利用效率。膜下滴灌较常规灌溉节水率可达到 25%～65%。利用膜下滴灌技术将可溶性肥料通过施肥罐随水直接进入作物根系发育区，不仅防止了肥料的降解损失和深层渗漏，可显著提高肥料的利用效率，而且同常规施肥方式比，在相同产量的条件下，可节约肥料 30% 左右。另外，实现了水肥一体化，节约了单独施肥形成的开支，与管道灌溉相比，亩均节约电费 21.5 元以上；膜下滴灌技术因行间无灌溉水分，杂草较少，能减少锄草投工。还能够减轻土壤板结，减少中耕松土次数，由此减少劳动用工，减轻劳动强度。每年平均每亩减少劳动用工费 20 元并且显著提高了劳动生产率。

滴灌系统较其他灌溉系统更易于实现自动化控制，有利于提高设备利用率，降低基础建设投资。由于地膜的覆盖作用，可降低田间湿度，减轻病虫害，进而减少了农药开支。膜下滴灌技术能够改善作物生长的微气候环境，为作物生长提供良好的条件，能自主调控水、肥的时间和量，可有效控制作物生长。不仅大大提高了出苗率，也提高了作物的生长质量。与地面灌溉相比，膜下滴灌能使粮食作物增产 20%～30%，水果增产 50%～100%，蔬菜增产 1～2 倍。滴灌干管、支管埋入地下，不占用耕地，也没有垄行和垄沟的限制，土地利用率提高了 6% 左右。

膜下滴灌技术的出现，引起了节水农业深刻的变革，但膜下滴灌技术在大力推广应用的同时，也存在很多缺点：①滴灌系统需要管材较多，尤其对于质量要求较高的滴灌带和管道，一次性建设膜下滴灌系统投资大，农民难以承受。②滴灌系统滴头直径一般不足 1mm，加之水源中存在微细沙粒和杂质，会引起滴头堵塞。③在含盐量高的土壤上滴灌或使用咸水滴灌时，盐分会积累在湿润区的边缘，引起盐害。因此，在没有冲洗条件的区域或秋季降雨量小的地方，不要在高含盐量的土壤上滴灌或使用咸水滴灌。另外，随着滴灌年限的不断增加，土壤中盐分将出现增加的趋势，这需要科学合理的灌溉方式使得土壤中盐分达到平衡。④随着膜下滴灌应用面积逐年增大，加之现有聚乙烯制作的地膜不容易降解，播种时不能将地膜完全清理干净，导致破碎残膜留在土壤中，不仅影响了土壤结构，不利于土壤呼吸，也会影响作物的产量。

山西省玉米种植面积大，单位面积灌溉需水量尽管小于小麦，但是总量较大，且灌溉用水期非常集中，一旦受旱，减产损失严重。为此，采用膜下滴灌可以减小一次灌水单位面积上的用水量（灌水定额），从而可以使有限供水量灌溉更大的面积；而且玉米生长处于雨季，采用较小的灌水定额还可以减小灌水后降雨造成的深层渗漏损失，以及随深层渗漏造成的土壤氮素等养分的淋失。另外，随着滴灌技术和膜下滴灌技术的发展，滴灌带等设备成本显著降低，玉米铺膜和滴灌带的铺设完全实现了一体化机械化作业，显著降低了农业生产投资和农业管理人员的劳动强度。因而，探讨玉米膜下滴灌合理的灌溉施肥制度及其确定方法，探讨玉米膜下滴灌合理匹配的种植密度与品种，以及精量化、自动化灌溉施肥关键设备研发，有助于玉米膜下滴灌技术在山西省的推广应用。

井水水质较好，更适合于使用膜下滴灌技术，加之水资源紧缺导致地下水普遍超采，推广使用玉米膜下滴灌技术显得更为迫切。山西省全省共有机电井灌溉面积 722.98khm^2，占全省农业灌溉面积的 47.6%；灌溉用机电井 94729 眼，农业灌溉用地下水量 155999 万 m^3，占农业灌溉总用量的 37.3%，占地下水总开采量的 50.8%；农业灌溉用地下水中，纯井灌区用水 90580 万 m^3，占比 57.1%，自流灌区中的井灌用地下水 37204 万 m^3，占比 23.8%，机电灌站中的井灌用地下水 28216 万 m^3 占比 17.1%。分区情况见表 10.1。由此可见，井灌区以及河井双灌区的灌溉面积和灌溉供水量占比较大，在山西省的农业生产中作用巨大，玉米膜下滴灌技术在山西省具有非常广泛的应用前景。

表 10.1　山西省机井灌溉基本情况（2018 年）

地名	机电井面积/khm^2	灌溉机电井/眼数	地下水开采量/万 m^3	农业灌溉用水量/万 m^3			
				合计	纯井灌区	自流灌区中的井灌	机电灌站中的井灌
山西省	722.98	94729	307239	155999	90581	37204	28216
太原市	16.89	2719	25224	6811	2825	2871	1118
大同市	90.34	9018	31166	17430	14267	2602	562
阳泉市	2.72	134	5207	1095	920	28	147
长治市	47.99	9395	23478	5677	5206	287	183
晋城市	12.89	571	19267	3980	2863		1117
朔州市	101.84	8526	22700	12961	9654	3208	102
晋中市	93.89	10451	37368	21938	11904	7902	2130
运城市	162.47	26054	66184	44190	23651	1842	18697
忻州市	87.00	8113	28480	17137	8143	8324	669
临汾市	59.00	13616	26932	15860	8040	5658	2160
吕梁市	47.95	6132	21233	8920	3108	4482	1331

10.1　大田作物膜下滴灌灌水施肥

10.1.1　大田作物膜下滴灌灌水制度的设计

灌溉施肥制度是指灌水时间和每次灌水的数量（称为灌水定额）、施肥时间和施肥数量，包括作物全生育期的灌水次数和施肥次数，灌溉定额和施肥总量。微灌工程设计规范给出了最大净灌水定额［式（10.1）］和设计灌水周期［式（10.2）］的计算方法，这里灌水周期可以作为灌水间隔时间。但是，式（10.1）和式（10.2）确定灌水定额和灌水时间是用于确定微灌工程能力，按照此方法确定全生育期灌水次数和灌溉定额实施灌水会造成过量灌溉。因此，必须考虑作物实际需水量和降水量，利用水量平衡方程［式（10.7）］确定灌水时间间隔，由此确定的灌溉制度仍属于充分供水灌溉制度。

最大净灌水定额的计算：

$$m_{\max} = \gamma z p \left(\theta_{\max} - \theta_{\min} \right) \tag{10.1}$$

式中，$m_{\max}$ 为最大净灌水定额，mm；γ 为土壤容重，g/cm³；z 为土壤计划湿润层深度，mm；p 为设计土壤湿润比；$\theta_{\max}$ 为适宜土壤含水率上限（占干土重量的百分比），取田间持水量的 80%～100%；$\theta_{\min}$ 为适宜土壤含水率下限（占干土重量的百分比），取田间持水量的 60%～80%，对于粮食类作物取较小值，蔬菜类作物取较大值。

设计灌水周期的计算：

$$T \leqslant T_{\max} \tag{10.2a}$$

$$T_{\max} = \frac{m_{\max}}{I_{\mathrm{b}}} \tag{10.2b}$$

式中，T 为设计灌水周期，d；$T_{\max}$ 为最大灌水周期，d；I_{b} 为设计耗水强度，mm。

一次灌水延续时间的计算：

$$t = \frac{m' S_{\mathrm{e}} S_{\mathrm{l}}}{q_{\mathrm{d}}} \tag{10.3}$$

对于 n_{s} 个灌水器绕植物布置时：

$$t = \frac{m' S_{\mathrm{r}} S_{\mathrm{t}}}{n_{\mathrm{s}} q_{\mathrm{d}}} \tag{10.4}$$

式中，t 为一次灌水延续时间，h；m' 为设计毛灌水定额，mm；S_{e} 为灌水器间距，m；S_{l} 为毛管间距，m；S_{r} 为植物的行距，m；S_{t} 为植物的株距，m；n_{s} 为每株植物的灌水器个数。

设计灌水定额的计算：

$$m_{\mathrm{d}} = T \cdot I_{\mathrm{b}} \tag{10.5}$$

$$m' = \frac{m_{\mathrm{d}}}{\eta} \tag{10.6}$$

式中，m_{d} 为设计净灌水定额，mm；m' 为设计毛灌水定额，mm；η 为灌溉水利用系数，滴灌不应低于 0.9，微喷灌、涌泉灌不应低于 0.85。

10.1.2　大田作物膜下滴灌灌水制度的实施

对于微灌工程区作物，可以写出时段 $[0, t]$ 内根区水量平衡方程如式（10.7）：

$$W_t = W_0 + P_t + m_{max} - ET_t + K_t - S_t \qquad (10.7)$$

式中，W_t 为时段末根区土壤储水量，mm；W_0 为时段初根区土壤储水量，mm，这里根区深度为作物生长期最大根深，全生育期不变；P_t 为时段内降水量，mm；ET_t 为时段内作物蒸发蒸腾量，$ET_t = t \cdot I_t$，这里 t 为时段长度，d；I_t 为时段内平均蒸发蒸腾强度，mm/d；K_t 为时段内深层土壤水对根区土壤的补给量，当地下水埋深较大时，可取 $K_t = 0$；S_t 为深层渗漏量，由于微灌灌水定额较小，灌溉期内深层渗漏量较小，可忽略不计。当灌水后，使得 $W_t = W_0$，可得到相邻两次灌水的时间间隔，对于第一次灌水，时段初为播种日。

$$t = \frac{P_t + m_{max}}{I_t} \qquad (10.8)$$

这样，从播种日开始，可按照式（10.1）～式（10.8）确定每次灌水时间。式（10.8）中的 I_t 可利用作物系数法［式（2.57）］计算，其中的降水量 P_t 可采用典型年法确定，其灌溉设计保证率以灌溉供水水源情况确定，以地下水为水源的微灌工程，可取 90%，其他情况下可取 85%。相应的施肥时间可根据作物养分需求规律和土壤养分供给特性分析确定，如测土配方施肥。表 10.2 中列出了部分结果。

实际情况下，式（10.8）中的降水量和时段平均蒸发蒸腾强度 I_t 是随时间变化的，所以年际之间实际灌水时间也是变化的，需要根据天气预报，采用合适的方法对时段降水量和时段蒸发蒸腾强度监测，据此进行预测，也即进行灌溉预报。

纵观现有研究成果，如表 10.2 所示，大田作物灌水施肥制度主要以田间试验的方法确定，尚需要利用作物水肥模型对灌溉施肥制度进行理论研究。

表 10.2　大田作物膜下滴灌灌水技术

玉米，内蒙古自治区河套灌区

　　种植模式：玉米品种为内单 314，采用 1 膜 1 管（滴灌带）2 行种植方式，滴灌带铺设间距 120cm，地膜宽 70cm，玉米宽窄行种植，宽行 70cm，窄行 50cm，株距 22cm，密度 75000 株/hm²。

　　灌水施肥：采用内镶贴片式滴灌带，管内径 16mm，流量 1.60L/h，滴头间距 30cm。播种时统一施入底肥磷酸二铵 600kg/hm²，后期随滴灌追施尿素 600kg/hm²，钾肥（硝酸钾）90kg/hm²。5 月 1 日播种后统一灌出苗水 30mm，之后采用张力计（埋设在膜内滴头下 20cm 处）控制灌溉，灌水下限为-20kPa 基质势；灌水定额为 30mm。实际灌水情况，5～9 月灌水次数分别为 2 次、3 次、7 次、3 次、0 次，实际灌溉定额为 444.7mm。

　　文献：孙贯芳，屈忠义，杜斌，等. 2017. 不同灌溉制度下河套灌区玉米膜下滴灌水热盐运移规律 [J]. 农业工程学报，33（12）：144-152.

玉米，新疆维吾尔自治区阿勒泰市浑沃尔海试验站

　　种植模式：玉米为先玉 1331 号，5 月 13 日播种，10 月 3 日收获，采用 1 膜 1 管 2 行种植，株距 20cm，行距为 40cm-60cm-40cm，滴灌带布设在膜中间。滴头流量为 3.6L/h，滴头间距 0.3m。

　　灌水施肥：全生育期采用滴施方式施加尿素 4 次：225kg/hm²（7 月 5 日）；225kg/hm²（7 月 12 日）；225kg/hm²（7 月 19 日）；225kg/hm²（8 月 9 日）。全生育期灌水 11 次，苗期（5 月 24～28 日）1 次，灌水定额 300mm；拔节期（5 月 29 日～6 月 14 日）1 次，灌水定额 375mm；喇叭口期（6 月 15 日～7 月 15 日）2 次，抽雄散粉期（7 月 16 日～8 月 6 日）3 次，乳熟期（8 月 7～26 日）3 次，完熟期（8 月 27 日～9 月 25 日）1 次，灌水定额均为 525mm。产量为 14134kg/hm²，蒸散量为 416mm。

　　文献：胡建强，赵经华，马英杰，等. 2018. 不同灌水定额对膜下滴灌玉米的生长、产量及水分利用效率的影响 [J]. 水资源与水工程学报，29（5）：249-254.

续表

玉米，北京市大兴区

种植模式：试验在北京市大兴区国家节水灌溉北京工程技术研究中心试验基地进行，前茬是冬小麦，播前灌水 66.7mm，玉米品种为怀研 10 号，2007 年 6 月 21 日播种，行距 60cm，株距 30cm。

灌水施肥：每行玉米布置 1 条滴灌带，单个滴头流量为 1.1L/h，滴头间距为 30cm。6 月 27 日进入苗期，7 月 16 日定苗，7 月 28 日每个小区均匀追肥。按照灌水下限控制灌水，其中苗期和拔节灌水下限为 60（占田间持水率的百分比，深度 0～100cm），灌浆期和成熟期灌水下限分别为 75 和 65。全生育期灌水 217.5mm，产量 5575kg/hm²。

文献：隋娟，龚时宏，王建东，等.2008.滴灌灌水频率对土壤水热分布和夏玉米产量的影响 [J].水土保持学报，22（4）：148-152.

玉米，黑龙江省西部

种植模式：采用 1 膜 1 管 2 行的栽培方式，设置膜宽 90cm。供试玉米品种为京科 968，2017 年 4 月 27 日播种，9 月 25 日收获，全生育期 150d。采用玉米穴播机播种，株距 20cm，行距 60cm。

灌水施肥：滴灌带为单翼迷宫式，滴头流量为 2L/h，工作水头为 0.2MPa。氮肥用量为 225kg/hm²、磷肥用量为 90kg/hm²、钾肥用量为 90kg/hm²，分别为尿素、磷酸二铵和硫酸钾。磷肥和钾肥全部做基肥施入，氮肥二分之一随底肥施入，二分之一随第二次灌水施入。全生育期 4 次，灌溉定额为 40mm，灌水时间为 5 月 28 日、6 月 28 日、7 月 18 日、8 月 16 日，灌水定额为 10mm。产量为 17035kg/hm²，蒸散量为 414mm，水分生产效率为 4.11kg/m³。

文献：陈选.2018.黑龙江省西部玉米膜下滴灌灌溉制度试验研究 [D].哈尔滨：东北农业大学.

玉米，甘肃省武威市民勤县

种植模式：1 膜 2 管 3 行，膜宽 145cm，行距 45cm，株距 25cm，保苗 8.0 万株/hm²；玉米品种为敦玉 13；2019 年 4 月 25 日种植，9 月 24 日收获；2020 年 4 月 27 日种植，9 月 26 日收获。

灌水施肥：底肥施氮肥 450kg/hm²（尿素，N46%），磷肥 300kg/hm²（磷二铵，P₂O₅16%）。在玉米开花期、灌浆期随水追肥 2 次，每次施尿素（N 46%）150kg/hm²，冬季储水灌定额为 120mm；滴灌带直径为 16mm，壁厚 0.2mm，工作压力为 0.4MPa，滴头设计流量为 1.6L/h，滴头间距为 30cm。全生育期灌水 7 次，灌水定额为 36mm，灌水时间为 2019 年 4 月下旬、2019 年 6 月上旬、2019 年 6 月下旬、2019 年 7 月中旬、2019 年 7 月下旬、2019 年 8 月中旬、2019 年 8 月下旬，灌溉定额为 252mm。2019 年产量为 13770kg/hm²，蒸散量为 353mm，净产值为 24948 元/hm²；2020 年产量为 13560kg/hm²，蒸散量为 351mm，净产值为 25800 元/hm²。

文献：丁林，吴婕，王文娟，等.2023.膜下滴灌条件下毛管铺设模式与灌水定额对水分运移及玉米产量的影响 [J].节水灌溉，（3）：98-105.

玉米，甘肃省石羊河流域

种植模式：制种玉米 1 膜 2 管 5 行，2014 年 4 月 22 日播种，9 月 21 日收获；滴灌坐苗水；播种前铺膜、铺滴灌带，膜宽 145cm。

灌水施肥：施底肥磷酸二铵 225kg/hm²，尿素 300kg/hm²，钾肥 150kg/hm²，生育期随水追肥 2 次，每次施 5kg 尿素；滴头设计流量 1.6L/h，滴头间距 30cm。灌水 9 次，灌水定额为 39mm，灌溉定额为 356mm；蒸散量为 512mm，产量为 14645kg/hm²，净产值为 24010 元/hm²。

文献：王福霞，丁林.2015.石羊河流域制种玉米膜下滴灌种植模式研究 [J].甘肃水利水电技术，51（8）：29-32.

玉米，新疆维吾尔自治区

种植模式：玉米种植模式分为 50cm×50cm 等行距和 40cm×60cm 宽窄行两种模式。通过玉米铺膜播种机一次完成铺带、覆膜、播种、覆土、镇压工作。

灌水施肥：基肥，在玉米播种、耕翻前施入农家肥，将磷肥、钾肥以及 20%的氮肥混匀后撒施，再将 15～22.5kg/hm²的微肥硫酸锌与 2～3kg 细土充分混匀后撒施，然后将撒施基肥实施耕层深施；种肥，播种时施 75kg/hm²的磷酸二铵做种肥；追肥，将剩余的 80%的氮肥分为 9 次随水滴施尿素。生长期间，滴灌 9～10 次，每次灌水定额为 30～60mm。灌溉定额为 450～510mm。其中，播种至出苗期适时滴水出苗，灌水定额为 30～45mm；穗期灌水 3 次；花粒期灌水总量为 210～240mm，共灌水 3 次；灌浆成熟期 3 次。

文献：新疆维吾尔自治区质量技术监督局.2010.玉米膜下滴灌水肥管理技术规程（DB65/T3109—2010）.新疆维吾尔自治区地方标准.

玉米，宁夏回族自治区

种植模式：选用玉米膜下滴灌多功能联合作业气吸式精量单粒点播机与拖拉机配套使用，实现开沟、施肥、播种、打药、铺带、覆膜、覆土的工作一次性完成。采用单种、宽窄行种植。宽行 70～80cm，窄行 30～40cm，平均行距 50～60cm，株距 18～20cm，密度 5500～6500 株/亩，北部引黄自流灌区种植密度 5500～6000 株/亩，中部扬黄灌区 6000～6500 株/亩。膜下滴灌玉米采用宽窄行种植方式，一条滴灌带灌溉两行玉米，分为起垄种植模式和平覆膜种植模式，滴灌带铺设于窄行正中，选用铺带、覆膜、打孔、播种、覆土单粒精量点播机作业。

灌水施肥：内镶贴片滴灌带，内径为 16mm；额定工作压力为 0.1MPa；壁厚 0.15～0.2mm；滴头流量为 1.0～2.0L/h，砂质土选择流量 1.5～2.0L/h；壤质土选择流量 1.0～1.5L/h 的滴灌带；滴头间距 30cm。单翼边缝式滴灌带，内径 16mm；额定工作压力 0.01～0.15MPa；壁厚 0.2mm；滴头流量 1.5～2.5L/h，砂质土选择流量 2.0～2.5L/h；壤质土选择流量 1.5～2.0L/h 的滴灌带。滴灌带铺设长度：逆坡取 70～80m，顺坡取 80～100m。枯水年（P=85%）在播种期（4 月中下旬）灌水 1 次，灌水定额为 22.5mm；苗期（5 月上旬～6 月上旬）灌水 1 次，灌水定额 18mm，随水滴施专用肥 4.5kg/亩；拔节期灌水 3 次，灌水定额 24mm，滴施专用肥 15kg/亩；抽雄～吐丝期灌水 3 次，灌水定额 25.5mm，滴施专用肥 9kg/亩；吐丝～灌浆期灌水 3 次，灌水定额 25.5mm，滴施专用肥 15kg/亩；成熟期灌水 1 次，灌水定额 25.5mm；全生育期灌水 12 次，灌溉定额 291mm，随水滴施专用肥 43.5kg/亩。

文献：宁夏回族自治区质量技术监督局. 2016. 宁夏玉米滴灌种植技术规程（DB64/T 1292—2016）. 宁夏回族自治区地方标准.

棉花，新疆维吾尔自治区石河子市

种植模式：1 膜 2 管 4 行，株距 10cm，种植密度为 25 万株/hm²。2015 年 4 月 27 日播种，2015 年 10 月 12 日收获；2016 年 4 月 21 日播种，2016 年 10 月 28 日收获；二年棉花品种均为新陆早 23 号。单翼迷宫式滴灌带，滴头流量为 2.6L/h，滴头间距 30cm。普通聚乙烯塑料地膜，厚 0.008mm。

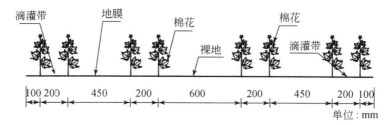

灌水施肥：施肥，磷酸钾铵和尿素按照 1:2 的比例通过施肥罐随水施肥，2a 施肥量均为 832kg/hm²，其中吐絮期不施肥。采用深层地下水灌溉，灌溉水矿化度约 1.3g/L，通过水表和球阀控制灌水量。2015 年从 6 月 16 日开始灌水到 9 月 1 日结束，灌水间隔天数为 7 天，其中蕾期灌水 3 次，灌水定额为 25mm；花旗灌水 4 次，灌水定额 50mm；铃期灌水 3 次，灌水定额 35mm；吐絮期灌水 3 次，灌水定额 25mm。2016 年从 6 月 11 日开始灌水到 8 月 27 日结束，灌水间隔天数为 7 天，其中蕾期灌水 3 次，灌水定额 20mm；花旗灌水 4 次，灌水定额 45mm；铃期灌水 3 次，灌水定额为 30mm；吐絮期灌水 3 次，灌水定额 20mm。2015 年籽棉产量为 5345kg/hm²，蒸散量 455mm，2016 年籽棉产量为 5432kg/hm²、蒸散量为 413mm。

文献：邹强，王振华，郑旭荣，等. 2017. PBAT 生物降解膜覆盖对绿洲滴灌棉花土壤水热及产量的影响 [J]. 农业工程学报，33（16）：135-143.

棉花，新疆维吾尔自治区沙湾市

种植模式：1 膜 3 行 3 管 76cm 等行距机采棉种植模式，株距 8cm，种植密度为 16.5×10⁴ 株/hm²，滴头间距为 25cm，滴头设计流量为 2.1L/h。于 2018 年 5 月 10 日播种，5 月 15 日出苗，7 月 10 日打顶。

灌水施肥：于 2018 年 4 月 15 日施基肥（其中尿素 600kg/hm²，颗粒状过磷酸钙 300kg/hm²，农用颗粒钾肥 150kg/hm²，一次性施入），6 月 25 日起实行 1 水 1 肥的处理方式，即各处理每次滴灌滴入 300kg/hm² 的尿素，共施肥 6 次。全生育期灌水 8 次，总灌溉量 450mm。灌溉时间与灌水量分别为 2018 年 6 月 20 日：50mm、6 月 30 日：50mm、7 月 10 日：60mm、7 月 20 日：60mm、7 月 30 日：50mm、8 月 9 日：60mm、8 月 19 日：60mm、8 月 29 日：50mm。2018 年籽棉产量为 7386kg/hm²，蒸散量为 594mm。

文献：张玮涛，杨培，段松江，等. 2020. 不同毛管间距与株距配置对棉花冠层结构及产量的影响 [J]. 新疆农业科学，57（8）：1385-1392.

棉花，新疆维吾尔自治区塔城地区沙湾市

种植模式：1 膜 3 管 6 行。棉花种植行间距均为 10cm（窄行）+66cm（宽行），株距为 10cm。棉花品种为陆地棉新疆农业大学 ND203。

灌水施肥：化肥施用量为 N285kg/hm²、P₂O₅165kg/hm² 和 K₂O105kg/hm²，肥料分别使用尿素（N46%）、磷酸一铵（P₂O₅45%）和晶体钾肥（K₂O57%）。灌溉，出苗水 1 次，灌水定额 45mm。除出苗水外全生育期灌水 8 次，灌水日期为 6 月 20 日、7 月 1 日、7 月 9 日、7 月 16 日、7 月 26 日、8 月 6 日、8 月 14 日、8 月 28 日，灌水定额为 37.5mm，灌溉定额（包括出苗水）为 345mm。2018 年籽棉产量为 6078kg/hm²，蒸散量为 594mm。

文献：黄真真，刘广明，李金彪，等. 2020. 不同毛管间距与株距配置对棉花冠层结构及产量的影响 [J]. 土壤通报，51（2）：325-331

续表

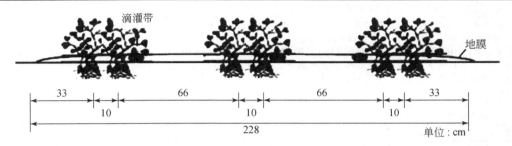

棉花，新疆维吾尔自治区石河子

种植模式：棉花品种采用新陆早 48 号，1 膜 2 管 4 行。行距，窄行为 30cm，宽行为 60cm；滴灌带类型为单翼迷宫式滴灌带，内径为 16mm，壁厚为 0.18mm，滴孔间距为 300mm，额定流量为 2.6L/h，工作压力为 0.05~0.1MPa。

灌水施肥：施肥，按照尿素和速溶磷酸钾铵质量比为 2∶1 的比例进行施肥，自动化灌溉小区通过比例施肥机进行自动化随水施肥，常规灌溉小区通过小型施肥罐进行随水施肥，施尿素与速溶磷酸钾铵的量分别为 556kg/hm² 和 278kg/hm²。灌水，常规滴灌，灌水 13 次，其中苗期灌水 2 次，灌水定额为 18.5mm，花铃期灌水 9 次，灌水定额为 38mm，盛铃期后，灌水 2 次，灌水定额为 18mm，全生育期灌溉定额为 415mm。自动化灌溉，决策传感器埋深 20cm，灌水下限（占田间持水率的百分比），苗期 65%，蕾期 70%，花铃期 80%，吐絮期 65%，全生育期灌水 21 次。常规滴灌产量为 4402kg/hm²，蒸散量为 415mm。自动化灌溉产量为 5796kg/hm²，蒸散量为 473mm。

文献：赵波. 2017. 膜下滴灌棉花自动化灌溉控制指标研究 [D]. 石河子：石河子大学.

棉花，新疆维吾尔自治区

种植模式：在当年棉花播种前，按照滴灌工程设计的滴灌带规格和数量购置滴灌带，在棉花播种时，通过棉花铺膜播种机一次完成铺带、覆膜、播种、覆土、镇压等工作。

灌水施肥：基肥，在棉花播种、耕翻前将 15~30t/hm² 腐熟农家肥，80% 的磷肥、50% 的钾肥和 20% 的氮肥作为基肥，混匀后撒施于地表，然后将撒施的基肥深翻。追肥，苗期滴施 1 次 2% 的氮肥和 10% 的磷肥，蕾期滴施 1~2 次 18% 的氮肥和 10% 的磷肥，初花期滴施 1~2 次 23% 的氮肥和 20% 的钾肥，从花期到花铃期分 3~4 次滴施 45% 的氮肥和 30% 的钾肥，盛铃期滴施 1 次 12% 的氮肥。适量微肥。北疆地区灌溉定额 345~420mm，灌水 12~14 次；南疆地区灌溉定额 480~525mm，灌水 14~16 次。其中，播种至出苗期，根据天气情况适时滴水出苗，灌水定额为 7.5~15mm；苗期灌水 1 次，蕾期 3 次，灌水定额均为 22.5~30.0mm；花铃灌水 6~7 次，灌水定额为 30.0~37.5mm；吐絮期灌水 2~3 次，灌水定额为 22.5~30mm。冬灌，灌水时间为 10 月下旬~11 月上旬，灌水定额为 120~180mm。

文献：新疆维吾尔自治区质量技术监督局. 2010. 棉花膜下滴灌水肥管理技术规程（DB65/T3107—2010）. 新疆维吾尔自治区地方标准.

春小麦，新疆维吾尔自治区北部

种植模式：18cm+20cm 行距，1 管 4 行。春小麦品种为昌春 7 号，生育期约 90d。播种量为 360kg/hm²，人工条播（3 月 5~15 日）。滴灌管为内镶贴片式，外径为 16mm，壁厚为 0.3mm，滴头流量为 1.38L/h，滴头间距为 30cm，灌水压力为 0.1MPa。

灌水施肥：翻耕前施基肥，磷肥 600kg/hm²，钾肥 150kg/hm²，尿素 75kg/hm²，有机肥 15000kg/hm²，4 叶期开始随水施肥尿素 150kg/hm²。出苗期灌水 1 次，分蘖期灌水 2 次，灌水定额均为 30mm；拔节期灌水 2 次，抽穗期灌水 4 次，灌水定额均为 37.5mm；灌浆期灌水 2 次，灌水定额均为 30mm；全生育期灌水 11 次，灌溉定额为 375mm。产量为 7416kg/hm²。

文献：雷呈刚，张荟荟. 2016. 北疆春小麦滴灌毛管布置模式优化试验研究 [J]. 水资源开发与管理，（1）：26-29.

春小麦，新疆维吾尔自治区

种植模式：试验于 2017 年 4 月~2018 年 8 月在新疆石河子市天业生态园进行。供试品种为水分不敏感型新春 44 号。灌溉系统配置为 1 管 4 行（一条滴灌带两边各 2 行小麦），滴管带为贴片内嵌式，滴头流量为 2.6L/h，滴头间距 30cm。播种量为 700 万粒/hm²，保苗 550 万株/hm²；2017 年 4 月 6 日播种，4 月 15 日出苗，7 月 6 日收获；2018 年 3 月 28 日播种，4 月 12 日出苗，7 月 5 日收获。

灌水施肥：氮肥（含氮量为 46% 的尿素）20% 作基肥施入，80% 作为追肥随水施入，不同时期的追肥量根据新疆维吾尔自治区北疆地区滴灌春小麦临界稀释氮浓度曲线计算施入。按照 80%ET₀ 控制灌水，其中 ET_0 为参考作物蒸散量。灌溉频率为 7 天/次，每次灌溉前参考 7 天气象站数据，计算作物蒸散量，再利用 ET_0 计算器计算每次对应调亏灌水量。据此，2017 年灌水 11 次，灌水量为 391.8mm；2018 年灌水 11 次，灌水量为 364.6mm。2017 年产量为 8116kg/hm²，蒸散量为 375mm；2018 年产量为 8139kg/hm²，蒸散量为 349mm。

文献：万文亮，郭鹏飞，胡语妍，等. 2018. 调亏灌溉对新疆滴灌春小麦土壤水分、硝态氮分布及产量的影响 [J]. 水土保持学报，32（6）：166-174.

冬小麦，新疆农业科学院玛纳斯县试验站

　　种植模式：品种为新冬 18 号。2011 年 10 月 9 日播种，行距为 15cm，毛管间距为 90cm，采用 1 管 6 行式布置。基本苗为 467 万株/hm²。2012 年 6 月 23 日收获测产。

　　灌水施肥：播前灌足底墒水，翻地前基施尿素 93.75kg/hm²、磷酸二铵 300kg/hm²。孕穗期随水滴入尿素 225kg/hm²。越冬前（2011 年 11 月 3 日）均滴灌 75mm。除越冬水外全生育期灌水 6 次，灌溉定额为 285mm。其中灌水时间为 2012 年 4 月 3 日、5 月 4 日、5 月 15 日、5 月 25 日、6 月 5 日和 6 月 17 日，对应的灌水定额为 45mm、45mm、52.5mm、45mm、52.5mm、45mm。

　　文献：薛丽华，陈兴武，胡锐，等. 2014. 不同滴水量对冬小麦根系时空分布及耗水特征的影响 [J]. 华北农学报，29（5）：200-206.

小麦，新疆维吾尔自治区

　　种植模式：毛管铺设，通过小麦滴灌播种机一次完成播种、铺带工作。毛管开沟浅埋于土壤 1～2cm 深处；毛管配置采用 24 行 3.6m 播幅，两种铺设方式，沙土地一幅 5 条毛管，放置毛管处行距 20cm，其他行距 13.3cm；黏土地一幅 4 条毛管，放置毛管处行距为 20cm，其他行距为 12.5cm。

　　灌水施肥：施肥，全生育期每公顷施尿素 555～585kg，重过磷酸钙 180kg，磷酸二氢钾 105～120kg。其中，基肥，重过磷酸钙（三料磷肥）180kg/hm²、尿素 150kg/hm²，充分混匀后机械撒施，然后深翻。生育期施肥随水滴施，苗期肥，尿素 45～75kg/hm²；穗肥，拔节期至扬花期，每次施尿素 45～60kg/hm²，磷酸二氢钾 15～22.5kg/hm²；粒肥，小麦扬花至灌浆期，每次施尿素 45～52.5kg/hm²，磷酸二氢钾 15kg/hm²；乳熟初期，施尿素 45～75kg/hm²。全生育滴灌 8～9 次，灌水周期 8～10d，灌溉定额为 420～480mm。其中，滴出苗水，灌水量为 37.5～45mm；春小麦 2 叶 1 心期、冬小麦返青期，滴水量为 45～52.5mm。拔节至 2 次，滴水量为 52.5～60mm。抽穗期 3～4 次，滴水量为 52.5～67.5mm。乳熟初期灌水量为 45～52.5mm，蜡熟初期，土壤含水率较低或预备复种的麦田，增加 1 次灌水，灌水量为 37.5mm 左右。

　　文献：新疆维吾尔自治区质量技术监督局. 2011. 小麦滴灌水肥管理技术规程（DB65/T 3206—2011）. 新疆维吾尔自治区地方标准.

小麦，甘肃省武威市民勤县

　　种植模式：小麦品种为永良 4 号，采取大田机播的方式，于 2016 年 3 月 20 日播种，小麦种植行距 13.3cm，播量为 525kg/hm²。内径为 16mm 内镶贴片式滴灌带，滴头间距为 0.3m，滴头流量为 3.1L/h，1 管 5 行布置。

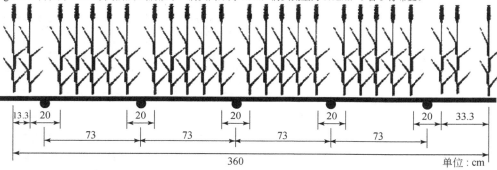

　　灌水施肥：分蘖期、拔节期、抽穗期、灌浆期均灌水 2 次，乳熟期灌水 1 次，对应灌水时间 5 月 1 日、5 月 7 日、5 月 14 日、5 月 25 日、5 月 29 日、6 月 7 日、6 月 12 日、6 月 20 日、6 月 30 日，对应的灌水定额为 50mm、30mm、40mm、35mm、30mm、45mm、35mm、40mm、40mm。春小麦全生育期共施入 N、P₂O₅ 和 K₂O 分别为 210kg/hm²、120kg/hm² 和 90kg/hm²。其中对应的基肥为 42kg/hm²、48kg/hm²、27kg/hm²，随灌水施入 4 次，对应的时间和数量为 5 月 7 日，31.5kg/hm²、12.0kg/hm²、9.0kg/hm²；5 月 25 日，84 kg/hm²、12 kg/hm²、36kg/hm²；6 月 7 日，31.5kg/hm²、36.0kg/hm²、13.5kg/hm²；6 月 20 日，21.0kg/hm²、12.0kg/hm²、4.5kg/hm²。产量为 8078kg/hm²。

　　文献：黄兴法，胡斌，欧胜雄，等. 2019. 滴灌带布置及滴头流量对土壤水氮分布和春小麦产量的影响 [J]. 农业工程，9（10）：81-87.

马铃薯，甘肃省武威市

　　种植模式：一垄双行，宽行行距为 80cm，窄行行距为 40cm，垄高为 30cm，种子埋深 20cm，株距 30cm；品种为陇薯 3 号；采用内镶式滴灌带，其直径为 16mm，壁厚 0.4mm，滴头流量为 2.5L/h，滴头间距为 20cm；

　　灌水施肥：播种前施磷肥 150kg/hm²，施入总量 40% 的钾肥 72kg/hm² 和氮肥；6 月 8 日、6 月 29 日和 7 月 17 日分别通过滴灌系统追施 20% 的钾肥和 20% 的氮肥。按照土壤湿润比 70%、施氮量 180kg/hm² 确定灌水定额和施肥量，当负压计示数达到下限-25kPa（土壤基质势）时灌水。产量为 51715kg/hm²，耗水量为 476mm。

　　文献：宋娜，王凤新，杨晨飞，等. 2013. 水氮耦合对膜下滴灌马铃薯产量、品质及水分利用的影响 [J]. 农业工程学报，29（13）：98-105.

马铃薯，宁夏回族自治区

种植模式：1 带 1 行等行距高垄种植，行距 90cm，株距 15～20cm，每亩保苗株树为 4000～5000 株/亩。采用 1 膜 2 行 1 带种植模式。起垄覆膜，宽行距为 90～110cm，窄行距为 50cm；播种时采用联合播种机一次完成起垄、覆膜、铺管、播种作业，每亩保苗株树 4000～5000 株/亩。使用宽为 80～110cm，厚度为 0.01～0.012mm 的黑色聚乙烯农用膜。

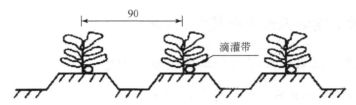

种植模式 1：1 带 1 行等行距起垄种植（单位：cm）

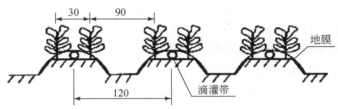

种植模式 2：1 膜 2 行 1 带起垄种植（单位：cm）

灌水施肥：灌溉施肥（降雨保证率 $P=85\%$），单翼边缝式滴灌带内径为 16mm、壁厚为 0.2mm、滴头流量为 1.8～3.0L/h，额定工作压力为 0.02～0.25MPa。也可采用内镶贴片滴灌带内径为 16mm、壁厚为 0.15～0.2mm、滴头流量为 1.1～2.0L/h，滴头间距为 30cm；额定工作压力为 0.1MPa。砂质土一般采用 1.8～2.0L/h 的灌水器；壤质土一般采用 1.1～1.8L/h 的灌水器。滴灌带铺设长度一般为 50～80m，其中顺坡为 70～80m，逆坡为 50～60m。全生育期灌水 11 次，灌溉定额为 195mm。其中，芽条生长期（5 月 10 日～6 月 5 日），灌水 1 次，灌水定额为 16.5mm；幼苗期（6 月 6 日～6 月 25 日），灌水 2 次，灌水定额为 18mm；块茎形成期（6 月 26 日～7 月 25 日），灌水 4 次，灌水定额为 18mm；块茎增长期（7 月 26 日～8 月 20 日），灌水 3 次，灌水定额为 18mm；淀粉积累期（8 月 21 日～9 月 20 日），灌水 1 次，灌水定额为 16.5mm。随水滴灌施肥 6 次（肥料配比 N：P_2O_5：K_2O，20：12：18），施肥 840kg/hm²。

文献：宁夏回族自治区质量技术监督局. 2016. 宁夏马铃薯滴灌种植技术规程（DB64/T 1291—2016）. 宁夏回族自治区地方标准.

马铃薯，内蒙古自治区

种植模式：采用 1 膜 2 行的种植方式。起垄覆膜，大行距为 90～110cm，小行距为 50cm；播种时采用联合播种机一次完成起垄、覆膜、铺管、播种作业。

灌水施肥：基肥应以有机肥（农家肥）为主，化肥为辅。施肥时间一般在耕翻时施用。种肥应以化肥为主，一般磷肥全部做种肥施用，钾肥按施肥总量的 70% 做种肥施用，氮肥按施肥总量的 10%～20% 做种肥施用。追肥应以化肥为主，氮肥一般按施肥总量的 30%、60% 和 10% 分别在苗期、现蕾～开花初期和开花末期分 3 次追施。钾肥按施肥总量的 15% 在开花初期和开花末期分 2 次追施。全生育期灌水 10 次，灌溉定额为 237mm。灌水时间，播种至出苗（5 月下旬）灌水 1 次，出苗至现蕾（6 月中旬），灌水 1 次，灌水定额均为 15mm；现蕾至花期灌水 2 次（7 月上旬），灌水定额为 21mm；盛花期至终花期灌水 5 次（7 月中旬～8 月中旬），灌水定额为 30mm；终花期至收获期（8 月下旬），灌水定额为 15mm。

文献：内蒙古自治区质量技术监督局. 2014. 马铃薯膜下滴灌水肥管理技术规程（DB15/T 684—2014）. 内蒙古自治区地方标准.

10.2　玉米膜下滴灌作物水肥模型构建及参数确定

本书考虑大田膜下滴灌种植及滴灌带布设特点，以一个完整的种植条带（该种植条带两侧为零通量面）为对象进行水量平衡计算。在垂直剖面上，将农田土壤分为根区和储水区，其中储水区无根系（或者根系很少，可忽略不计）。如此概化，可以避免膜下滴灌作物根系分布复杂性对土壤含水率的影响，可以利用土壤水分二区模型模拟根区和储水区土壤水分动态变化，计算作物蒸散量，然后与 PS123 作物生长模型耦合，构建膜下滴灌玉米水模型，由此模拟水分胁迫对光合产物形成过程及光合产物分配的影响，模拟根、茎、叶和产量形成过程。

10.2.1　膜下滴灌玉米水肥模型的构建

1. 膜下滴灌玉米农田土壤水分二区模型的构建

为了避免玉米膜下滴灌根系分布复杂性及其简化对土壤水分动态模拟的影响，将农田土壤剖面分为根区、储水区和稳定区，稳定区位于储水区之下紧邻储水区，稳定区土壤水分变化较小、相对稳定，可忽略其在作物生长期内随时间的变化。将两个区的水量平衡方程联立求解，可以得到以日为时段的分区土壤储水量与降水量、灌溉供水量、作物蒸散量、稳定区土壤储水量的关系，将该关系称为描述农田土壤水分变化的二区模型。以下对二区模型建立过程做简要介绍。设 z 坐标向下为正，地表处 $z=0$。0～80cm 为根区，80～200cm 为储水区，储水区内无根系。农田二区模型示意图见图 10.1。

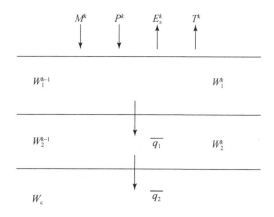

图 10.1　农田二区模型示意图

注：图中 M^k、P^k 分别为 k 时段内的灌水量和降水量，cm；E_s^k、T^k 分别为 k 时段内棵间土壤蒸发量和植株蒸腾量，cm/d；W_1^{k-1}、W_1^k 分别为 k 时段初和时段末根区土壤储水量，cm；W_2^{k-1}、W_2^k 分别为 k 时段初和时段末储水区土壤储水量，cm；W_c 为稳定区土壤储水量，mm；$\overline{q_1}$ 和 $\overline{q_2}$ 分别为时段初和时段末根区和储水区下界面水分通量的平均值，cm/min。

首先给出各区上下界面水分通量，根区下边界水分通量，其时段内的平均值用式（10.9）计算：

$$\overline{q_1} = \frac{1}{2}(q_1^{k-1} + q_1^k) \tag{10.9}$$

其中

$$q_1^{k-1} = -D_1^{k-1}\frac{\theta_2^{k-1} - \theta_1^{k-1}}{\Delta z} + K_1^{k-1}, \quad q_1^k = -D_1^k\frac{\theta_2^k - \theta_1^k}{\Delta z} + K_1^t$$

式中，q_1^{k-1} 和 q_1^k 分别为根区时段初和时段末的下界面水分通量，mm/d；θ_1^{k-1} 和 θ_1^k 分别为根

区时段初和时段末的土壤体积含水率，cm^3/cm^3；θ_2^{k-1} 和 θ_2^k 分别为储水区时段初和时段末的土壤体积含水率，cm^3/cm^3；$\Delta z = \dfrac{1}{2}H_1 + \dfrac{1}{2}H_2$；$H_1$ 为根区土层的厚度，cm；H_2 为储水区土层的厚度，cm。

本书将棵间土壤蒸发量与植株蒸腾量合并在一起计算，称为作物蒸散量 ET，cm。时段内作物蒸散量平均值用式（10.10）计算：

$$\overline{ET} = \frac{1}{2}(ET^{k-1} + ET^k) \tag{10.10}$$

式中，$ET^{k-1} = k_w \cdot ET_m^{k-1}$，$k_w = \dfrac{W_1^{k-1} - W_p}{W_j - W_p}$，$ET_m^{k-1} = K_c \cdot ET_0^{k-1}$，其中，$k_w$ 为土壤水分胁迫系数，主要与土壤水分状况有关，同时还受作物根系深度、蒸发能力的影响；W_1^{k-1} 为根区时段初的储水量，mm；W_j 为根系层土壤水分胁迫的临界含水量，mm；W_p 为根系层土壤水分胁迫的凋萎含水量，mm；同理，$ET^k = k_w \cdot ET_m^k$，$ET_m^k = K_c \cdot ET_0^k$。

储水区下边界水分通量，其时段内平均值用式（10.11）计算：

$$\overline{q_2} = \frac{1}{2}(q_2^{k-1} + q_2^k) \tag{10.11}$$

其中

$$q_2^{k-1} = -D_2^{k-1}\frac{\theta_c - \theta_2^{k-1}}{\Delta z} + K_2^{k-1}, \quad q_2^k = -D_2^k\frac{\theta_c - \theta_2^k}{\Delta z} + K_2^k$$

式中，q_2^{k-1} 和 q_2^k 分别为储水区时段初和时段末的下界面水分通量，mm/d；θ_2^{k-1} 和 θ_2^k 分别为储水区时段初和时段末的土壤体积含水率，cm^3/cm^3；θ_c 为深层土壤含水率，在作物全生育期内，该值为常数，本书中 θ_c 为 $0.2cm^3/cm^3$。

然后，以日为时段 $[t^{k-1}, t^k]$，其中 $t^k = t^{k-1} + d$，可列出根区和储水区土壤储水量平衡方程。根区土壤储水量平衡方程为

$$W_1^k = W_1^{k-1} + M^k + P^k - \overline{ET} - \overline{q_1} \tag{10.12}$$

式中，M^k 为时段内灌水量，mm；P^k 为时段内降水量，mm；W_1^{k-1} 和 W_1^k 分别为根区时段初和时段末的储水量，mm。

储水区土壤量平衡方程：

$$W_2^k = W_2^{k-1} + (\overline{q_1} - \overline{q_2}) \tag{10.13}$$

式中，W_2^{k-1} 和 W_2^k 分别为储水区时段初和时段末的储水量，mm。

将式（10.9）～式（10.11）代入式（10.12）和式（10.13）得

$$W_1^k = W_1^{k-1} + M + P - \overline{ET} - \frac{1}{2}\left[q_1^{k-1} + (-D_1^k)\frac{\theta_2^k - \theta_1^k}{\Delta z} + K_1^k\right]$$

$$W_2^k = W_2^{k-1} + \frac{1}{2}(q_1^{k-1} + q_1^k) - \frac{1}{2}(q_2^{k-1} + q_2^k)$$

$$W_1^k = W_1^{k-1} + M + P - \left(\frac{W_1^{k-1} + W_1^k}{2} - W_p\right)\frac{k_c ET_0}{W_j - W_p} - \frac{1}{2}q_1^{k-1} + \frac{1}{2}D_1^k\frac{\theta_2^k - \theta_1^k}{\Delta z} - \frac{1}{2}K_1^k \tag{10.14}$$

$$W_2^k = W_2^{k-1} + \frac{1}{2}(q_1^{k-1} - q_2^{k-1}) + \frac{1}{2}(q_1^k - q_2^k)$$

$$W_2^k = W_2^{k-1} + \frac{1}{2}(q_1^{k-1} - q_2^{k-1}) + \frac{1}{2}\left(-D_1^k \frac{\theta_2^k - \theta_1^k}{\Delta z} + k_1^k + D_2^k \frac{\theta_c - \theta_2^k}{\Delta z} - k_2^k\right) \quad (10.15)$$

整理式（10.14）和式（10.15），并联立求解，可得

$$\begin{cases} W_2^k = \dfrac{a_2 h_1 - a_1 h_2}{a_2 b_1 - a_1 b_2} \\[3mm] W_1^k = \dfrac{b_2 h_1 - b_1 h_2}{a_1 b_2 - a_2 b_1} \end{cases} \quad (10.16)$$

其中各参数的表达式如式（10.18）：

$$a_1 = \left(1 + \frac{r_1}{10 H_1} + \frac{1}{2} \text{ET}_\text{m}\right), \quad b_1 = -\frac{r_1}{10 H_2},$$

$$h_1 = W_1^{k-1} + M + P - \frac{1}{2} W_1^{k-1} \text{ET}_\text{m} + W_\text{p} \text{ET}_\text{m} - \frac{1}{2}(q_1^{k-1} + K_1^k)$$

$$a_2 = -\frac{r_1}{10 H_2}, \quad b_2 = 1 + (r_1 + r_2)\frac{1}{10 H_2}, \quad (10.17)$$

$$h_2 = W_2^{k-1} + \frac{1}{2}(q_1^{k-1} - q_2^{k-1}) + \frac{1}{2}(k_1^k - k_2^k) + \frac{r_2 W_c}{10 H_2}$$

$$r_1 = \frac{D_1^k}{2\Delta z}, \quad r_2 = \frac{D_2^k}{2\Delta z}$$

式（10.17）中对应的非饱和土壤导水率 K 为关于含水率 θ 的函数，用式（10.18）计算，

$$K(\theta) = k_\text{s} S_\text{e}^b \left[1 - \left(1 - S_\text{e}^{\frac{1}{m}}\right)^m\right]^a \quad (10.18)$$

式中，$m = 1 - \dfrac{1}{n}$，n 为待定参数参数；$a = 2$；$b = 0.5$；$S_\text{e} = \dfrac{\theta - \theta_\text{r}}{\theta_\text{s} - \theta_\text{r}}$，$S_\text{e}$ 为饱和度；θ_r 为残余含水率；θ_s 为饱和含水率；k_s 为饱和导水率。

非饱和土壤扩散率 D 也为关于含水率 θ 的函数，用式（10.19）计算：

$$D(\theta) = K(\theta) \frac{\partial h}{\partial \theta} = K(\theta) \frac{\text{d}h}{\text{d}\theta} \quad (10.19)$$

式中，$\dfrac{\text{d}h}{\text{d}\theta}$ 由土壤水分特征曲线［式（2.15）］导出，式中符号意义同前。另外，式（10.9）～式（10.16）中上角标中的 $k-1$ 均表示时段初，k 表示时段末，下角标中的 1 表示根区，2 表示储水区。

与常规的农田土壤水分二区模型计算（类似于土壤水动力学方程的显式差分格式计算）比较，式（10.16）是通过闭合的方程组求解得出的（类似于土壤水动力学方程的隐式差分格式计算），故此也可称为农田土壤水分二区模型的闭合算法。

2. 膜下滴灌条件下土壤氮素动态模拟

通常以土壤氮素代表土壤可提供给植物吸收利用土壤养分数量的大小。本书以土壤铵态氮和土壤硝态氮含量作为描述土壤氮素含量指标。土壤氮素动态模拟通常采用两种方法，一种是溶质动力学方法，一种是土体含量均衡法。为了与农田土壤水分二区模型耦合，本书采用土体氮素含量均衡法分析土壤铵态氮和土壤硝态氮运移和转化。

通常时段 Δt（本书中 $\Delta t=1\text{d}$）内进入根区的土壤铵态氮数量主要包括有机质矿化和施肥，从根区流走的铵态氮主要包括挥发损失、根系吸收、硝化（转化为硝态氮）以及随水流进入储水区的氮素。进入根区土壤的硝态氮主要包括铵态氮硝化，流出根区的硝态氮主要包括根系吸收、随水流进入储水区的氮素。当根区土壤含水率较小，储水区水分向根区流动时，相应的会有少量的氮素（包括铵态氮和硝态氮）随水流进入根区，由于储水区氮素浓度小于根区。因此，在同样水流条件下进入根区的氮素数量小于由根区流入储水区的氮素数量。

不同于根区，储水区内没有根系吸水也没有挥发损失。随水流从储水区进入深层土壤的氮素作为永久的损失，不能再被作物利用。其余项目同根区。这样可分别写出时段 Δt 内根区和储水区的氮素平衡方程。

时段 Δt 内根区铵态氮氮素平衡方程：

$$W_{\text{NH}_4}^k = W_{\text{NH}_4}^{k-1} + W_{\text{矿化}}^k + W_{\text{施肥}}^k - W_{\text{挥发}}^k - W_{\text{根吸}}^k - W_{\text{硝化}}^k - q_1^k \cdot \Delta t \cdot C_{1\text{NH}_4}^k \tag{10.20}$$

其中，$W_{\text{NH}_4}^k = W_1^k \cdot C_{1\text{NH}_4}^k$，$W_{\text{NH}_4}^{k-1} = W_1^{k-1} \cdot C_{1\text{NH}_4}^{k-1}$，$W_{\text{矿化}}^k = W_1^k \cdot C_{1\text{矿化}}^k$，$W_{\text{施肥}}^k = W_1^k \cdot C_{1\text{施肥}}^k$，

$W_{\text{挥发}}^k = W_1^k \cdot C_{1\text{挥发}}^k$，$W_{\text{根吸}}^k = T^k \cdot C_{1\text{根吸}}^k$，$W_{\text{硝化}}^k = W_1^k \cdot C_{1\text{硝化}}^k$

式中，W_1^k、W_1^{k-1} 分别为第 k 时段末和时段初的根区储水量，mm；$C_{1\text{NH}_4}^k$、$C_{1\text{NH}_4}^{k-1}$ 分别为第 k 时段末和时段初的根区土壤水铵态氮浓度，$\mu\text{g/cm}^3$；$W_{\text{矿化}}^k$、$W_{\text{施肥}}^k$、$W_{\text{挥发}}^k$、$W_{\text{根吸}}^k$、$W_{\text{硝化}}^k$、$q_1^k \cdot \Delta t \cdot C_{1\text{NH}_4}^k$ 分别为根区由于矿化、施肥增加的氮素数量和由于挥发、根系吸水、硝化和随水流运移损失的氮素数量；相应的，$C_{1\text{矿化}}^k$、$C_{1\text{施肥}}^k$、$C_{1\text{挥发}}^k$、$C_{1\text{硝化}}^k$ 分别为由于铵态氮矿化和施肥增加的氮素浓度、由于挥发损失和硝化减小的氮素浓度。$q_1^k \cdot \Delta t \cdot C_{1\text{NH}_4}^k$ 为时段内随水流进入储水区的铵态氮数量。

时段 Δt 内根区硝态氮氮素平衡方程：

$$W_{\text{NO}_3}^k = W_{\text{NO}_3}^{k-1} + W_{\text{硝化}}^k - W_{\text{根吸}}^k - q_1^k \cdot \Delta t \cdot C_{1\text{NO}_3}^k \tag{10.21}$$

式中符号意义同前。式（10.21）中氮素浓度计算涉及到一些公式和参数，可参考第 4 章 4.6 节。

3. 膜下滴灌玉米生长模型及其与农田水分二区模型的耦合

这里采用 PS123 作物生长模型描述膜下滴灌玉米根、茎、叶和籽粒生长动态变化过程，如式（5.44）～式（5.47），该模型以日为时段。农田水分二区模型也以日为时段，由该模型可以求出逐日的蒸发蒸腾量和根系吸氮量，因此可以求得逐日的水分胁迫系数和养分（氮素）胁迫系数，由此可以将膜下滴灌玉米生长模型及其与农田水分二区模型耦合在一起，

形成膜下滴灌玉米作物水模型。

本书中不考虑盐分胁迫，即取 $FS_i = 1$，水分胁迫系数 FW_i 和养分（氮素）胁迫系数 FN_i 采用式（5.4）和式（5.5）计算。这里水分胁迫系数 FW_i 和养分（氮素）胁迫系数 FN_i 要逐日计算。

10.2.2　玉米膜下滴灌土壤水分动态模型率定与检验

1. 土壤水分动态模型参数率定

利用在山西省大同市阳高县进行的玉米膜下滴灌试验中种植密度为 5000 株/亩、灌水 5 次（A3B1-13）处理和不灌水（A0B1-19）处理测试数据（车政，2017）进行模拟计算，以模拟含水率与实测含水率的误差平方和最小为目标，率定模型参数。模拟过程中根区饱和含水率、饱和导水率、土壤水分特征曲线参数，均采用分层测试结果的加权平均值，储水区也采用相应参数测试结果的平均值；仅对作物系数、临界土壤储水量 W_j 和凋萎点含水率对应的储水量 W_p 进行了优化计算，结果见表 10.3。其中作物系数随时间的变化过程采用四阶段法描述。

表 10.3　土壤水分动态二区模型参数率定结果表

参数名称	根区参数		储水区参数		备注
	初始值	优化值	初始值	优化值	
作物系数 K_{c1}	0.33	0.46	—	—	初始生长期
作物系数 K_{c2}	1.14	1.16	—	—	生育中期
作物系数 K_{c3}	0.35	0.44	—	—	成熟期
W_j/mm	300	400	—	—	根区厚度为 80cm
W_p/mm	100	180	—	—	
θ_c/(cm^3/cm^3)	—	—	0.22	0.20	储水区厚度为 80cm
θ_s/(cm^3/cm^3)	0.45	0.4038	0.45	0.5018	
K_s/(cm/min)	0.01	0.0104	0.01	0.0125	

选取种植密度为 5000 株/亩的灌水次数最多及不灌水小区的实测数据做二区模型的参数率定，率定结果较好，其中灌水 5 次处理 0~80cm 土壤含水率模拟值与实测值的决定系数 R^2 为 0.6002，不灌水处理 0~80cm 含水率模拟值与实测值的决定系数 R^2 为 0.5091，说明本研究率定出的模型参数较好，拟合精度较高。

2. 土壤水分动态模型参数检验

利用其他处理膜下滴灌玉米生长期测试的土壤含水率对上述确定的土壤水分动态模拟模型参数进行了检验。表 10.4 给出了所有模型检验小区含水率模拟值与实测值关系的决定系数 R^2 结果及拟合关系式。其中决定系数 R^2 越大表明模拟结果精度越高，拟合关系式的系数越接近于 1，表示模拟结果越准确。

3. 膜下滴灌玉米生长期土壤温度气温的关系

图 10.2 给出了根区土壤温度（月平均值）与气温（月平均值）的关系，由图可见，根区土壤平均温度与同期平均气温有很好的相关关系。

$$y = 0.882x + 3.203 \tag{10.22}$$

式中，y 为根区土壤温度，℃；x 为地面以上 1.5m 处的空气温度，℃。决定系数为 0.971。

表 10.4　模型检验小区含水率模拟值与实测值关系的决定系数 R^2 结果及拟合关系式

处理编号	处理内容	决定系数 R^2	拟合关系式
1	滴灌 3 水种植密度 5000 株/亩	0.3529	$y=1.0501x$
2	滴灌 3 水种植密度 5500 株/亩	0.2448	$y=1.0128x$
3	滴灌 3 水种植密度 6000 株/亩	0.4651	$y=1.0033x$
4	滴灌 4 水种植密度 5000 株/亩	0.5111	$y=1.0209x$
5	滴灌 4 水种植密度 5500 株/亩	0.4902	$y=1.0274x$
6	滴灌 4 水种植密度 6000 株/亩	0.5271	$y=1.0057x$
7	滴灌 5 水种植密度 5500 株/亩	0.4512	$y=1.0082x$
8	滴灌 5 水种植密度 6000 株/亩	0.5675	$y=1.0262x$
9	不灌水种植密度 5500 株/亩	0.3482	$y=0.962x$
10	不灌水种植密度 6000 株/亩	0.4812	$y=1.0032x$
11	滴灌 4 水种植密度 5500 株/亩施肥 15kg/亩	0.2189	$y=1.0352x$
12	种植密度 5500 株/亩、45m³/亩畦灌一次	0.4886	$y=1.0094x$
13	种植密度 5500 株/亩、60m³/亩畦灌一次	0.4589	$y=0.9883x$
14	种植密度 5500 株/亩、75m³/亩畦灌一次	0.4218	$y=0.9997x$
	各检验小区平均值	0.4305	$y=1.0109x$

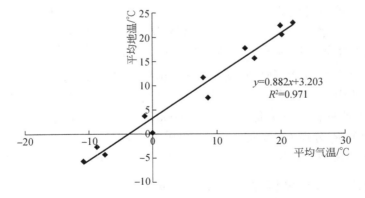

图 10.2　根区土壤温度（月平均值）与气温（月平均值）的关系

10.2.3　膜下滴灌玉米生长动态模型相关参数的率定

（1）叶面积指数

利用测试的叶面积指数资料分析确定叶面积指数随时间的变化过程，以相对生长速率（RDS）来表示生育期变化，所采用的数据为 5500 株/亩灌水 4 次、施肥 225kg/hm² 处理的叶面积指数。叶面积指数与相对生长速率拟合结果见式（10.24），其复相关系数 R^2=0.999：

$$LAI=21.73RDS^3-72.22RDS^2+65.82RDS-12.34 \tag{10.23}$$

（2）茎叶比

利用测试的干物质资料分析确定茎叶平衡系数随时间的变化过程，以相对生长速率来表征生育期生长变化，所采用的数据为 5000 株/亩灌水 4 次处理的茎重及叶重。茎叶生长平衡系数与相对生长速率拟合结果见式（10.24），其复相关系数 R^2=0.988：

$$K_{sl}=48.88RDS^3-136.5RDS^2+121.6RDS-31.84 \tag{10.24}$$

（3）粒茎比

利用测试的干物质资料分析确定粒茎平衡系数随时间的变化过程，以相对生长速率来表征生育期生长变化，所采用的数据为 5500 株/亩灌水 4 次施肥 1125kg/hm² 处理的茎重及籽粒重。粒茎生长平衡系数与相对生长速率拟合结果见式（10.25），复相关系数 R^2=0.995：

$$K_{se}=-17.89RDS^3+62.19RDS^2-52.14RDS+13.12 \tag{10.25}$$

（4）玉米根冠比

采用幂函数描述玉米根冠比（R）随时间的变化规律，见式（10.26），其决定系数 R^2=0.968：

$$R=0.0565RDS^{-1.2118} \tag{10.26}$$

10.2.4　玉米膜下滴灌作物水肥模型参数的确定

1. 膜下滴灌玉米水肥模型相关参数率定

作物产量模拟参数较多，包括茎叶比、粒茎比、根冠生长平衡系数、叶面积指数。水分胁迫指数、光合产物转化效率等两个参数是利用种植密度 5000 株/亩、灌水 5 次及种植密度 5000 株/亩、不灌水的两个小区的试验资料进行率定，率定结果，水分胁迫系数 σ 为 1.82，光合产物转化效率 Y_g 为 0.66。利用率定参数计算两个处理的茎、叶和籽粒干重模拟值与实测值的复相关系数 R^2，种植密度 5000 株/亩灌水 5 次处理的 R^2 分别为 0.7987、0.5901、0.9683，籽粒重的相关关系最好，次之为茎重，叶干物质重的相关性也较好，相关系数达到 0.55 以上，表明籽粒重的模拟效果最好；5000 株/亩不灌水处理的茎重、叶重及籽粒重模拟值与实测值的 R^2 分别为 0.8793、0.662、0.9539，均达到 0.65 以上，同样籽粒重的相关关系最好。这说明模型及参数能够反映膜下滴灌玉米对水分和养分胁迫的响应。

2. 膜下滴灌玉米水肥模型相关参数检验

利用其他小区（14 个小区）的叶重、茎重、籽粒重数据对率定的参数进行检验，表 10.5

给出了模型检验小区叶重、茎重及籽粒重模拟值与实测值的复相关系数 R^2 结果。表 10.6 给出了模型检验小区叶重、茎重及籽粒重模拟值与实测值的拟合关系式系数的结果。

由表 10.5 可以看出，全部处理的复相关系数，均以叶干物质重的最小，茎干物质重的次之，籽粒重最大。与王仰仁等（2016）报道的结果一致，表明本书建立的膜下滴灌玉米水肥模型能够较为准确地模拟水分养分胁迫对作物产量的影响。由表 10.6 可以看出，实测值与模拟值的拟合关系式（截距为 0 的直线方程），其系数有大于 1 的情况，也有小于 1 的情况，系数大于 1 表明模拟值小于实测值，系数小于 1 表明模拟值大于实测值；从系数平均值来看，其叶重、茎重、籽粒重拟合关系式系数平均值分别为 0.9766、1.0363、1.0333，均接近于 1，表明模拟值与实测值是很接近的。

表 10.5　模型检验小区叶重、茎重及籽粒重模拟值与实测值的复相关系数 R^2 结果

处理编号	处理内容	复相关系数 R^2		
		叶重 /(kg/hm²)	茎重 /(kg/hm²)	籽粒重 /(kg/hm²)
1	滴灌 3 水种植密度 5000 株/亩	0.3903	0.4627	0.9413
2	滴灌 3 水种植密度 5500 株/亩	0.6771	0.641	0.9958
3	滴灌 3 水种植密度 6000 株/亩	0.2384	0.327	0.8652
4	滴灌 4 水种植密度 5000 株/亩	0.3515	0.4935	0.8657
5	滴灌 4 水种植密度 5500 株/亩	0.5682	0.5244	0.9744
6	滴灌 4 水种植密度 6000 株/亩	0.4296	0.399	0.9535
7	滴灌 5 水种植密度 5500 株/亩	0.4059	0.4516	0.8669
8	滴灌 5 水种植密度 6000 株/亩	0.4173	0.5224	0.9018
9	不灌水种植密度 5500 株/亩	0.574	0.5644	0.9851
10	不灌水种植密度 6000 株/亩	0.5139	0.5281	0.9922
11	滴灌 4 水种植密度 5500 株/亩施肥 15kg/亩	0.5508	0.5444	0.9896
12	种植密度 5500 株/亩、45m³/亩畦灌一次	0.6452	0.6713	0.976
13	种植密度 5500 株/亩、60m³/亩畦灌一次	0.31	0.5114	0.8935
14	种植密度 5500 株/亩、75m³/亩畦灌一次	0.7078	0.5547	0.9442
	平均值	0.4843	0.5140	0.9389

表 10.6　模型检验小区叶重、茎重及籽粒重模拟值与实测值的拟合关系式的系数 b 结果

处理编号	处理内容	拟合关系式 $y=bx$ 系数 b		
		叶重 /(kg/hm²)	茎重 /(kg/hm²)	籽粒重 /(kg/hm²)
1	滴灌 3 水种植密度 5000 株/亩	0.8827	0.8791	1.1188
2	滴灌 3 水种植密度 5500 株/亩	1.2209	1.3571	1.2897
3	滴灌 3 水种植密度 6000 株/亩	0.8926	0.9424	0.9701
4	滴灌 4 水种植密度 5000 株/亩	0.8131	0.9401	0.8973
5	滴灌 4 水种植密度 5500 株/亩	1.0594	1.1622	1.1939
6	滴灌 4 水种植密度 6000 株/亩	0.8997	0.8463	0.7988
7	滴灌 5 水种植密度 5500 株/亩	0.9704	0.9798	1.0105
8	滴灌 5 水种植密度 6000 株/亩	0.8702	0.8889	0.9395

续表

处理编号	处理内容	拟合关系式 $y=bx$ 系数 b		
		叶重 /(kg/hm²)	茎重 /(kg/hm²)	籽粒重 /(kg/hm²)
9	不灌水种植密度 5500 株/亩	1.0580	1.0980	1.0601
10	不灌水种植密度 6000 株/亩	0.8282	0.8037	0.7831
11	滴灌 4 水种植密度 5500 株施肥 15kg/亩	1.0567	1.0877	1.1164
12	种植密度 5500 株/亩、45m³/亩畦灌一次	1.0915	1.1851	1.2281
13	种植密度 5500 株/亩、60m³/亩畦灌一次	1.0819	1.2045	1.2227
14	种植密度 5500 株/亩、75m³/亩畦灌一次	0.9470	1.1331	0.8378
系数平均值		0.9766	1.0363	1.0333

10.3 山西省玉米膜下滴灌分区灌溉制度

10.3.1 膜下滴灌玉米灌溉制度优化模型及求解

这里灌溉制度的确定是针对某一灌溉供水量进行灌溉制度优化，确定最优灌水时间，优化的目标是单位面积效益最大。由于作物需水量、产量计算的复杂性，本书中灌溉制度的优化属于非线性规划问题，其数学模型如下。

目标函数，单位面积效益最大：

$$\max B = P_c \cdot y - P_w \cdot m \cdot J_{IR} / \eta / 1.5 - P_{FE} \cdot W_{FE} \cdot J_{FE} - C_0 \tag{10.27}$$

约束条件，主要有灌水时间限制，即

$$\begin{cases} T_1 \leqslant x_1 < x_2 \\ x_{j-1} \leqslant x_j < x_{j+1} \\ x_{j-1} \leqslant x_j < T_m - T_2 \end{cases} \tag{10.28}$$

式中，B 为单位面积的纯收益，元/hm²；y 为产量，用作物水肥生产函数计算，kg/hm²；T_1 为当地玉米三叶期，以播种日算起的天数表示，d，$T_1 = 20d$；T_2 为停止灌水日，d，为了不影响收获，取 $T_2 = 20d$；x_j 为第 j 次灌水的时间，以播种日算起的天数表示，d；T_m 为当地玉米生长天数，d，对于本试区，$T_m = 153d$；式（10.27）中 1.5 为单位换算系数；J_{IR} 为膜下滴灌玉米全生育期的灌水次数；m 为灌水定额，为简化计算，本书中不考虑玉米生长期内灌水定额的变化，均取 $m = 22.5mm$；η 为膜下滴灌系统灌溉水利用系数，这里取 $\eta = 0.9$；P_c 和 P_w 分别为玉米产品价格和灌溉水价格，按照现行价格，这里取 $P_c = 1.6$ 元/kg，考虑灌水投工等，取 $P_w = 0.6$ 元/m³；P_{FE} 为追肥（尿素）价格，元/kg；按照当地时价，$P_{FE} = 2.0$ 元/kg；W_{FE} 为一次追肥的数量，kg/hm²，本书取 $W_{FE} = 150$ kg/hm²；J_{FE} 为玉米全生育期追肥次数，追肥始终随灌水进行，当 $J_{IR} \leqslant 3$ 时，每次灌水均追肥，即 $J_{FE} = J_{IR}$；当 $J_{IR} \geqslant 4$ 时，$J_{FE} = 3$，即膜下滴灌玉米全生育期最大追肥次数不超过 3；C_0 为除灌溉水外的其他农业投入，包括播种人工费、种子费、地膜费、收获费用、施肥（底肥）费用等，元/hm²，不随灌溉水量变化，取 $C_0 = 6225$ 元/hm²。

这里灌溉制度优化主要是确定灌水时间，优化的灌水时间具有明确的约束条件，因而可以采用多元非线性规划中的内点法求解。

10.3.2　膜下滴灌玉米分区典型年优化灌溉制度

本书采用典型县设计代表年的方法确定不同水文年的优化灌溉制度。首先依据玉米生长期的降水量做频率分析，求得各区不同水文年的降水量及其相应的典型年（见表 10.7），依据该典型年的逐日气象资料，利用式（2.58）确定参考作物需水量，采用二区模型计算不同灌水条件下的作物需水量；然后，考虑水分胁迫计算根、茎、叶和籽粒光合产物积累量，其中收获期的籽粒干物质重即为玉米产量。再利用式（10.27）计算效益。在某一灌水次数条件下，改变灌水时间，可得出相应的产量、效益，这样，按照式（10.28）考虑灌水时间的约束，可求得该灌水次数条件下的优化灌水时间及其相应的产量、效益和耗水量（见表 10.7）。如此可求得分区玉米膜下滴灌灌溉制度，见表 10.7。

表 10.7　玉米膜下滴灌分区灌溉制度

市/区名	典型县	水文年 （典型年）	灌水次数	灌水时间/d	灌溉定额 /(m³/hm²)	产量 /(kg/hm²)	效益 /(元/hm²)	耗水量 ET /mm
大同市 朔州市	大同	50%（2003）	3	65/69/80	675	9015	6381	297.6
		75%（1970）	3	52/65/85	675	8715	5936	313.4
		95%（2009）	4	49/65/71/88	900	9375	6735	347.3
	右玉	50%（2010）	3	49/85/93	675	8310	5355	266.3
		75%（1999）	4	45/65/96/100	900	8640	5666	287.2
		95%（2007）	4	65/75/80/99	900	8100	4883	259.5
忻州市	原平	50%（2004）	1	65	225	7320	4254	264.8
		75%（2000）	5	49/56/65/81/91	1125	8370	5093	286.3
		95%（1986）	6	49/65/72/78 /91/100	1350	8625	5306	312.9
晋中市	介休	50%（2010）	3	49/65/96	675	6555	2805	257.3
		75%（1961）	3	41/65/88	675	8070	5000	294.4
		95%（2000）	6	31/49/65/79/88/91	1350	7290	3363	273.1
太原市	太原	50%（1989）	4	65/79/86/100	900	7605	4158	264.4
		75%（1981）	5	32/65/89/93/100	1125	7710	4140	283.6
		95%（1997）	8	31/41/49/56 /75/79/89/100	1800	7740	3692	311.8
阳泉市	榆社	50%（2007）	3	45/65/74	675	7275	3845	253.9
		75%（2000）	5	34/49/65/88/91	1125	7560	3932	254.5
		95%（1986）	7	40/49/55/65 /79/89/100	1575	8040	4285	280.7

续表

市/区名	典型县	水文年 （典型年）	灌水次数	灌水时间/d	灌溉定额 /(m³/hm²)	产量 /(kg/hm²)	效益 /(元/hm²)	耗水量 ET /mm
阳泉市	阳泉	50%（1990）	0	—	—	7515	4695	269.1
		75%（1984）	4	49/63/85/95	900	7380	3824	272.9
		95%（1965）	5	49/56/65/91/99	1125	8430	5199	310.4
吕梁市	离石	50%（1992）	2	65/69	450	8235	5409	280.3
		75%（1974）	5	49/65/77/80/99	1125	8805	5742	313.7
		95%（1999）	6	36/49/65/84/97/100	1350	8520	5143	307.5
	兴县	50%（2003）	1	77	225	8715	6285	294.2
		75%（1984）	5	40/63/65/85/96	1125	8535	5345	307.2
		95%（1955）	6	36/49/65/77/84/100	1350	10410	7906	367.7

由表 10.7 可看出，不同水文年的灌水量差异较大，随着频率的增大，灌水次数增加，95%水文年的灌水次数最多，其变化范围为 900～1800 m³/hm²。山西省分区玉米膜下滴灌灌溉制度有明显差别，以 95%水文年为例，以榆社、太原灌区灌水次数最多，以右玉、大同灌区灌水次数最少。

参 考 文 献

白青波, 李旭, 田亚护等. 2015. 冻土水热耦合方程及数值模拟研究. 岩土工程学报, 37(S2): 131-136.

车政. 2017. 膜下滴灌玉米产量对其影响因素的反应及优化灌溉制度研究. 天津: 天津农学院.

陈恩波. 2009. 作物生长模拟研究综述. 中国农学通报, 25(22): 114-117.

陈金亮. 2016. 番茄果实生长和糖分模拟及节水调质优化灌溉决策研究. 北京: 中国农业大学.

陈新明, 蔡焕杰, 李红星等. 2007. 温室大棚内作物蒸发蒸腾量计算. 应用生态学报, 18(2): 317-321.

崔赫钊, 周青云, 韩娜娜等. 2023. 基于 HYDRUS-2D 模型的滴灌土壤水氮动态模拟研究. 灌溉排水学报, 42(4): 57-66.

崔远来, 袁宏源, 李远华. 1999. 考虑随机降雨时稻田高效节水灌溉制度. 水利学报, 30(7): 40-45.

豆静静. 2023. 冬小麦蒸散量法模型参数的确定及其应用. 天津: 天津农学院.

杜江涛, 张楠, 龚珂宁等. 2021. 基于 DSSAT 模型的南疆膜下滴灌棉花灌溉制度优化. 生态学杂志, 40(11): 3760-3768.

杜娟娟, 王仰仁, 李粉婵. 2017. 基于动态灌水下限值的冬小麦非充分灌溉预报研究. 节水灌溉, (5): 93-97.

段爱旺, 孙景生, 刘钰等. 2004. 北方地区主要农作物灌溉用水定额. 北京: 中国农业科学技术出版社.

樊贵盛, 郭文聪, 冯锦萍. 2018. 山西省地面畦灌优化灌水技术参数手册. 北京: 科学出版社.

范欣瑞. 2019. 山西省典型作物经济灌溉制度研究. 天津: 天津农学院.

冯绍元, 张瑜芳, 沈荣开. 1996. 非饱和土壤中氮素运移与转化试验及其数值模拟. 水利学报, (8): 8-15.

高国祥. 2021. 墒情预测在温室经济灌溉中的应用研究. 天津: 天津农学院.

高国祥, 王仰仁, 田文艳等. 2020. 基于实时监测数据的温室墒情预测研究. 节水灌溉, (10): 34-40.

郜森, 王恩煜, 朱昌伟等. 2021. 土壤含水率对温室甜瓜生长、产量及品质的影响. 西北农林科技大学学报 (自然科学版), (12): 2-9.

葛建坤, 罗金耀, 李小平. 2009. 滴灌大棚茄子需水量计算模型的定量分析比较. 灌溉排水学报, 28(5): 86-88.

顾哲, 袁寿其, 齐志明等. 2018. 基于 ET 和水量平衡的日光温室实时精准灌溉决策及控制系统. 农业工程学报, 34(23): 101-108.

关红杰, 李久生, 王军等. 2015. 第 6 章 滴灌均匀系数对西北干旱区棉花生长的影响. 见: 李久生, 栗岩峰, 赵伟霞等. 喷灌与微灌水肥高效安全利用原理. 北京: 中国农业出版社.

韩桐, 赵悦航, 黄晶等. 2019. AquaCrop 模型在华北平原黑龙港流域典型区冬小麦-夏玉米种植模式上的适用性评价. 中国农业大学学报, 24(7): 10-17.

韩洋, 齐学斌, 李平等. 2018. 再生水灌溉对作物及土壤安全性影响研究进展. 中国农学通报, 34(20): 96-100.

胡克林, 梁浩等. 2019. 农田土壤-作物系统过程模型及应用. 北京: 科学出版社.

胡庆芳, 尚松浩, 田俊武等. 2006. FAO56 计算水分胁迫系数的方法在田间水量平衡分析中的应用. 农业工程学报, 22(5): 40-43.

胡越. 2014. 设施黄瓜耗水规律及节水灌溉制度研究. 哈尔滨: 东北农业大学.

黄峰, 杨晓琳, 方瑜等. 2022. 适应水土资源条件的华北地区农业种植布局研究. 中国工程科学, 24(5): 89-96.

姜辛. 2013. 覆盖条件下玉米根际调控机理研究及根系吸水模型构建. 哈尔滨: 东北农业大学.

康猛. 2022. 河北平原冬小麦滴灌的适应性研究. 保定: 河北农业大学.

康绍忠. 2007. 农业水土工程概论. 北京: 中国农业出版社.

康绍忠. 2019. 贯彻落实国家节水行动方案推动农业适水发展与绿色高效节水. 中国水利, (13): 1-6.

康绍忠. 2022. 藏粮于水藏水于技——发展高水效农业保障国家食物安全. 中国水利, (13): 1-5.

康绍忠. 2023. 农业水利学. 北京: 中国水利水电出版社.

康绍忠, 刘晓明, 熊运章. 1994. 土壤—植物—大气连续体水分传输理论及其应用. 北京: 水利电力出版社.

康绍忠, 粟晓玲, 杜太生等. 2009. 西北旱区流域尺度水资源转化规律及其节水调控模式——以甘肃石羊河流域为例. 北京: 中国水利水电出版社.

康绍忠, 杨金忠, 裴源生等. 2013. 海河流域农田水循环过程与农业高效用水机制. 北京: 科学出版社.

康绍忠, 孙景生, 张喜英等. 2019. 中国北方主要作物需水量与耗水管理. 北京: 中国水利水电出版社.

康绍忠, 赵文智, 黄冠华等. 2020. 西北旱区绿洲农业水转化多过程耦合与高效用水调控——以甘肃河西走廊黑河流域为例. 北京: 科学出版社.

雷志栋, 杨诗秀, 谢森传. 1988. 土壤水动力学. 北京: 清华大学出版社.

李东阳. 2011. 冻土未冻水含量测试新方法的试验和理论研究. 北京: 中国矿业大学（北京）.

李法虎. 2006. 土壤物理化学. 北京: 化学工业出版社.

李继军, 陈雅慧, 周志华等. 2023. 植物对涝渍胁迫的适应机制研究进展. 植物科学学报, 41(6): 835-846.

李晶晶, 王铁良, 李波等. 2010. 日光温室滴灌条件下不同灌水下限对青椒生长的影响. 节水灌溉, (2): 24-26, 29.

李久生. 2020. 再生水滴灌原理与应用. 北京: 科学出版社.

李久生, 栗岩峰, 赵伟霞等. 2015. 喷灌与微灌水肥高效安全利用原理. 北京: 中国农业出版社.

李亮, 史海滨, 贾锦凤等. 2010. 内蒙古河套灌区荒地水盐运移规律模拟. 农业工程学报, 26(1): 31-35.

李鑫鑫, 刘洪光, 龚萍等. 2018. 膜下滴灌棉花不同种植模式土壤水分分布规律研究与数值模拟. 节水灌溉, (8): 23-29.

李彦, 雷晓云, 白云岗. 2013. 不同灌水下限对棉花产量及水分利用效率的影响. 灌溉排水学报, 32(4): 132-134.

李毅, 陈新国, 赵会超等. 2021. 土壤干旱遥感监测的最新研究进展. 水利与建筑工程学报, 19(1): 1-7.

李泳霖. 2019. 农田土壤水盐动态模拟及调控增产效果研究. 天津: 天津农学院.

李永秀, 罗卫红, 倪纪恒等. 2006. 温室黄瓜干物质分配与产量预测模拟模型初步研究. 农业工程学报, 22(2): 116-121.

李永秀, 景元书, 金志凤等. 2007. 温室番茄生长发育模拟模型的验证. 浙江农业科学, 1(3): 252-254.

李玉山. 1981. 测定土壤水势的离心机法. 土壤, 13(4): 143-146.

李远华. 1999. 节水灌溉理论与技术. 武汉: 武汉水利电力大学出版社.

李韵珠, 李保国. 1998. 土壤溶质运移. 北京: 科学出版社.

李振华, 姜熙, 孟维忠等. 2018. 基于温室番茄生长、产量和品质确定适宜滴灌灌水下限与氮肥、钾肥施用量. 中国农村水利水电, (2): 15-19.

刘传宏. 2018. 大庆地区双膜日光温室内部环境因子监控研究. 大庆: 黑龙江八一农垦大学.

刘洪光, 白振涛, 李开明. 2021. 基于 HYDRUS-2D 模型的膜下滴灌暗管排水棉田土壤盐分变化. 农业工程学报, 37(2): 130-141.

刘培斌, 丁跃元, 张瑜芳. 2000. 田间一维饱和—非饱和土壤中氮素运移与转化的动力学模式研究. 土壤学报, 37(4): 490-498.

刘铁梅, 谢国生. 2010. 农业系统分析与模拟. 北京: 科学出版社.

刘小飞, 张寄阳, 孙景生等. 2012. 自动补水蒸发皿装置的原理及应用. 排灌机械工程学报, 30(1): 80-84.

娄成后, 王学臣. 2001. 作物产量形成的生理学基础. 北京: 中国农业出版社.

卢振民, 熊勤学. 1991. 冬小麦根系各种参数垂直分布实验研究. 应用生态学报, 2(2): 127-133.

罗卫红. 2008. 温室作物生长模型与专家系统. 北京: 中国农业出版社.

罗远培. 1992. 华北地区非充分供水条件下的冬小麦优化灌溉. 见:许越先, 刘昌明. 农业用水有效性研究. 北京: 科学出版社.

马波, 周青云, 张宝忠等. 2020. 基于 HYDRUS-2D 的滨海地区膜下滴灌土壤水盐运移模拟研究. 干旱地区农业研究, 38(5): 182-191.

马宁. 2021. 塑料大棚越冬莴笋生长发育模拟模型研究. 兰州: 甘肃农业大学.

茆智, 李远华, 李会昌. 2002. 实时灌溉预报. 中国工程科学, 4(5): 24-33.

倪纪恒. 2005. 温室番茄生长发育模拟模型研究. 南京: 南京农业大学.

牛勇, 刘洪禄, 吴文勇等. 2009. 不同灌水下限对日光温室黄瓜生长指标的影响. 灌溉排水学报, 28(3): 81-84.

潘庆民, 鹿永宗, 张志等. 2024. 茶树喷灌防霜中植株储水/冰量动态变化与影响因素研究. 农业机械学报, 55(2): 180-187.

潘学标. 2003. 作物模型原理. 北京: 气象出版社.

乔玉辉, 宇振荣, Driessen P M 等. 2002. 冬小麦干物质在各器官中的累积和分配规律研究. 应用生态学报, 13(5): 543-546.

邱美娟, 刘布春, 刘园等. 2020. 中国北方主产地苹果始花期模拟及晚霜冻风险评估. 农业工程学报, 36(21): 154-163.

全国农业技术推广服务中心. 2010. 灌溉施肥初级教程. 北京: 中国农业出版社.

任梦之. 2021. 基于蒸发互补原理的新疆干旱灌区节水灌溉效果评估. 西安: 西安理工大学.

荣丰涛. 1986. 节水型农田灌溉制度的初步研究. 水利水电技术, (07): 17-21.

尚熳廷, 冯杰, 刘佩贵等. 2009. SWCC 测定时吸力计算公式与最佳离心时间的探讨. 河海大学学报(自然科学版), 37(1): 12-15.

尚松浩, 毛晓敏, 雷志栋等. 2009. 土壤水分动态模拟模型及其应用. 北京: 科学出版社.

邵东国, 过龙根, 王修贵等. 2012. 水肥资源高效利用. 北京: 科学出版社.

沈洪政. 2018. 限量供水灌溉预报增产效益研究. 天津: 天津农学院.

史海滨, 李瑞平, 杨树青. 2011. 盐渍化土壤水热盐迁移与节水灌溉理论研究. 北京: 中国水利水电出版社.

施建忠, 王天铎. 1994. 植物营养生长期同化物分配的机理模型. 植物学报, 36(3): 181-189.

时晴晴. 2023. 区域干旱程度对春玉米蒸散量法模型参数影响的研究. 天津: 天津农学院.

舒心. 2022. 冻融作用下非饱和土壤土-水-冰三相中抗生素分配规律及数值模拟研究. 重庆: 重庆大学.

水利部农村水利司, 中国灌溉排水发展中心. 2012. 旱作物地面灌溉节水技术. 郑州: 黄河水利出版社.

苏丽娜. 2014. 天津设施农业发展现状、问题与对策建议. 天津农业科学, 20(8): 75-77.

孙景生, 刘祖贵, 肖俊夫等. 1998. 冬小麦节水灌溉的适宜土壤水分上, 下限指标研究. 中国农村水利水电, (9): 10-12.

孙梦莹. 2014. 温室滴灌应用现状与滴灌设计参数研究. 杨凌: 西北农林科技大学.

孙敏章, 刘钰, 王介民. 2003. 遥感在灌溉农业中研究和可行性应用实例.见:中国灌溉排水发展中心,水利部 GEF 海河项目办公室. 利用遥感监测 ET 技术研究与应用. 北京: 中国农业科学技术出版社. 37-48.

谭军利, 王西娜, 田军仓等. 2018. 不同微咸水灌水量条件下覆砂措施对土壤水盐运移的影响.农业工程学报, 34(17): 100-108.

仝国栋, 刘洪禄, 吴文勇等. 2013. 不同水分处理对茄子生长与产量品质的影响. 排灌机械工程学报, 31(6): 540-545.

涂修亮, 胡秉民, 程功煌等. 1999. 小麦叶面积指数变化的模拟. 作物研究, 13(1): 14-15.

王浩. 2019. 温室滴灌典型作物经济灌水下限研究. 天津: 天津农学院.

王红旗, 鞠建华. 1998. 城市环境氮污染模拟与防治. 北京: 北京师范大学出版社.

王健, 蔡焕杰, 李红星等. 2006. 日光温室作物蒸发蒸腾量的计算方法研究及其评价. 灌溉排水学报, 25(6): 11-14.

王建东, 许迪, 龚时宏等. 2020. 覆盖滴灌水肥高效利用调控与模拟. 北京: 科学出版社.

王介民. 2003. 流域尺度 ET（蒸发蒸腾量）的遥感反演.见: 中国灌溉排水发展中心, 水利部 GEF 海河项目办公室. 利用遥感监测 ET 技术研究与应用. 北京: 中国农业科学技术出版社. 8-17.

王京伟. 2017. 覆膜滴灌对大棚作物根区土壤微环境及作物生长的影响. 杨凌: 西北农林科技大学.

王康. 2002. 节水条件下 SPAC 系统氮素迁移与作物增产和环境效应研究. 武汉: 武汉大学.

王康. 2010. 非饱和土壤水流运动及溶质运移. 北京: 科学出版社.

王全九, 樊军, 王卫华等. 2017. 土壤气体传输与更新. 北京: 科学出版社.

王水献, 董新光, 吴彬等. 2012. 干旱盐渍土区土壤水盐运动数值模拟及调控模式.农业工程学报, 28(13): 142-148.

王铁英. 2022. 作物水分生产函数改进及其在灌水时间确定方法中的应用研究. 天津: 天津农学院.

王铁英, 王仰仁, 柴俊芳等. 2022. 根系水分胁迫响应函数对土壤水及作物生长动态和产量模拟影响的研究. 干旱区地理, 45(2): 566-577.

王文娟. 2016. 日光温室番茄灌溉制度及水肥耦合效应研究. 沈阳: 沈阳农业大学.

王文焰. 1994. 波涌灌溉试验研究与应用. 西安: 西北工业大学出版社.

王晓森, 常晓, 孟兆江等. 2016. 不同灌水下限与底肥施用对温室番茄光合特性、产量和品质的影响. 灌溉排水学报, 35(3): 45-50.

王仰仁. 2004. 考虑水分和养分胁迫的 SPAC 水热动态与作物生长模拟研究. 杨凌: 西北农林科技大学.

王仰仁, 孙小平. 2003. 山西农业节水理论与作物高效用水模式. 北京: 中国科学技术出版社.

王仰仁, 孙书洪, 叶澜涛等. 2009. 农田土壤水分二区模型的研究. 水利学报, 40(8): 904-909.

王仰仁, 李松敏, 孙新忠等. 2010a. 基于概念模型的棉田土壤水分变化模拟研究. 节水灌溉, (3): 8-11, 14.

王仰仁, 李松敏, 王文龙等. 2010b. 基于概念模型的麦田土壤水分动态模拟研究. 气象, 36(12): 102-108.

王仰仁, 李炎, 金建华等. 2013. 反演法确定田间尺度水分运动参数的研究. 天津农学院学报, 20(1): 1-6.

王仰仁, 杜秀文, 张绍强. 2016. 限量供水条件下灌溉预报增产效益分析. 中国农村水利水电, (12): 1-7.

王尧. 2005. 温室黄瓜干物质积累经验模型的构建及其与机理模型的比较. 北京: 中国农业大学.

王愿斌, 王佳铭, 樊媛媛. 2019. 土壤水分特征曲线模型模拟性能评价. 冰川冻土, 41(6): 1448-1455.

王泽义, 张恒嘉, 王玉才等. 2018. 马铃薯膜下滴灌水肥一体化研究进展. 农业工程, 8(10): 86-89.

王振华. 2014. 典型绿洲区长期膜下滴灌棉田土壤盐分运移规律与灌溉调控研究. 北京: 中国农业大学.

王振华, 韩美琪, 宋利兵等. 2022. 加气对西北旱区膜下滴灌棉花生长与水分利用效率的影响. 农业工程学报, 38(14): 108-116.

毋海梅, 闫浩芳, 张川等. 2020. 温室滴灌黄瓜产量和水分利用效率对水分胁迫的响应. 农业工程学报, 36(9): 84-93.

吴文勇, 刘洪禄, 郝仲勇等. 2008. 再生水灌溉技术研究现状与展望. 农业工程学报, 24(5): 302-306.

吴训. 2019. 土壤水分亏缺对作物蒸腾耗水的胁迫影响及其定量表征. 北京: 中国农业大学.

谢祝捷, 陈春宏, 余纪柱等. 2004. 上海自控温室黄瓜干物质生产和分配模拟模型研究. 上海农业学报, 20(1): 75-79.

徐学祖, 邓友生. 1991. 冻土中水分迁移的实验研究. 北京: 科学出版社.

徐学祖, 王家澄, 张立新. 2001. 冻土物理学. 北京: 科学出版社.

许迪, 章少辉, 白美健等. 2017. 畦田施肥灌溉地表水流溶质运动理论与模拟. 北京: 科学出版社.

杨金忠, 朱焱, 查元源等. 2016. 地下水与土壤水运动数学模型和数值方法. 北京: 科学出版社.

杨靖民, 杨靖一, 姜旭等. 2012. 作物模型研究进展. 吉林农业大学学报, 34(5): 553-561.

杨林林, 杨培岭, 任树梅等. 2006. 再生水灌溉对土壤理化性质影响的试验研究. 水土保持学报, 20(2): 82-85.

杨威, 朱建强, 吴启侠. 2013. 油菜受渍对产量的影响及排水指标研究. 灌溉排水学报, 32(6): 31-49.

杨再强, 邱译萱, 刘朝霞等. 2016. 土壤水分胁迫对设施番茄根系及地上部生长的影响. 生态学报, 36(3): 748-757.

姚丽. 2020. 限量供水条件下精准灌溉技术集成效益分析. 天津: 天津农学院.

张宝珠. 2022. 限量供水条件下冬小麦灌水时间决策方法研究. 天津: 天津农学院.

张富仓, 康绍忠, 潘英华. 1998. 黄土区土壤—水环境中溶质（养分）运移机制及其数值模拟. 见: 康绍忠, 梁银丽, 蔡焕杰等. 旱区水—土—作物关系及其最优调控原理. 北京: 中国农业出版社.

张富仓, 张一平, 张君常. 1996. 土壤导水参数的温度效应及其数学模式. 水利学报, (12): 8-14.

张伶龡. 2017. ZigBee 无线传感网络下寒地水稻智能灌溉系统的研究. 哈尔滨: 东北农业大学.

张梦佳, 李炎, 王仰仁等. 2024. 植被类型对晋南土壤入渗及地面水流糙率影响的研究. 节水灌溉, (2): 1-8.

张乃明. 2006. 设施农业理论与实践. 北京: 化学工业出版社.

张硕硕. 2020. 冬小麦-夏玉米复种连作灌溉制度优化研究. 郑州: 华北水利水电大学.

张蔚榛. 1981. 包气带水分运移问题讲座(一)——包气带水分运移基本方程. 水文地质工程地质, (1): 49-53.

张亚莉, 周桂荣, 王宏宇等. 2011. 膜下滴灌与膜下沟灌对设施黄瓜生长发育及生长环境的影响. 北方园艺, (13): 55-56.

张真和, 马兆红. 2017. 我国设施蔬菜产业概况与"十三五"发展重点——中国蔬菜协会副会长张真和访谈录. 中国蔬菜, (5): 1-5.

赵毅红. 2023. HYDRUS-1D 冻融模型模拟土壤水热的热导率参数化方案扩展. 杨凌: 西北农林科技大学.

赵颖, 纪建伟, 崔会坤等. 2017. 基于作物蒸散量模型的新型滑盖温室智能灌溉系统设计. 节水灌溉, (8): 83-87, 91.

中华人民共和国国家质量监督检验检疫总局, 中国国家标准化管理委员会. 2017. 管道输水灌溉工程技术规范(GB/T 20203-2017). 北京: 中国标准出版社.

周静. 2009. 温室水果黄瓜生长发育模拟模型研究. 南京: 江苏大学.

周青云, 康绍忠. 2007. 葡萄根系分区交替滴灌的土壤水分动态模拟. 水利学报, 38(10): 1245-1252.

周青云, 李松敏, 孙书洪等. 2017. 基于 Hydrus-2D 的负压灌溉水分动态模拟. 人民黄河, 39(08): 133-136.

朱建强. 2007. 易涝易渍农田排水应用基础研究. 北京: 科学出版社.

朱建强, 欧光华, 张文英等. 2003. 涝渍相随对棉花产量与品质的影响. 中国农业科学, 36(9): 1050-1056.

朱文东, 杨帆. 2019. 潜水作用下土壤水盐运移过程. 土壤与作物, 8(1): 11-22.

朱艳, 蔡焕杰, 宋利兵等. 2016. 加气灌溉下气候因子和土壤参数对土壤呼吸的影响. 农业机械学报, 47(12): 223-232.

朱永宁, 张磊, 马国飞等. 2020. 基于危害积温的枸杞花期霜冻指标试验. 农业工程学报, 36(14): 188-193.

Ahmadi S H, Agharezaee M, Kamgar-Haghighi A, et al. 2013. Effects of dynamic and static deficit and partial root zone drying irrigation strategies on yield, tuber sizes distribution and water productivity of two field grown potato cultivars. Agricultural Water Management, 134: 126-136.

Allen R, Pereira L, Raes D, et al. 1998. Crop evapotranspiration: guidelines for computing crop water requirements-FAO irigation and drainage paper 56. Rome: Food and Agriculture Organization of the United Nations.

Bastiaanssen W G M, Menenti M. Feddes R A, et al. 1998a. A remote sensing surface energy balance algorithm for land(SEBAL). part 1: formulation. Journal of Hydrology. 212-213: 198-212.

Bastiaanssen W G M, Pelgrum H, Wang J, et al. 1998b. A remote sensing surface energy balance algorithm for land(SEBAL). part 2: validation. Journal of Hydrology. 212-213: 213-229.

Ben-Noah I, Friedman S P. 2016. Oxygation of clayey soils by adding hydrogen peroxide to the irrigation solution: Lysimetric experiments. Rhizosphere, 2: 51-61.

Bhattarai S, Pendergast L, Midmore D. 2006. Root aeration improves yield and water use efficiency of tomato in heavy clay and saline soils. Scientia Horticulturae, 108(3): 278-288.

Bidondo D, Andreau R, Martinez S, et al. 2012. Comparison of the effect of surface and subsurface drip irrigation on water use, growth and production of a greenhouse tomato crop. Acta Horticulturae, (927): 309-313.

Bierhuizen J F, Slatyer R O. 1965. Effects of atmospheric concentration of water vapour and CO2 indeterming transpiration-photosynthesis relationships of cotton leaves, Agricultural. Meteorology, 2: 259-270.

Bresler E, McNeal B L, Carter D L. 1982. Saline and Sodic Soils: Principles-Dynamics-Modeling. Heidelberg: Springer Berlin.

Celia M A, Bouloutas E F. 1990. A general mass-conservative numerical solution for the unsaturated flow equation, Water Resources Research, 26(7): 1483-1496.

Chung S O, Horton R. 1987. Soil heat and water flow with partial surface mulch. Water Resources Research, 23(12): 2175-2186.

Debye P, Hückel E. 1923. Theory of electrolyte 1. Lowering of freezing point and related phenomena. Physikalische Zeitschrift, 24: 185-206.

Driessen P M, Konijn N T. 1997. 土地利用系统分析. 宇振荣, 王建武, 邱建军译校. 北京: 中国农业科技出版社.

Feddes R A, Kawalik P J, Zaradny H. 1978. Simulation of field water use and crop yield. Wageningen: Pudoc.

Federer C A. 1979. A soil-plant-atmosphere model for transpiration and availability of soil water. Water Resources Research, 15(3):555-562.

Fuchs M, Campbell G S, Papendick R I. 1978. An analysis of sensible and latent heat flow in a partially frozen unsaturated soil. Soil Science Society of America Journal, 42(3): 379-385.

Fukao T, Barrera-Figueroa B E, Juntawong P, et al. 2019. Submergence and waterlogging stress in plants: a review highlighting research opportunities and understudied aspects. Frontiers in plant science, 10: 340-348.

Hansson K, Šimůnek J, Mizoguchi M, et al. 2004. Water flow and heat transport in frozen soil: numerical solution and freeze–thaw applications. Vadose Zone Journal, 3(2): 693-704.

Heisey L, Heinemann P, Morrow C, et al. 1994. Automation of an intermittent overhead irrigation frost protection system for an apple orchard. Applied Engineering in Agriculture. 10(5): 669-675.

Hillel D, Talpaz H, van Keulen H. 1976. A macroscopic-scale model of water uptake by a non-uniform root system and of water and salt movement in the soil profile. Soil Science, 121: 242-255.

Keshavarz M R, Vazifedoust M, Alizadeh A. 2014. Drought monitoring using a soil wetness deficit index (SWDI) derived from MODIS satellite data. Agricultural Water Management, 132: 37-45.

Khan M S, Jeong J, Choi M. 2021. An improved remote sensing based approach for predicting actual Evapotranspiration by integrating LiDAR. Advances in Space Research, 68(4): 1732-1753.

Kläring H P, Zude M. 2009. Sensing of tomato plant response to hypoxia in the root environment. Scientia Horticulturae, 122(1): 17-25.

Koc A B, Heinemann P H, Crassweller R, et al. 2000. Automated cycled sprinkler irrigation system for frost protection of apple buds. Applied Engineering in Agriculture, 16(3): 231-240.

Leij F, Dane J H. 1990. Determination of exchange isotherms for modeling cation transport in soils. Soil Science. 150(5):816-826.

Liang H, Li F, Nong M. 2013. Effects of alternate partial root-zone irrigation on yield and water use of sticky maize with fertigation. Agricultural Water Management, 116(1): 242-247.

Ling G, EI-Kadi A I. 1998. A lumped parameter model for nitrogen transformation in the unsaturated zone. Water Resources Research, 34(2): 203-212.

Lu Y, Hu Y, Li P. 2017. Consistency of electrical and physiological properties of tea leaves on indicating critical cold temperature. Biosystems Engineering, 159: 89-96.

Lu Y, Hu Y, Zhao C, et al. 2018. Modification of water application rates and intermittent control for sprinkler frost protection. Transactions of the ASABE, 61(4): 1277-1285.

Molz F J. 1981. Models of water transport in the soil-plant system: A review. Water Resources Research, 17(5): 1254-1260.

Molz F J, Remson I. 1970. Extracting term models of soil moisture use by transpiring plants. Water Resources

Research, 6(5): 1346-1356.

Nan W, Yue S, Huang H, et al. 2016. Effects of plastic film mulching on soil greenhouse gases (CO_2, CH_4 and N_2O) concentration within soil profiles in maize fields on the Loess Plateau, China. Journal of Integrative Agriculture, 15(2): 451-464.

Nimah M N, Hanks R J. 1973. Model for estimating soil water, plant and atmosphere interrelations. Soil Science Society of America Journal, 37(4): 522-527.

Olszewski F, Jeranyama P, Kennedy C D, et al. 2017. Automated cycled sprinkler irrigation for spring frost protection of cranberries. Agricultural Water Management, 189(31): 19-26.

Penning de Vries FWT, Jansen D M, Berge HFM, et al. 1989. Simulation of ecophysiological processes of growth in several annual crops. Wageningen: Pudoc.

Perea R G, García I F, Arroyo M M, et al. 2017. Multiplatform application for precision irrigation scheduling in strawberries . Agricultural Water Management, 183(31): 194-201.

Raju K S, Lee E S, Biere A W, et al. 1983. Irrigation scheduling based on a dynamic crop response model. Advances in Irrigation, 2: 257-271.

Rattan R K, Datta S P, Chhonkar P K, et al. 2005. Long-term impact of irrigation with sewage effluents on heavy metal content in soils, crops and groundwater—a case study. Agriculture, Ecosystems & Environment, 109(3-4): 310-322.

Rezaei M, Ghasemieh H, Abdollahi K. 2021. Simplified version of the METRIC model for estimation of actual evapotranspiration. International Journal of Remote Sensing, 42(14): 5568-5599.

Rogers E D, Benfey P N. 2015. Regulation of plant root system architecture: implications for crop advancement. Current Opinion in Biotechnology, 32(32C): 93-98.

Santos L N S D, Matsura E E, Gonçalves I Z, et al. 2016. Water storage in the soil profile under subsurface drip irrigation: evaluating two installation depths of emitters and two water qualities. Agricultural Water Management, 170: 91-98.

Setter T L, Waters I. 2003. Review of prospects for germplasm improvement for waterlogging tolerance in wheat, barley and oats. Plant and Soil, 253(1): 1-34.

Shahzad K, Bary A I, Collins D P, et al. 2019. Carbon dioxide and oxygen exchange at the soil-atmosphere boundary as affected by various mulch materials. Soil Tillage Research, 194: 104335.

Shi Q Q, Wang Y R, Li Y. 2021. Correlation Study on the response of maize growth to water and nutrient stress. 9th International Conference on Agro-Geoinformatic. Shenzhen: 1-5.

Shuttleworth W J, Wallace C. 1985. Evaporation from sparse crops: an energy combination theory. Quarterly Journal of the Royal Meteorological Society, 111(469): 839-855.

Šimůnek J, van Genuchten M T, Šejna M. 2008. Development and applications of the HYDRUS and STANMOD software packages and related codes. Vadose Zone Journal, 7(2): 587-600.

Šimůnek J, Šejna M, Saito H, et al. 2013. The HYDRUS-1D software package for simulating the one-dimensional movement of water, heat, and multiple solutes in variably saturated media, Version 4.17, HYDRUS Software Series 3. California: Department of Environmental Sciences University of California Riverside.

Singh R P, Paramanik S, Bhattacharya B, et al. 2020. Modelling of evapotranspiration using land surface energy balance and thermal infrared remote sensing. Tropical Ecology, 61(3): 42-50.

Sparks D L. 1989. Kinetics of Soil Chemical Processes. London: Academic Press.

Sridhar V, Hubbard K G, You J, et al. 2008. Development of the soil moisture index to quantify agricultural drought and its "user friendliness" in severity-area-duration assessment. Journal of Hydrometeorology, 9: 660-676.

Stombaugh T S, Heinemann P H, Morrow C T, et al. 1992. Automation of a pulsed irrigation system for frost protection of strawberries. Applied Engineering in Agriculture, 8(5): 597-602.

Stutzel H, Charles-Edwards D A, Beech D F. 1988. A model of the partitioning of new above ground dry matter. Annals of Botany, 61(4): 481-487.

Thornley J H M, Johnson I R. 2000. Plant and Crop Modelling: A Mathematical Approach to Plant and Crop Physiology. New Jersey: Blackburn Press.

Thysen I, Detlefsen N K. 2006. Online decision support for irrigation for farmers. Agricultural Water Management, 86(3): 269-276.

van Genuchten M Th. 1980. A closed-form equation for Predicting the hydraulic conductivity of unsaturated soils. Soil Science Society of America Journal, 44(5): 892-898.

van Genuchten M Th. 1987. A Numerical Model for Water and Solute Movement in and Below the Root Zone. Riverside: US Salinity Laboratory.

Vrugt J A, Hopmans J W, Šimůnek J. 2001. Calibration of a two-dimensional root water uptake model. Soil Science Society of America Journal, 65(4): 1027-1037.

Wesseling J G, Brandyk T. 1985. Introduction of the occurrence of high groundwater levels and surface water storage in computer program SWATRE. Wageningen: Instituut voor Cultuurtechniek en Waterhuishouding (ICW).

Xu X, Huang G H, Sun C, et al. 2013. Assessing the effects of water table depth on water use, soil salinity and wheat yield: Searching for a target depth for irrigated areas in the upper Yellow River basin. Agricultural Water Management, 125: 46-60.

Zhang B Z, Wang Y R. 2021. Study on the response of winter wheat growth correlation to water and nutrient stress. 9th International Conference on Agro-Geoinformatics. Shenzhen: 1-6.

Zhou Q, Kang S, Zhang L, et al. 2007. Comparison of APRI and HYDRUS-2D models to simulate soil water dynamics in a vineyard under alternate partial root zone drip irrigation. Plant and Soil, 291: 211-223.

附录A 作物系数

表A.1 春小麦分阶段起止时间和作物系数统计表

地区	项目	播种—拔节	拔节—抽穗	抽穗—灌浆	灌浆—收获	全生育期
大同	起止日期（月/日）	4/1～5/20	5/21～6/10	6/11～6/20	6/21～7/20	4/1～7/20
	作物系数	0.45	0.45～1.25	1.25	1.25～0.6	
忻州	起止日期（月/日）	4/1～5/12	5/13～6/1	6/2～6/13	6/14～7/13	4/1～7/13
	作物系数	0.45	0.45～1.25	1.25	1.25～0.6	

表A.2 冬小麦分阶段起止时间和作物系数统计表

地区	项目	播种—越冬	越冬—返青	返青—拔节	拔节—抽穗	抽穗—灌浆	灌浆—收获	全生育期
吕梁	起止日期（月/日）	9/22～11/20	11/21～3/10	3/11～4/20	4/21～5/13	5/14～6/1	6/2～6/29	9/22～6/29
	作物系数	0.6	0.6～0.4	0.4	0.4～1.3	1.3	1.3～0.5	
晋中	起止日期（月/日）	9/22～11/20	11/21～3/10	3/11～4/20	4/21～5/13	5/14～6/1	6/2～6/29	9/22～6/29
	作物系数	0.6	0.6～0.4	0.4	0.4～1.3	1.3	1.3～0.5	
长治晋城	起止日期（月/日）	9/27～11/24	11/25～3/3	3/4～4/10	4/11～5/4	5/5～5/26	5/27～6/20	9/27～6/20
	作物系数	0.6	0.6～0.4	0.4	0.4～1.3	1.3	1.3～0.5	
临汾	起止日期（月/日）	10/5～12/20	12/21～2/16	2/17～4/2	4/3/1～5/1	5/2～5/19	5/20～6/10	10/5～6/10
	作物系数	0.6	0.6～0.4	0.4	0.4～1.3	1.3	1.3～0.5	
运城	起止日期（月/日）	10/1～12/20	12/21～2/10	2/11～3/20	3/21～4/20	4/21～5/10	5/11～6/3	10/1～6/3
	作物系数	0.6	0.6～0.4	0.4	0.4～1.3	1.3	1.3～0.5	

表A.3 山西省分区玉米各阶段的作物系数 Kc

地区	试验站	作物	生育阶段					全生育期
			播种—出苗	出苗—拔节	拔节—抽雄	抽雄—灌浆	灌浆—成熟	
运城	夹马口	春玉米	0.47	0.53	1.085	1.22	0.805	0.95
长治晋城	黎城漳北	春玉米	0.68	0.78	1.15	1.34	0.82	1.00
晋中	潇河	春玉米	0.24	0.51	1.15	1.34	0.60	0.84
忻州	阳武河	春玉米	0.41	0.56	1.14	0.94	0.74	1.02
大同	大同御河	春玉米	0.40	0.57	1.04	1.29	0.85	1.00
地区	试验站	作物	播种—出苗	出苗—抽雄		抽雄—灌浆	灌浆—成熟	全生育期
临汾	霍泉	夏玉米	0.84	1.02		1.18	0.71	0.97
运城	夹马口	夏玉米	0.33	1.10		1.19	0.86	1.10
运城	鼓水	夏玉米	0.89	0.82		1.26	0.62	1.11
运城	红旗	夏玉米	0.72	1.07		1.25	0.85	1.13

表 A.4　经济作物的作物系数 *Kc*

作物名称	马铃薯					全生育期
生育阶段	播种—出苗	出苗—分枝	分枝—现蕾	现蕾—开花	开花—成熟	
作物系数	0.30	0.59	1.01	0.85	0.78	0.86

作物名称	甜菜					全生育期
生育阶段	播种—出苗	出苗—苗前	苗前—苗后	苗后—结实	结实—收获	
作物系数	0.22	0.52	1.22	1.46	1.03	0.88

作物名称	油菜					全生育期
生育阶段	播种—出苗	出苗—拔节	拔节—开花	开花—灌浆	灌浆—收获	
作物系数	0.46	0.31	1.46	1.51	1.19	0.92

作物名称	黄花				全生育期
生育阶段	移植—开花	开花—盛果	盛果—变红	变红—收获	
作物系数	0.52	0.99	1.23	0.90	0.82

作物名称	苹果							全生育期
生育阶段	休眠—萌芽	萌芽—现蕾	现蕾—开花	开花—座果	座果—膨大	膨大—成熟	成熟—收获	
作物系数	0.50	0.98	1.08	1.17	1.26	1.40	1.31	1.12

作物名称	棉花						全生育期
生育阶段	播种—出苗	出苗—现蕾	现蕾—开花	开花—结铃	结铃—吐絮	吐絮—拔杆	
作物系数	0.43	0.43	0.52	1.44	1.51	0.76	0.98

作物名称	油葵				全生育期
生育阶段	移植—开花	开花—盛果	盛果—变红	变红—收获	
作物系数	0.99	1.04	1.35	1.17	1.25

作物名称	苘子白					全生育期
生育阶段	播种—出苗	出苗—拔节	拔节—开花	开花—灌浆	灌浆—收获	
作物系数	0.41	0.42	0.82	1.07	1.02	0.84

作物名称	尖椒				全生育期
生育阶段	移植—开花	开花—盛果	盛果—变红	变红—收获	
作物系数	0.46	1.58	1.00	0.86	0.80

作物名称	西葫芦			全生育期
生育阶段	种植—始花	始花—始收	始收—末收	
作物系数	0.34	1.43	1.30	0.34

作物名称	南瓜			全生育期
生育阶段	种植—始花	始花—始收	始收—末收	
作物系数	0.33	1.06	0.78	0.53

作物名称	辣椒			全生育期
生育阶段	种植—始花	始花—始收	始收—末收	
作物系数	0.40	1.34	1.22	0.68

作物名称	青椒			全生育期
生育阶段	种植—始花	始花—始收	始收—末收	
作物系数	0.51	1.30	1.15	0.67

作物名称	茄子			全生育期
生育阶段	种植—始花	始花—始收	始收—末收	
作物系数	0.67	1.25	1.15	0.74

作物名称	番茄			全生育期
生育阶段	种植—始花	始花—始收	始收—末收	
作物系数	0.96	1.44	1.37	1.13

作物名称	黄瓜			全生育期
生育阶段	种植—始花	始花—始收	始收—末收	
作物系数	0.58	1.08	0.96	0.77

作物名称	黄豆					全生育期
生育阶段	播种—出苗	出苗—始花	始花—花盛	花盛—终花	终花—收获	
作物系数	0.42	0.65	0.92	1.11	0.86	0.71

作物名称	黍子						全生育期
生育阶段	播种—出苗	出苗—分蘖	分蘖—拔节	拔节—抽穗	抽穗—灌浆	灌浆—成熟	
作物系数	0.18	0.47	0.55	1.19	1.27	1.00	1.09

作物名称	黑豆						全生育期
生育阶段	播种—出苗	出苗—分枝	分枝—始花	始花—结荚	结荚—谷粒	谷粒—成熟	
作物系数	0.04	0.34	1.24	1.36	1.50	0.71	0.32

作物名称	红小豆					全生育期
生育阶段	播种—分枝	分枝—始花	始花—结荚	结荚—鼓粒	鼓粒—成熟	
作物系数	0.38	1.12	1.16	1.40	1.15	0.97

附录 B 作物灌溉需水量及分区灌溉供需平衡分析计算表

表 B.1 主要粮食作物播种面积（2020 年） 单位：hm²

地（市）	粮食	谷物							豆类		薯类	
		合计	小麦	玉米	谷子	高粱	燕麦	荞麦	合计	大豆	合计	马铃薯
太原市	63497	47796	68	31906	7364	4920	432	1851	6495	4669	9206	8611
大同市	278436	235627	0	138336	22666	19397	10373	8828	22520	10767	20289	20268
阳泉市	54803	50829	0	46075	4513	46	0	2	944	726	3030	2298
长治市	254473	240109	4064	214670	15591	4578	235	60	4001	3659	10363	9379
晋城市	160417	138755	41824	84457	11834	579	0	0	16114	16034	5547	1661
朔州市	272911	239716	0	157017	13129	9223	26594	11748	15965	7246	17231	17231
晋中市	251187	235930	6617	209014	13680	4883	133	651	8747	8286	6510	4531
运城市	535700	520498	280465	232586	2051	3665	0	0	9542	3642	5660	254
忻州市	428344	340092	279	207601	76033	13446	14841	1848	37955	20515	50297	49018
临汾市	500112	479215	200650	251398	14229	10663	184	494	10611	7061	10285	6395
吕梁市	330138	234310	1912	169159	39209	16220	755	304	50945	37001	44883	41087
全省	3130018	2762877	535879	1742219	220299	87620	53547	25786	183839	119606	183301	160733

表 B.2 水果、油料、蔬菜等作物播种面积（2020 年） 单位：hm²

地（市）	年末果园面积			油料种植面积			药材类	蔬菜	瓜果类
	合计	苹果	桃	梨	合计	胡麻籽	葵花籽			
太原市	8315	1618	745	1647	865	204	147	1179	12266	172
大同市	8684	816	44	201	13204	4140	3095	2220	19622	1658
阳泉市	1554	973	72	229	137	0	46	577	1286	17
长治市	4345	1200	342	933	3257	7	694	13170	18580	499
晋城市	4901	1289	245	2001	3752	0	1892	5321	6201	75
朔州市	1137	75	2	9	22264	9860	3478	4196	13208	2836
晋中市	26023	10488	354	10842	3284	59	660	3353	26181	1000
运城市	198609	88098	46237	13402	16351	0	8128	31210	46262	4718
忻州市	16041	1821	183	3558	11840	6102	1811	5056	19172	2453
临汾市	61000	37095	1832	9802	7443	229	4082	9452	17458	1811
吕梁市	50445	784	77	4115	5920	580	1334	1757	8747	599
全省	381054	144257	50133	46739	88317	21181	25367	77491	188983	15838

表 B.3 山西省代表性作物种植比例（2020 年）

地（市）	农作物播种面积/hm²	种植比例/%									
		粮食作物				棉花	油料（油葵）	药材类（花生）	蔬菜（西红柿）	瓜果类（西瓜）	果园（苹果）
		小麦	玉米	大豆	马铃薯						
太原市	86294.4	0.112	53.611	8.215	11.644	0	1.003	1.367	14.214	0.199	9.635
大同市	323823.5	0	68.134	9.388	8.460	0	4.078	0.686	6.060	0.512	2.682
阳泉市	58374.8	0	86.929	1.649	5.303	0	0.235	0.989	2.202	0.030	2.663
长治市	294347.9	1.510	79.904	1.403	3.637	0.008	1.107	4.474	6.312	0.169	1.476
晋城市	180743.1	25.594	51.688	8.534	2.938	0.043	2.076	2.944	3.431	0.041	2.711
朔州市	316551.7	0	72.715	6.495	7.005	0	7.033	1.325	4.172	0.896	0.359
晋中市	311032.3	2.320	73.409	2.884	2.146	0.001	1.056	1.078	8.417	0.322	8.367
运城市	833800.0	34.136	28.312	1.128	0.672	0.114	1.961	3.743	5.548	0.566	23.820
忻州市	482906.5	0.087	66.255	9.616	12.743	0	2.452	1.047	3.970	0.508	3.322
临汾市	597305.1	35.587	44.588	1.802	1.751	0.005	1.246	1.582	2.923	0.303	10.213
吕梁市	397654.8	0.667	58.734	12.554	11.065	0.012	1.489	0.442	2.200	0.151	12.686
全省	3882834.1	16.603	53.969	5.024	5.015	0.029	2.275	1.996	4.867	0.408	9.814

注：括号中为代表作物（典型作物）；小麦、玉米、大豆和马铃薯为粮食作物的代表性作物（典型作物）；全省种植比例为面积加权平均值。

表 B.4 山西省分地市代表作物灌溉面积（2020 年）

地（市）	有效灌溉面积/hm²	典型作物灌溉面积（根据种植结构表 3 和 2020 年分地市有效灌溉面积确定）/hm²									
		粮食作物				棉花	油料（油葵）	药材类（花生）	蔬菜（西红柿）	瓜果类（西瓜）	果园（苹果）
		小麦	玉米	大豆	马铃薯						
太原市	44500	50	23857	3656	5182	0	446	608	6325	89	4288
大同市	150990	0	102876	14175	12774	0	6157	1036	9150	773	4050
阳泉市	8970	0	7798	148	476	0	21	89	198	3	239
长治市	97180	1467	77651	1363	3534	8	1076	4348	6134	164	1434
晋城市	48410	12390	25022	4131	1422	21	1005	1425	1661	20	1312
朔州市	154650	0	112454	10045	10833	0	10877	2049	6452	1386	555
晋中市	168630	3912	123790	4863	3619	2	1781	1818	14194	543	14109
运城市	437930	149492	123987	4940	2943	499	8588	16392	24296	2479	104315
忻州市	145180	126	96189	13961	18500	0	3560	1520	5764	738	4823
临汾市	151810	54025	67689	2736	2658	8	1892	2402	4437	460	15504
吕梁市	109130	728	64096	13700	12075	13	1625	482	2401	165	13844
全省	1517380	222190	825409	73718	74016	551	37028	32169	81012	6820	164473

表 B.5　山西省分地市代表作物灌溉需水量（2020 年）

地（市）	灌溉水利用系数	总灌溉需水量/万 m³	典型作物灌溉需水量/万 m³									
			粮食作物				棉花	油料（油葵）	药材类（花生）	蔬菜（西红柿）	瓜果类（西瓜）	果园（苹果）
			小麦	玉米	大豆	马铃薯						
太原市	0.570	16789	18	8398	1343	1860	0	81	156	2927	35	1972
大同市	0.559	80560	0	57740	6846	6963	0	1438	414	4731	358	2070
阳泉市	0.570	2572	0	2202	54	123	0	3	10	69	1	110
长治市	0.552	21777	587	16752	344	946	3	112	871	1611	32	519
晋城市	0.588	12229	4653	5080	980	345	9	127	268	316	6	445
朔州市	0.541	78697	0	65216	3673	4456	0	1570	847	2104	538	293
晋中市	0.570	58729	1419	41567	1926	1405	1	332	312	6404	235	5128
运城市	0.600	212156	62861	51955	2726	1334	226	1840	5893	12928	1348	71045
忻州市	0.551	63641	67	41239	5747	9652	0	909	485	2589	335	2618
临汾市	0.571	61656	25534	21057	1016	1317	3	352	768	2807	206	8597
吕梁市	0.549	43016	330	20435	6761	5370	6	233	110	976	42	8752
全省	—	651822	95469	331641	31416	33771	248	6997	10134	37462	3136	101549

注：灌溉水利用系数为 2020 年的值；灌溉面积为 2020 年有效灌溉面积；采用典型作物 75%典型年灌溉需水量。